高等学校土木工程学科专业指导委员会规划教材
高等学校土木工程本科指导性专业规范配套系列教材
总主编 何若全

工程荷载与可靠度设计原理 （第3版）

GONGCHENG HEZAI
YU KEKAODU SHEJI
YUANLI

主 编 王 辉
副主编 柳炳康

重庆大学出版社

内 容 提 要

本书根据"高等学校土木工程本科指导性专业规范"知识体系新的要求,以及新一轮土木相关规范、标准编写,反映较新研究成果和工程实际需求,主要配合建筑结构和公路工程的相关标准和规范给出了工程荷载确定方法及可靠度设计原理。

全书分为两个部分,第一部分介绍了工程结构荷载,包括荷载与作用分类;重力作用引起的土压力、建筑结构恒载与活载、公路桥梁车辆及人群荷载、雪荷载;水作用引起的静水和流水压力、波浪压力、冰压力、撞击力和浮托力;建筑结构顺风向平均风效应和脉动风效应、横风向风振;桥梁结构风致振动及静力风荷载;建筑结构水平、竖向和扭转地震作用确定方法及考虑原则,梁桥桥墩、桥台、支座水平地震作用和地震动水压力计算方法;环境因素引起的温度应力、冻胀力和变形产生的内力,爆炸产生机理和力学性质,行车动态作用等。第二部分介绍了工程结构可靠度设计原理与方法,包括工程结构荷载统计的概率模型,荷载代表值的定义和统计特征以及建筑结构和公路工程承载能力与正常使用极限状态作用效应组合;影响结构构件抗力的因素及结构构件抗力的统计特征,结构可靠度的基本概念、结构功能函数、目标可靠度及结构概率可靠度设计的实用表达式。各章中均有导读、小结和思考题。

本书可作为土木工程专业全日制本科生或土建类成人教育的教材,也可供土木工程技术人员阅读参考。

图书在版编目(CIP)数据

工程荷载与可靠度设计原理/王辉主编.—3版.
—重庆:重庆大学出版社,2017.6(2024.1重印)
高等学校土木工程本科指导性专业规范配套系列教材
ISBN 978-7-5689-0463-6

Ⅰ.①工… Ⅱ.①王… Ⅲ.①工程结构—结构载荷—
高等学校—教材②工程结构—结构可靠性—高等学校—教
材 Ⅳ.①TU312

中国版本图书馆 CIP 数据核字(2017)第 060321 号

高等学校土木工程本科指导性专业规范配套系列教材

工程荷载与可靠度设计原理
（第 3 版）

主 编 王 辉
副主编 柳炳康

责任编辑:王 婷 林青山　　版式设计:莫 西
责任校对:邬小梅　　　　　　责任印制:赵 晟

*

重庆大学出版社出版发行
出版人:陈晓阳
社址:重庆市沙坪坝区大学城西路 21 号
邮编:401331
电话:(023) 88617190　88617185(中小学)
传真:(023) 88617186　88617166
网址:http://www.cqup.com.cn
邮箱:fxk@ cqup.com.cn(营销中心)
全国新华书店经销
重庆天旭印务有限责任公司印刷

*

开本:787mm×1092mm　1/16　印张:16.75　字数:418 千
2017 年 6 月第 3 版　　2024 年 1 月第 7 次印刷
印数:18 001—20 000
ISBN 978-7-5689-0463-6　定价:45.00 元

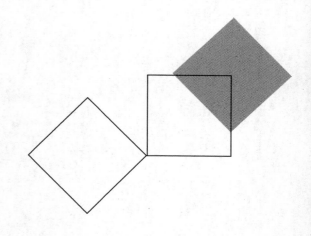

编委会名单

总 主 编：何若全
副总主编：杜彦良　　邹超英　　桂国庆　　刘汉龙

编　　委（以姓氏笔画为序）：

卜建清　　王广俊　　王连俊　　王社良
王建廷　　王雪松　　王慧东　　仇文革
文国治　　龙天渝　　代国忠　　华建民
向中富　　刘　凡　　刘　建　　刘东燕
刘尧军　　刘俊卿　　刘新荣　　刘曙光
许金良　　孙　俊　　苏小卒　　李宇峙
李建林　　汪仁和　　宋宗宇　　张　川
张忠苗　　范存新　　易思蓉　　罗　强
周志祥　　郑廷银　　孟丽军　　柳炳康
段树金　　施惠生　　姜玉松　　姚　刚
袁建新　　高　亮　　黄林青　　崔艳梅
梁　波　　梁兴文　　董　军　　覃　辉
樊　江　　魏庆朝

总　序

进入 21 世纪的第二个十年,土木工程专业教育的背景发生了很大的变化。"国家中长期教育改革和发展规划纲要"正式启动,中国工程院和国家教育部倡导的"卓越工程师教育培养计划"开始实施,这些都为高等工程教育的改革指明了方向。截至 2010 年底,我国已有 300 多所大学开设土木工程专业,在校生达 30 多万人,无疑是世界上该专业在校大学生最多的国家。如何培养面向产业、面向世界、面向未来的合格工程师,是土木工程界一直在思考的问题。

由住房和城乡建设部土建学科教学指导委员会下达的重点课题"高等学校土木工程本科指导性专业规范"的研制,是落实国家工程教育改革战略的一次尝试。"专业规范"为土木工程本科教育提供了一个重要的指导性文件。

由"高等学校土木工程本科指导性专业规范"研制项目负责人何若全教授担任总主编,重庆大学出版社出版的"高等学校土木工程本科指导性专业规范配套系列教材"力求体现"专业规范"的原则和主要精神,按照土木工程专业本科期间有关知识、能力、素质的要求设计了各教材的内容,同时对大学生增强工程意识、提高实践能力和培养创新精神做了许多有意义的尝试。这套教材的主要特色体现在以下方面:

(1)系列教材的内容覆盖了"专业规范"要求的所有核心知识点,并且教材之间尽量避免了知识的重复;

(2)系列教材更加贴近工程实际,满足培养应用型人才对知识和动手能力的要求,符合工程教育改革的方向;

(3)教材主编们大多具有较为丰富的工程实践能力,他们力图通过教材这个重要手段实现"基于问题、基于项目、基于案例"的研究型学习方式。

据悉,本系列教材编委会的部分成员参加了"专业规范"的研究工作,而大部分成员曾为"专业规范"的研制提供了丰富的背景资料。我相信,这套教材的出版将为"专业规范"的推广实施,为土木工程教育事业的健康发展起到积极的作用!

中国工程院院士　哈尔滨工业大学教授

沈世钊

第 3 版前言

　　中国已成为国际本科工程学位互认协议《华盛顿协议》的正式会员,意味着我国土木工程专业教育需要着眼于培养"厚基础、宽口径、强实践、国际化"的高素质专门人才和拔尖创新人才。随着全国工程教育专业认证的深入开展,土木工程专业评估也要全面对接新的标准,无论从内涵还是从形式都将有很大的变化,这也要求专业课程教材需要适应新的培养要求。2011年,全国高等学校土木工程专业指导委员会曾制订《高等学校土木工程本科指导性专业规范》,在"结构基本原理与方法知识领域的核心知识单元和知识点"强调工程结构荷载和可靠度设计方法的讲授,认为该部分内容应作为土木工程专业本科学生必备的基础知识,各高等学校都需要将工程荷载与可靠度设计原理列为专业学习的重要知识内容,为学习各种土木工程结构的设计奠定基本理论方法基础。

　　本书为"高等学校土木工程本科指导性专业规范配套系列教材"之一,较全面、系统地介绍了工程结构各类荷载与作用的概念、原理和确定方法,以及可靠度原理和设计方法。由于工程结构种类繁多,荷载与作用产生的环境和背景各有差异,其作用方式和大小也不尽相同,考虑到土木工程专业特点,教材主要涉及建筑结构和公路工程结构,给出荷载与作用的确定方法及可靠度设计原理,帮助读者深入掌握相关理论与方法。

　　全书分为两个部分:第一部分介绍了工程结构荷载与作用,内容包括:荷载与作用分类;重力作用引起的土压力、建筑结构恒载与活载、公路桥梁车辆与人群荷载、雪荷载;水作用引起的静水和流水压力、波浪作用力、冰压力、撞击力和浮托力;建筑及桥梁结构顺风向和横风向作用力;建筑结构地震作用确定方法、桥梁水平地震作用和地震动水压力计算方法;环境因素引起的温度应力、冻胀力和变形产生的内力,爆炸产生的机理和力学性质,行车动态作用等。第二部分介绍了工程结构可靠度设计原理与方法,内容包括:工程结构荷载统计的概率模型,荷载代表值的定义和统计特征以及建筑结构和公路工程极限状态作用效应组合;影响结构构件抗力的因素及结构构件抗力的统计特征,结构可靠度的基本概念、结构功能函数、目标可靠度及结构概率可靠度设计的实用表达式。

　　近年来,我国先后颁布各类工程结构新的标准和规范,因此教材的内容需作相应调整。另外,教材使用中一些读者也指出了书中存在的若干印校错误。本次结合目前专业认证及评估对知识体系的要求,跟进新一轮土木工程相关标准、规范的实施,对全书内容进行修订。较第 2 版而言,全书总体内容不变,仍分为 10 章,其中对第 2 章重力作用中的城市桥梁汽车荷载部分、第

3 章水作用中的波浪作用力部分、第 4 章风荷载中的桥梁风荷载部分、第 10 章结构概率可靠度设计法中的实用表达式部分作了较大幅度的修改。同时,本次修订时也对配套提供的电子课件及课后习题参考答案进行了同步更新,读者可到重庆大学出版社教育资源网(网址:http://www.cqup.net/edusrc)免费下载。

　　全书由王辉担任主编,柳炳康担任副主编。书中第 1、2、3、5、6 章以及第 4 章 4.1—4.6 节由柳炳康编写,第 7、8、9、10 章以及第 4 章 4.7 节由王辉编写。限于编者水平有限,书中难免存在疏漏和不妥之处,敬请广大读者批评指正。

王辉

2017 年 1 月

目　录

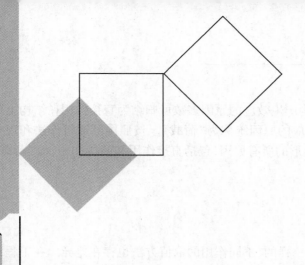

1 荷载与作用

本章导读：

　　本章叙述了工程结构上的荷载与作用,介绍了结构上的作用按随时间变化、空间位置变异和结构反应性质分类的方法,给出了荷载代表值的定义。

1.1　工程结构荷载与作用

　　工程结构是指用建筑材料建造的房屋、道路、桥梁、隧道、堤坝、塔架等工程设施。工程结构首先应满足自身功能要求,服务于社会,例如建造房屋遮风避雨形成人类活动空间,架桥铺路为人群和车辆提供通道。其次,工程结构需要形成一个坚实的骨架承受使用过程中可能出现的各种环境作用,例如房屋结构要承受自身质量、人群和家具质量、风压力和雪重等作用,道路桥梁要承受车辆质量、车辆制动力和冲击力、水压力和土压力等作用,在地震区的工程结构还要承受地震作用。结构在各种环境因素作用下产生效应(应力、位移、应变、裂缝等)。工程结构设计的目的就是要保证结构具有足够的承载能力以抵抗自然界各种作用力,并将结构变形控制在满足正常使用的范围内。为使结构物在规定的使用年限内具有足够的可靠度,结构设计的第一步就是要确定结构上的作用。

　　结构上的作用是指能使结构产生效应的各种原因的总称。引起结构产生作用效应的原因有两种:一种是施加于结构上的集中力和分布力,例如结构自重,作用于楼面的人群、家具、设备的重力,作用于桥面的车辆、人群的重力,施加于结构物上的风压力、水压力、土压力等。它们都是直接施加于结构,使其产生内力发生变形,这类力可用"荷载"一词来表达。另一种是施加于结构上的外加变形和约束变形,例如基础沉降导致结构外加变形引起的内力效应,材料收缩和徐变或温度变化引起结构约束变形产生的内力效应,由于地震造成地面运动致使结构产生惯性力引起的作用效应等。它们都是间接作用于结构,作用效应常与结构本身特征和所处环境有关。

在工程结构中，由于常见的能使结构产生效应的原因多数可归结为直接作用在结构上的外力，长期以来，习惯上将所有引起结构反应的原因统称为"荷载"。按照国际通行作法和现行国家标准，"作用"泛指使结构产生内力、变形的所有原因，包括直接作用和间接作用；而"荷载"仅等同于施加于结构上的直接作用。

1.2 作用分类

各种作用对结构产生的影响力是不一样的，不同作用的取值方法也存在差异。在工程结构设计中，为便于考虑不同的作用所产生的效应，可将结构上的作用按随时间或空间位置的变异分类，或按结构的反应性质分类。

1.2.1 按时间变异分类

1）永久作用

永久作用是指在结构设计基准期内，其值不随时间变化，或者变化的量值相对平均值而言可以忽略不计，例如结构自重、土的侧压力、静水压力、预加应力、钢材焊接应力等。混凝土收缩和徐变、基础不均匀沉降在若干年内已经基本上完成，它们均随时间单调变化而趋于限值，也可列入永久作用。

2）可变作用

可变作用是指在结构设计基准期内，其值随时间发生变化，变化的量值相对平均值而言不可忽略不计。例如楼面活荷载、车辆荷载、人群荷载、车辆冲击力和制动力、风荷载和雪荷载、流水压力、波浪荷载、温度变化引起的结构内力效应等均属可变作用。

3）偶然作用

偶然作用是指在结构设计基准期内不一定出现，而一旦出现其持续时间较短，且量值可能很大。例如地震作用、爆炸力、船只或漂流物撞击力等均属偶然作用。

作用按时间变异分类应用较为广泛，是结构作用的基本分类。在结构设计中，作用的取值往往与作用出现的持续时间长短有关，它直接关系到作用概率模型的选择。

1.2.2 按空间位置变异分类

1）固定作用

固定作用的特点是在结构上出现的空间位置固定不变，但其量值可能具有随机性，例如固定设备荷载、屋顶水箱质量等。

2）自由作用

自由作用的特点是可以在结构上的一定空间任意分布，出现的位置和量值都可能是随机的，例如车辆荷载、吊车荷载等。

由于自由作用是可以移动的,结构设计时应考虑其位置变化在结构上引起的最不利效应分布。

1.2.3　按结构反应分类

1)静态作用

这种作用是逐渐地、缓慢地施加在结构上,作用过程中不产生加速度或加速度甚微可以忽略不计,例如楼面上人群荷载、雪荷载、土压力等。

2)动态作用

施加这类作用时,会使结构产生显著的加速度,例如地震作用、设备振动、阵风脉动、打桩冲击等。

在进行结构分析时,对于动态作用应当考虑其动力效应,运用结构动力学方法考虑其影响;也可采用乘以动力系数的简化方法,将动态作用转换为等效静态作用。

1.3　荷载代表值

在进行工程结构设计时,首先应根据结构的功能要求和环境条件来确定作用在结构上的间接作用和直接作用。结构由于约束变形和外加变形引起的间接作用,可根据结构约束条件、材料性能、动力特征、外部环境等因素,通过计算确定。例如混凝土收缩应力可根据构件约束条件、混凝土收缩性能、温度和湿度变化求得。地震作用可根据结构物的质量、刚度、阻尼等动力特征及地面运动规律,由结构动力学方法确定。由于施加在结构上的集中力和分布力引起的直接作用具有明显变异性,在设计时为了便于取值,通常是考虑荷载的统计特征赋予一个规定的量值,称为荷载代表值。荷载可以根据不同设计要求规定不同的代表值,以使之能更确切地反映其在设计中的特点。《建筑结构可靠度设计统一标准》(GB 50068—2001)和《公路工程结构可靠度设计统一标准》(GB/T 50283—1999)等工程建设国家标准给出了荷载的 4 种代表值:标准值、组合值、频遇值和准永久值,其中荷载标准值是荷载的基本代表值,是结构设计的主要参数,其他代表值都可在标准值的基础上乘以相应系数得到。

1)荷载标准值

荷载标准值是指荷载在结构使用期间可能出现的最大值。由于荷载本身的变异性,使用期间的最大荷载值是随机变量,它可通过对某类荷载长期观察和实际调查,经过数理统计分析,在概率含义上确定;也可根据工程实践经验,经判断后协议给出。

2)荷载组合值

荷载组合值是指当有两种或两种以上的可变荷载同时作用于结构上,所有可变荷载同时达到其最大值的概率极小时,此时主导荷载(产生最大效应的荷载)取标准值,其他伴随荷载取小于其标准值的组合值。

3)荷载频遇值

荷载频遇值是指可变荷载在结构上较频繁出现且量值较大的值,主要用于荷载短期效应组合中。可变荷载的频遇值可通过乘以频遇值系数得到,频遇值系数由调查统计结果并结合工程经验综合分析后确定。

在进行工程结构设计时,永久荷载采用标准值作为代表值;可变荷载根据工程设计要求可采用标准值、组合值、准永久值或频遇值作为代表值;偶然荷载可依据观察资料、试验数据以及工程经验来确定其代表值。

4) 荷载准永久值

荷载准永久值是指可变荷载在结构使用期间经常达到和超过的值。设计时需要考虑荷载的持久性对结构的影响。可变荷载的准永久值可在标准值上乘以一个准永久值系数得出,准永久值系数由调查统计和工程经验确定。

本章小结

1.引起工程结构产生作用效应的原因有两种:一种是直接施加于结构上的集中力和分布力;另一种是间接施加于结构上的外加变形和约束变形。按照通行作法,"作用"泛指结构产生内力、变形的所有原因,包括直接作用和间接作用,而"荷载"仅指结构上的直接作用。

2.作用按随时间变异可分永久作用、可变作用和偶然作用;按空间位置变异可分为固定作用和自由作用;按结构反应性质可分为静态作用和动态作用。

3.荷载代表值是考虑荷载变异特征所赋予的规定量值,工程建设相关的国家标准给出了荷载4种代表值:标准值、组合值、频遇值和准永久值。荷载可根据不同设计要求规定不同的代表值,其中荷载标准值是荷载的基本代表值,其他代表值都可在标准值的基础上考虑相应的系数得到。

思考题

1.1 什么是施加于工程结构上的作用? 荷载与作用有什么区别?

1.2 结构上的作用如何按时间变异、空间位置变异、结构反应性质分类?

1.3 什么是荷载的代表值? 它们是如何确定的?

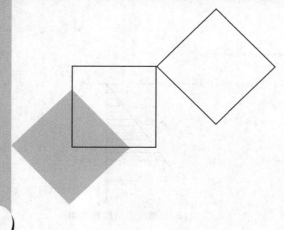

_2_ 重力作用

本章导读:

　　本章叙述了土的自重应力、土的侧压力及结构自重的计算方法,介绍了工业与民用建筑楼面及屋面活荷载的分布规律,分析了工业厂房吊车荷载的作用特点,给出了公路桥梁和城市桥梁汽车荷载及人群荷载的确定途径,最后讨论了雪荷载的确定方法。

2.1　土的自重应力及土的侧压力

2.1.1　土的自重应力

1)均匀土自重应力

　　在计算土中应力时,通常将土体视为均匀连续的弹性介质。假设天然地面是一个无限大的水平面,土体在自重作用下只产生竖向变形,而无侧向变形和剪切变形,因此在任意竖直面和水平面均无剪应力存在。若土层天然重度为 γ,在深度 z 处水平截面如图 2.1(a)所示,土体因自身质量产生的竖向应力 σ_{cz} 可取该截面上单位面积的土柱体的重力,即:

$$\sigma_{cz} = \gamma z \tag{2.1}$$

　　可见,自重应力 σ_{cz} 沿水平面均匀分布,且与 z 成正比,即随深度按直线规律增加,如图 2.1(b)所示。

　　土中任意截面都包括土体骨架和孔隙的面积,地基应力计算时只考虑土中某单位面积上的平均应力。实际上,只有通过土颗粒接触点传递的粒间应力才能使土粒彼此挤紧,引起土体变形。因此粒间应力又称为有效应力,它是影响土体强度的重要因素。如土层处于地下水位以上,按式(2.1)计算的土中的自重应力即为有效自重应力;如土层位于地下水位以下,则应以地

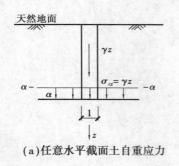
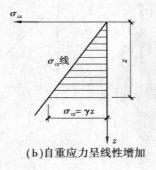

(a)任意水平截面土自重应力　　　　(b)自重应力呈线性增加

图 2.1　均质土中竖向自重应力

下水位面作为分层界面,界面以下土层应扣除浮力影响,才能得到土的有效重力。土的自重应力一般是指土的自身有效重力在土体中引起的应力。

2)成层土自重应力

地基土往往是由不同重度的土层组成的层状介质。如图 2.2 所示,设天然地面以下各土层的厚度为 h_i,重度为 γ_i,则地面以下深度 z 处土的自重应力可通过对各层土的自重应力求和得到,即

$$\sigma_{cz} = \sum_{i=1}^{n} \gamma_i h_i \tag{2.2}$$

式中　n——从天然地面起到深度 z 处土的层数;

$\quad\quad h_i$——第 i 层土的厚度,m;

$\quad\quad \gamma_i$——第 i 层土的天然重度,kN/m³,对地下水位以下的土层,取有效重度 γ_i'。

若土层位于地下水位以下,计算土的自重应力时,应以土的有效重度代替天然重度。土的有效重度是扣除水的浮力后单位体积土体所受重力。

地下水位以下,若埋藏有不透水的岩层或不透水的坚硬黏土层,由于不透水层中不存在水的浮力,所以不透水层界面以下的自重应力应按上覆土层的水土总重计算。在上覆层与不透水层界面处自重应力有突变。

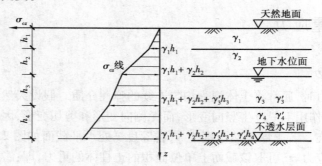

图 2.2　成层土中竖向自重应力沿深度分布

2.1.2　土的侧向压力

1)土的侧向压力分类

挡土墙是防止土体坍塌的构筑物,常用砖石、素混凝土、钢筋混凝土等材料建成,广泛应用

于土建工程中。土的侧压力是指挡土墙后的填土因自重或外荷载作用对墙背产生的土压力,土压力的大小及分布与墙身的位移、填土的性质、墙体的刚度、地基的土质等因素有关。根据挡土墙的移动情况和墙后土体所处应力状态,土压力可分为静止土压力、主动土压力和被动土压力3种类别。

(1)静止土压力

当挡土墙在土压力作用下,不产生任何位移或转动如图2.3(a)所示,墙后土体处于弹性平衡状态,此时墙背所受的土压力称为静止土压力,一般用 E_0 表示。例如地下室外墙由于受到内侧楼面支撑可认为没有位移发生,这时作用在墙体外侧的回填土侧压力可按静止土压力计算。

(2)主动土压力

当挡土墙在土压力的作用下,向离开土体方向移动或转动时如图2.3(b)所示,作用在墙背上的土压力从静止土压力值逐渐减少,直至墙后土体出现滑动面。滑动面以上的土体将沿这一滑动面向下向前滑动,在滑动楔体开始滑动的瞬间,墙背上的土压力减少到最小值,土体内应力处于主动极限平衡状态,此时作用在墙背上的土压力称为主动土压力,一般用 E_a 表示。例如基础开挖时的围护结构,由于土体开挖,基础内侧失去支撑,围护墙体向基坑内产生位移,这时作用在墙体外侧的土压力可按主动土压力计算。

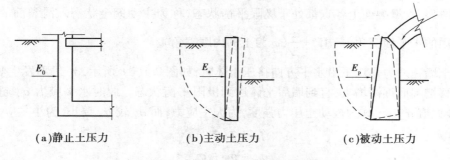

(a)静止土压力　　　　(b)主动土压力　　　　(c)被动土压力

图2.3　挡土墙的3种土压力

(3)被动土压力

当挡土墙在外力作用下向土体方向移动或转动时如图2.3(c)所示,墙体挤压墙后土体,作用在墙背上的土压力从静止土压力值逐渐增大,墙后土体也会出现滑动面,滑动面以上土体将沿滑动方向向上向后推出,在滑动楔体开始隆起的瞬间,墙背上的土压力增加到最大值,土体内应力处于被动极限平衡状态。此时作用在墙背上的土压力称为被动土压力,一般用 E_p 表示。例如拱桥在桥面荷载作用下,拱体将水平推力传至桥台,挤压桥台背后土体,这时作用在桥台背后的侧向土压力可按被动土压力计算。

在相同的墙高和填土条件下,主动土压力小于静止土压力,而静止土压力又小于被动土压力,即:

$$E_a < E_0 < E_p \qquad\qquad (2.3)$$

2)土压力基本原理

(1)朗金土压力理论

土的侧向压力可采用朗金土压力理论或库仑土压力理论计算,下面以朗金土压力理论介绍土体侧向压力的基本原理和计算方法。

朗金土压力理论是根据半空间内土体的应力状态和极限平衡条件导出的土压力计算方法。

该理论假定土体为半空间弹性体,挡土墙墙背竖直光滑,填土面水平,墙背与填土之间无摩擦力产生,故剪应力为零,即墙背为主应力面。

当挡土墙不发生位移时,墙后土体处于弹性平衡状态,如图2.4(a)所示,作用在墙背上的应力状态与弹性半空间土体应力状态相同,墙背竖直面和水平面均无剪应力存在。在离填土面深度z处,取出一单元体,其上作用的竖向应力σ_z和水平应力σ_x分别为:

$$\sigma_z = \sigma_1 = \gamma z \tag{2.4}$$

$$\sigma_x = \sigma_3 = K_0 \gamma z \tag{2.5}$$

式中 K_0——静止土压力系数,是土体水平应力与竖向应力的比值。

用σ_1和σ_3作出的摩尔应力圆与土的抗剪强度曲线不相切,如图2.4(d)中圆Ⅰ所示。

当挡土墙离开土体向背离墙背方向移动时,墙后土体有伸张趋势,如图2.4(b)所示。此时单元体上竖向应力σ_z不变,水平应力σ_x逐渐减小,直到满足土体极限平衡条件。此时水平应力σ_x达最低值σ_a,σ_a称为主动土压力强度,为小主应力;而σ_z较σ_x要大,为大主应力,有:

$$\sigma_z = \sigma_1 = 常数 \tag{2.6}$$

$$\sigma_x = \sigma_3 = \sigma_a \tag{2.7}$$

此时σ_3和σ_1的摩尔应力圆与抗剪强度包络线相切,如图2.4(d)中的圆Ⅱ所示。土体形成一系列滑裂面,滑裂面上各点都处于极限平衡状态,称为主动朗金状态。滑裂面的方向与大主应力作用的水平面交角$\alpha = 45° + \dfrac{\varphi}{2}$($\varphi$为土的内摩擦角)。

当挡土墙在外力作用下沿水平方向挤压土体时,如图2.4(c)所示,σ_z仍不发生变化,σ_x随着墙体位移增加而逐渐增大,直到墙后土体达到极限平衡状态。此时水平应力σ_x超过竖向应力σ_z达最大值σ_p,σ_p称为被动土压力强度,为大主应力;而σ_z较σ_x要小,为小主应力,有:

$$\sigma_z = \sigma_3 = 常数 \tag{2.8}$$

$$\sigma_x = \sigma_1 = \sigma_p \tag{2.9}$$

此时σ_3和σ_1的摩尔圆与抗剪强度包络线相切,如图2.4(d)中的圆Ⅲ所示。土体形成一系列滑裂面处于极限平衡状态,称为被动朗金状态。滑裂面的方向与小主应力作用的水平面交角$\alpha = 45° - \dfrac{\varphi}{2}$。

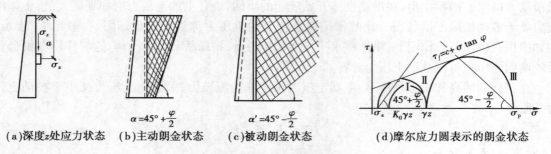

(a)深度z处应力状态   (b)主动朗金状态   (c)被动朗金状态   (d)摩尔应力圆表示的朗金状态

图2.4   半空间的极限平衡状态

(2)土体极限平衡应力状态

当土体中某点处于极限平衡状态时,由土力学的强度理论可导出大主应力σ_1和小主应力σ_3应满足的关系式。

黏性土：

$$\sigma_1 = \sigma_3 \tan^2\left(45° + \frac{\varphi}{2}\right) + 2\cot\left(45° + \frac{\varphi}{2}\right) \tag{2.10}$$

$$\sigma_3 = \sigma_1 \tan^2\left(45° - \frac{\varphi}{2}\right) - 2\cot\left(45° - \frac{\varphi}{2}\right) \tag{2.11}$$

无黏性土：

$$\sigma_1 = \sigma_3 \tan^2\left(45° + \frac{\varphi}{2}\right) \tag{2.12}$$

$$\sigma_3 = \sigma_1 \tan^2\left(45° - \frac{\varphi}{2}\right) \tag{2.13}$$

3）土的侧压力计算

（1）静止土压力

在地面以下深度 z 处取一单元体，其上作用着竖向土体自重 γz。如前所述，土体在竖直面和水平面均无剪应力，该处的静止土压力强度为：

$$\sigma_0 = K_0 \gamma z \tag{2.14}$$

式中　K_0——静止土压力系数，又称土的侧压力系数，与土的性质、密实程度等因素有关，对正常固结土可按表 2.1 取用，也可近似按 $1-\sin\varphi'$ 计算，φ' 为土的有效内摩擦角；

　　　γ——墙后填土重度，kN/m^3，地下水位以下采用有效重度。

表 2.1　压实填土的静止土压力系数

土的名称	K_0
砾石、卵石	0.20
砂土	0.25
亚砂土（粉土）	0.35
亚黏土（粉质黏土）	0.45
黏土	0.55

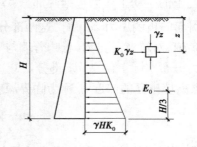

图 2.5　静止土压力分布

由式（2.14）可知，静止土压力与深度成正比，沿墙高呈三角形分布，如图 2.5 所示。如取单位墙长，则作用在墙上（在距墙底 $H/3$ 处）的静止土压力为：

$$E_0 = \frac{1}{2}\gamma H^2 K_0$$

式中　H——挡土墙高度，m。

（2）主动土压力

设墙背光滑直立，填土面水平，当挡土墙偏离土体处于主动朗金状态时，墙背土体离地表任意深度 z 处竖向应力 σ_z 为大主应力 σ_1，水平应力 σ_x 为小主应力 σ_3，由极限平衡条件式（2.11）和式（2.13）可得主动土压力强度 σ_a：

黏性土：

$$\sigma_a = \sigma_x = \gamma z K_a - 2c\sqrt{K_a} \tag{2.15}$$

无黏性土：

$$\sigma_{\mathrm{a}} = \gamma z K_{\mathrm{a}} \tag{2.16}$$

式中　K_{a}——主动土压力系数，$K_{\mathrm{a}} = \tan^2\left(45° - \dfrac{\varphi}{2}\right)$；

　　　　c——填土的黏聚力，kPa。

无黏性土的主动土压力强度与 z 成正比，沿墙高的压力分布为三角形，如图 2.6(b) 所示，如取单位墙长计算，则主动土压力为：

$$E_{\mathrm{a}} = \frac{1}{2}\gamma H^2 K_{\mathrm{a}} \tag{2.17}$$

E_{a} 通过三角形的形心，其作用点在离墙底 $H/3$ 处。

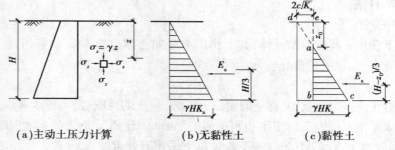

（a）主动土压力计算　　　　（b）无黏性土　　　　（c）黏性土

图 2.6　主动土压力强度分布

黏性土的主动土压力包括两部分：一部分是由土自重引起的土压力 $\gamma z K_{\mathrm{a}}$；另一部分是由黏聚力 c 引起的负侧压力 $2c\sqrt{K_{\mathrm{a}}}$，这两部分土压力叠加后的作用效果如图 2.6(c) 所示，图中 ade 部分为负值，对墙背是拉力，意味着墙与土已分离，计算土压力时，该部分可略去不计，故黏性土的土压力分布实际上仅是 abc 部分。

a 点离填土面的深度 z_0 称为临界深度，若令式(2.15)的 $\sigma_{\mathrm{a}} = 0$，可求得此临界深度为：

$$z_0 = \frac{2c}{\gamma\sqrt{K_{\mathrm{a}}}} \tag{2.18}$$

如取单位墙长计算，则主动土压力为：

$$\begin{aligned}
E_{\mathrm{a}} &= \frac{1}{2}(H - z_0)\left(\gamma H K_{\mathrm{a}} - 2c\sqrt{K_{\mathrm{a}}}\right) \\
&= \frac{1}{2}\gamma H^2 K_{\mathrm{a}} - 2cH\sqrt{K_{\mathrm{a}}} + \frac{2c^2}{\gamma}
\end{aligned} \tag{2.19}$$

主动土压力 E_{a} 通过三角形压力分布图 abc 的形心，其作用点在离墙底 $(H - z_0)/3$ 处。

（3）被动土压力

当挡土墙在外力作用下挤压土体出现被动朗金状态时，墙背填土离地表任意深度 z 处的竖向应力 σ_z 已变为小主应力 σ_3，而水平应力 σ_x 成为大主应力 σ_1。由极限平衡条件式(2.10)和式(2.12)可得被动土压力强度 σ_{p}：

黏性土：

$$\sigma_{\mathrm{p}} = \gamma z K_{\mathrm{p}} + 2c\sqrt{K_{\mathrm{p}}} \tag{2.20}$$

无黏性土：

$$\sigma_p = \gamma z K_p \tag{2.21}$$

式中　K_p——被动土压力系数，$K_p = \tan^2\left(45° + \dfrac{\varphi}{2}\right)$。

　　无黏性土的被动土压力也与 z 成正比，并沿墙高呈三角形分布，如图 2.7(b)所示；黏性土的被动土压力强度呈梯形分布，如图 2.7(c)所示。如取单位墙长，则被动土压力为：

无黏性土：

$$E_p = \frac{1}{2}\gamma H^2 K_p \tag{2.22}$$

黏性土：

$$E_p = \frac{1}{2}\gamma H^2 K_p + 2cH\sqrt{K_p} \tag{2.23}$$

被动土压力 E_p 通过三角形或梯形压力分布图的形心，可通过一次求矩得到。

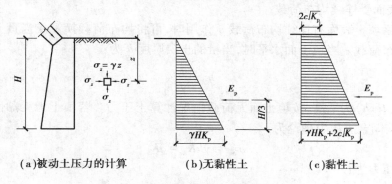

(a)被动土压力的计算　　(b)无黏性土　　(c)黏性土

图 2.7　被动土压力强度分布

【例 2.1】某挡土墙高 6 m，墙背竖直光滑，填土面水平。填土的物理力学性质指标如下：$c = 10$ kPa，$\varphi = 20°$，$\gamma = 18$ kN/m³。试求主动土压力及其作用点位置，并给出主动土压力分布图。

【解】该挡土墙满足朗金条件，可按朗金土压力理论计算主动土压力。

$$K_a = \tan^2\left(45° - \frac{20°}{2}\right) = 0.49$$

地面处

$$\begin{aligned}
\sigma_a &= \gamma z K_a - 2c\sqrt{K_a} \\
&= 18.0 \times 0 \times 0.49 \text{ kPa} - 2 \times 10.0 \times \sqrt{0.49} \text{ kPa} \\
&= -14.0 \text{ kPa}
\end{aligned}$$

墙底处

$$\sigma_a = 18.0 \times 6.0 \times 0.49 \text{ kPa} - 2 \times 10.0 \times \sqrt{0.49} \text{ kPa} = 38.9 \text{ kPa}$$

临界深度

$$z_0 = \frac{2c}{\gamma\sqrt{K_a}} = \frac{2 \times 10.0}{18.0 \times \sqrt{0.49}} \text{ m} = 1.59 \text{ m}$$

主动土压力

$$E_a = \frac{1}{2}\gamma H^2 K_a - 2cH\sqrt{K_a} + \frac{2c^2}{\gamma}$$

11

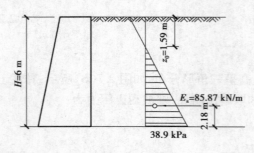

图 2.8 例 2.1 图示

$$= \frac{1}{2} \times 18.0 \times 6.0^2 \times 0.49 \ \mathrm{kN/m} -$$

$$2 \times 10.0 \times 6.0 \times \sqrt{0.49} \ \mathrm{kN/m} +$$

$$\frac{2 \times 10.0^2}{18.0} \ \mathrm{kN/m}$$

$$= 85.87 \ \mathrm{kN/m}$$

主动土压力 E_a 的作用点离墙底的距离为：

$$\frac{H - z_0}{3} = \frac{6 - 1.59}{3} \ \mathrm{m} = 1.47 \ \mathrm{m}$$

主动土压力分布如图 2.8 所示。

4）填土表面有荷载时的土压力计算

（1）填土表面受连续均布荷载

当挡土墙后填土表面有连续均布荷载 q 作用时，可将均布荷载换算成当量土重，即用假想的土重代替均布荷载。当填土面水平时，当量的土层厚度 h 为：

$$h = \frac{q}{\gamma} \tag{2.24}$$

然后再以 $(H+h)$ 为墙高，按填土面无荷载情况计算土压力。若填土为无黏性土时，填土面 a 点的土压力按朗金土压力理论为：

$$\sigma_{aa} = \gamma h K_a = q K_a \tag{2.25}$$

墙底 b 点的土压力为：

$$\sigma_{ab} = \gamma (H + h) K_a = (q + \gamma H) K_a \tag{2.26}$$

土压力分布如图 2.9 所示，实际的土压力分布图为梯形 $abcd$ 部分；土压力作用点在梯形的重心。由上可知，当填土面有均布荷载时，其土压力比无均布荷载时增加一项 $q K_a$ 即可。

（2）填土表面受局部均布荷载

当填土表面承受有局部均布荷载时，通常可采用近似方法处理，从局部均布荷载的两端 m 点及 n 点作两条辅助线 mc 和 nd，且与水平面成 $45° + \dfrac{\varphi}{2}$ 角。认为 c 点以上和 d 点以下的土压力都不受地面荷载影响，cd 间的土压力按均布荷载对待，对墙背产生的附加土压力为 $q K_a$，ab 墙面上的土压力分布如图 2.10 所示。

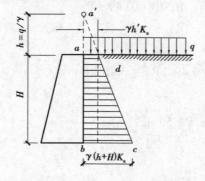

图 2.9 填土表面有连续均布荷载

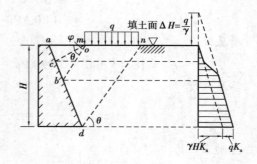

图 2.10 填土表面有局部均布荷载

5)分层土压力计算

当挡土墙后有几层不同种类的水平土层,在计算土压力时,第一层土压力按均质土计算,土压力分布如图2.11中的 abc 部分;计算第二层土压力时,将第一层按重度换算成与第二层土相同的当量土层,当量土层厚度为 $h_1' = \dfrac{h_1\gamma_1}{\gamma_2}$,然后以 $(h_1' + h_2)$ 为墙高,按均质土计算土压力,但只在第二层土厚范围内有效,如图2.11中的 $bedf$ 部分,由于各层土的性质不同,各层土的土压力系数也不同。当为黏性土时可导出挡土墙后主动土压力:

第一层填土:

$$\sigma_{a0} = -2c_1\sqrt{K_{a1}} \tag{2.27}$$

$$\sigma_{a1} = \gamma_1 h_1 K_{a1} - 2c_1\sqrt{K_{a1}} \tag{2.28}$$

第二层填土:

$$\sigma_{a1}' = \gamma_1 h_1 K_{a2} - 2c_2\sqrt{K_{a2}} \tag{2.29}$$

$$\sigma_{a2}' = (\gamma_1 h_1 + \gamma_2 h_2) K_{a2} - 2c_2\sqrt{K_{a2}} \tag{2.30}$$

当某层为无黏性土时,只需将该层土的黏聚力系数 c 取为零即可。在两层土的交界处会因上下土层土质指标不同,土压力大小也不同,土压力强度分布出现突变。

6)墙后填土有地下水时侧压力计算

挡土墙后填土常因排水不畅,部分或全部处于地下水位以下,导致墙后填土含水量增加。黏性土随含水量的增加,抗剪强度降低,墙背土压力增大;无黏性土浸水后抗剪强度下降甚微,工程上一般忽略不计,即不考虑地下水对抗剪强度的影响。

当墙后填土有地下水时,作用在墙背上的侧压力包括土压力和水压力两部分,地下水位以下土的重度应取浮重度,并应计入地下水对挡土墙产生的静水压力,因此作用在墙背上的总的侧向压力为土压力和水压力之和。图2.12中 $abdec$ 为土压力分布图,而 cef 为水压力分布图。

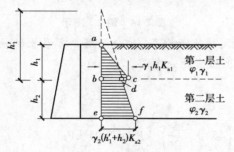

图2.11 成层填土

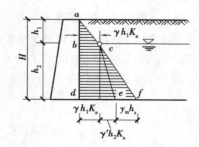

图2.12 填土中有地下水

【例2.2】已知某挡土墙高 $H = 6$ m,墙背竖直光滑,填土面水平且有均布荷载 $q = 12$ kN/m²,墙后填土重度 $\gamma = 1.8$ kN/m³,内摩擦角 $\varphi = 25°$,黏聚力系数 $c = 0$,试求挡土墙的主动土压力 E_a,并绘出土压力分布图。

【解】将地面均布荷载换算成填土的当量土层厚度

$$h = \frac{12}{18} \text{ m} = 0.667 \text{ m}$$

填土面处的土压力强度

$$\sigma_{a1} = \gamma h K_a = q K_a = 12 \times \tan^2\left(45° - \frac{25°}{2}\right) \text{ kPa} = 4.87 \text{ kPa}$$

墙底处的土压力强度

$$\sigma_{a2} = \gamma(h + H)K_a = (q + \gamma H)\tan^2\left(45° - \frac{\varphi}{2}\right)$$

$$= (12 + 18 \times 6) \times \tan^2\left(45° - \frac{25°}{2}\right) \text{ kPa} = 48.70 \text{ kPa}$$

主土压力分布如图 2.13 所示,由图可以求得主动土压力 E_a 为

$$E_a = (\sigma_{a1} + \sigma_{a2})\frac{H}{2} = (4.87 + 48.70) \times \frac{6}{2} \text{ kN} = 160.71 \text{ kN}$$

土压力作用点位置

$$z = \frac{H}{3} \times \frac{2\sigma_{a1} + \sigma_{a2}}{\sigma_{a1} + \sigma_{a2}} = \frac{6}{3} \times \frac{2 \times 4.87 + 48.70}{4.87 + 48.70} \text{ m} = 2.18 \text{ m}$$

土压力分布如图 2.13 所示。

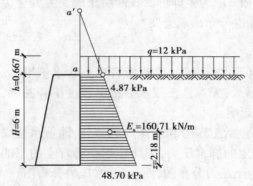

图 2.13　例 2.2 图示

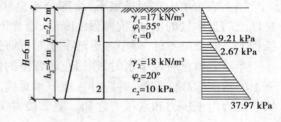

图 2.14　例 2.3 图示

【例 2.3】已知某挡土墙高 $H = 6$ m,墙背竖直光滑,填土面水平,共分两层。各层土的物理力学指标如图 2.14 所示,试求主动土压力 E_a,并给出土压力的分布图。

【解】第一层填土的土压力强度

$$\sigma_{a0} = -2c_1\sqrt{K_{a1}} = 0$$

$$\sigma_{a1} = \gamma_1 h_1 K_{a1} - 2c_1\sqrt{K_{a1}} = 17 \times 2 \times \tan^2\left(45° - \frac{35°}{2}\right) \text{ kPa} = 9.21 \text{ kPa}$$

第二层填土的土压力强度

$$\sigma'_{a1} = \gamma_1 h_1 K_{a2} - 2c_2\sqrt{K_{a2}}$$

$$= 17 \times 2 \times \tan^2\left(45° - \frac{20°}{2}\right) \text{ kPa} - 2 \times 10 \times \tan\left(45° - \frac{20°}{2}\right) \text{ kPa} = 2.67 \text{ kPa}$$

$$\sigma_{a2} = (\gamma_1 h_1 + \gamma_2 h_2)K_{a2} - 2c_2\sqrt{K_{a2}}$$

$$= (17 \times 2 + 18 \times 4) \times \tan^2\left(45° - \frac{20°}{2}\right) \text{ kPa} - 2 \times 10 \times \tan\left(45° - \frac{20°}{2}\right) \text{ kPa}$$

$$= 37.97 \text{ kPa}$$

主动土压力分布如图 2.14 所示,由图可以求得主动土压力 E_a 为

$$E_a = \sigma_{a1} \frac{h_1}{2} + (\sigma'_{a1} + \sigma_{a2}) \frac{h_2}{2}$$

$$= 9.21 \times \frac{2}{2} \text{ kN/m} + (2.67 + 37.97) \times \frac{4}{2} \text{ kN/m}$$

$$= 90.49 \text{ kN/m}$$

2.2 结构自重

结构自重是由于地球引力作用而产生的重力,可根据结构的材料种类、构件尺寸和材料重度经计算确定。由于工程结构各构件尺寸多变,各部分材料重度可能不同,在计算工程结构的自重时,为方便起见,常将结构人为地划分为许多容易计算的基本构件或材料重度不同的若干单元,先分别计算各部分的质量,然后叠加得到结构的总自重。结构的体积可按图纸设计尺寸计算,材料的重度可按《建筑结构荷载规范》(GB 5009—2012)(以下简称《荷载规范》)附录 A中的规定采用。

在一般工业与民用建筑中结构自重占建筑物质量的 50% ~ 80%,一般多层建筑的自重为 16 ~ 18 kN/m²,高层建筑的自重为 22 kN/m² 左右。结构自重源于其所采用的钢材、水泥等建筑材料,其数量是巨大的,结构设计时应设法减轻自重,达到最佳经济效果。

2.3 楼面及屋面活荷载

2.3.1 民用建筑楼面活荷载

民用建筑楼面活荷载是指建筑物中的人群、家具、设施等产生的重力作用,这些荷载的量值随时间发生变化,位置也是可移动的,故亦称可变荷载。楼面活荷载按其随时间变异的特点,可分为持久性和临时性两部分。持久性活荷载是指楼面上在某个时段内基本保持不变的荷载,例如住宅内的家具、物品、常住人员等;临时性活荷载是指楼面上偶尔出现的短期荷载,例如聚会的人群、装修材料的堆积等。

1)楼面活荷载的取值

楼面活荷载在楼面上的位置是任意布置的,为方便起见,工程设计时一般可将楼面活荷载处理为等效均布荷载,其量值与房屋使用功能有关。根据楼面上人员活动状态和设施分布情况,其取值大小和档次划分考虑以下因素:

①活动的人较少,如住宅、旅馆、医院、教室等,活荷载的标准值可取 2.0 kN/m²。

②活动的人较多且有设备,如食堂、餐厅在某一时段有较多人员聚集,办公楼内的档案室、资料室可能堆积较多文件资料,活荷载标准值可取 2.5 kN/m²。

③活动的人很多且有较重的设备,如礼堂、剧场、影院、体育馆看台,有时人员可能十分拥挤,考虑一般人的体重为 50 ~ 70 kg,每平方米约可站立 6 人,无固定座位时挤满站立人群,可取 3.5 kN/m²;有固定座位时,可取 3.0 kN/m²。公共洗衣房常常搁置较多洗衣设备,活荷载标准值

可取 3.0 kN/m²。

④活动的人很集中,有时很拥挤或有较重的设备,如商店、展览厅既有拥挤的人群,又有较重的物品,活荷载标准值可取 3.5 kN/m²。

⑤人员活动的性质比较剧烈,如健身房、舞厅,由于人的跳跃、翻滚会引起楼面瞬间振动,通常把楼面静力荷载适当放大来考虑这种动力效应,活荷载标准值可取 4.0 kN/m²。

⑥储存物品的仓库,如藏书库、档案库、储藏室等,柜架上往往堆满图书、档案和物品,活荷载标准值可取 5.0 kN/m²。实际上藏书库、档案库的楼面荷载与书架的高度、宽度、间距有关,还与藏书种类、印刷纸张有关。当书架高度大于 2 m 时,尚应按每米书架高度不小于 2.5 kN/m²确定书库活荷载;当藏书量过大时,其活荷载还应根据藏书的实际情况确定;当采用无过道的密集书柜时(图 2.15),活荷载标准值取为 12.0 kN/m²。

⑦有大型的机械设备,如建筑物内的通风机房、电梯机房(图 2.16),因运行需要放有重型设备,活荷载标准值可取 6.0~7.5 kN/m²。当楼面放有特别重的设备应另行考虑。

图 2.15　密集书库(12.0 kN/m²)

图 2.16　通风机房(6.0~7.5 kN/m²)

⑧在礼堂、影剧院、教室、办公楼等场所,散场、散会或下课之后,楼梯、走廊和门厅等处人流集中,拥挤堵塞,停留时间较长,其楼面活荷载取值应比相邻房间的荷载值大0.5 kN/m²。

《荷载规范》考虑我国20世纪70年代居住条件,不少家庭将家中不用的杂物,冬天取暖的煤、粮食等都堆在阳台上,超载情况比较普遍,挑出阳台活荷载取值应大于住宅楼面活荷载,取为 2.5 kN/m²。另外临街阳台和其他有可能人群密集的阳台活荷载取为 3.5 kN/m²。

⑨《荷载规范》中多层停车库的楼面活荷载,仅考虑由小轿车、吉普车和小型旅行车的车轮局部荷载以及其他必要的维修设备荷载,是按弹性简支板跨中弯矩等效的原则确定的。对于单向板楼盖,板跨不小于 2 m 时,均布活荷载标准值 4 kN/m²;当单向板跨度小于 2 m 时,可将车轮局部荷载换算为等效均布荷载,局部荷载取 4.5 kN/m²,间隔 1.5 m,分布在 0.2 m×0.2 m 的面积上。对于双向板或无梁楼盖,板跨不小于 6 m 的,均布活荷载标准值取 2.5 kN/m²;当板跨较小时,活荷载应相应提高或按局部轮压考虑。

⑩对于中巴、大巴等其他车辆的车库和车道,应按车辆最大轮压,作为局部荷载确定。对于 20~30 t 的消防车,可按最大轮压为 60 kN,作用在 0.6 m×0.2 m 的局部面积上的条件确定。停放消防车的车库及车道,当为单向楼盖(板跨不小于 2 m)时,楼面活荷载标准值为 35 kN/m²;当为双向楼盖或无梁楼盖(柱网尺寸不小于 6 m×6 m)时,楼面活荷载标准值为 20 kN/m²。

《荷载规范》在调查和统计的基础上给出了民用建筑楼面均布活荷载标准值及其组合值、频遇值和准永久值系数(见表 2.2),设计时对于表中列出项目应直接取用表中所给数值。

表 2.2　民用建筑楼面均布活荷载标准值及其组合值、频遇值和准永久值系数

项次	类　别			标准值 /(kN·m⁻²)	组合值系数 ψ_c	频遇值系数 ψ_f	准永久值系数 ψ_q
1	(1)住宅、宿舍、旅馆、办公楼、医院病房、托儿所、幼儿园			2.0	0.7	0.5	0.4
	(2)试验室、阅览室、会议室、医院门诊室			2.0	0.7	0.6	0.5
2	教室、食堂、餐厅、一般资料档案室			2.5	0.7	0.6	0.5
3	(1)礼堂、剧场、影院、有固定座位的看台			3.0	0.7	0.5	0.3
	(2)公共洗衣房			3.0	0.7	0.5	0.3
4	(1)商店、展览厅、车站、港口、机场大厅及其旅客等候室			3.5	0.7	0.6	0.5
	(2)无固定座位的看台			3.5	0.7	0.5	0.3
5	(1)健身房、演出舞台			4.0	0.7	0.6	0.5
	(2)运动场、舞厅			4.0	0.7	0.6	0.3
6	(1)书库、档案库、储藏室			5.0	0.9	0.9	0.8
	(2)密集柜书库			12.0	0.9	0.9	0.8
7	通风机房、电梯机房			7.0	0.9	0.9	0.8
8	汽车通道及客车停车库	(1)单向板楼盖(板跨不小于 2 m)和双向板楼盖(板跨不小于 3 m×3 m)	客车	4.0	0.7	0.7	0.6
			消防车	35.0	0.7	0.7	0.0
		(2)双向板楼盖(板跨不小于 6 m×6 m)和无梁楼盖(柱网不小于 6 m×6 m)	客车	2.5	0.7	0.7	0.6
			消防车	20.0	0.7	0.7	0.0
9	厨房	(1)餐厅		4.0	0.7	0.7	0.7
		(2)其他		2.0	0.7	0.6	0.5
10	浴室、厕所、盥洗室			2.5	0.7	0.6	0.5
11	走廊、门厅	(1)宿舍、旅馆、医院病房、托儿所、幼儿园、住宅		2.0	0.7	0.5	0.4
		(2)办公楼、餐厅、医院门诊部		2.5	0.7	0.6	0.5
		(3)教学楼和其他可能出现人群密集的情况		3.5	0.7	0.6	0.3
12	楼梯	(1)多层住宅		2.0	0.7	0.5	0.4
		(2)其他		3.5	0.7	0.6	0.3
13	阳台	(1)可能出现人群密集的情况		3.5	0.7	0.6	0.5
		(2)其他		2.5	0.7	0.6	0.5

注：①本表所给各项活荷载适用于一般使用条件，当使用荷载较大、情况特殊或有专门要求时，应按实际情况采用；

②第 6 项书库活荷载当书架高度大于 2 m 时，书库活荷载尚应按每米书架高度不小于 2.5 kN/m² 确定；

③第 8 项中的客车活荷载只适用于停放载人少于 9 人的客车；消防车活荷载是适用于满载总重为 300 kN 的大型车辆；当不符合本表的要求时，应将车轮的局部荷载按结构效应的等效原则，换算为等效均布荷载；

④第 8 项消防车活荷载，当双向板楼盖板跨介于 3 m×3 m～6 m×6 m 时，应按跨度线性插值确定；

⑤第 12 项楼梯活荷载，对预制楼梯踏步平板，尚应按 1.5 kN 集中荷载验算；

⑥本表各项荷载不包括隔墙自重和二次装修荷载。对固定隔墙的自重应按永久荷载考虑，当隔墙位置可灵活自由布置时，非固定隔墙的自重应取不小于 1/3 的每延米长墙重(kN/m)作为楼面活荷载的附加值(kN/m²)计入，且附加值不应小于 1.0 kN/m²。

2）楼面活荷载折减

民用建筑的楼面均布活荷载标准值是建筑物正常使用期间可能出现的最大值,当楼面面积较大时,作用在楼面上的活荷载不可能同时布满全部楼面,在计算楼面梁等水平构件楼面活荷载效应时,若荷载承载面积超过一定的数值,应对楼面均布活荷载予以折减。同样,楼面荷载最大值满布各层楼面的机会更小,在结构设计时,对于墙、柱等竖向传力构件和基础应按结构层数予以折减。

楼面荷载折减系数的确定是一个比较复杂的问题,按照概率统计方法来考虑实际荷载沿楼面分布的变异情况尚不成熟,目前大多数国家均采用半经验的传统方法,根据荷载从属面积的大小和构件承载层数的多少来考虑折减系数。楼面梁荷载的从属面积越大,满布的可能性越小,荷载按面积的折减系数越小;墙、柱和基础结构层数越多,每层楼面满布的可能性越小,荷载按楼层折减系数越小。

（1）国际通行做法

在国际标准 ISO 2003 中,建议按下述不同情况对楼面均布荷载乘以折减系数 λ。

①在计算梁的楼面活荷载效应时的折减系数。

a.对住宅、办公楼等房屋或其房间:

$$\lambda = 0.3 + \frac{3}{\sqrt{A}} \quad (A > 18 \text{ m}^2) \tag{2.31}$$

b.对公共建筑或其房间:

$$\lambda = 0.5 + \frac{3}{\sqrt{A}} \quad (A > 36 \text{ m}^2) \tag{2.32}$$

式中　A——所计算梁的从属面积,指向梁两侧各延伸 1/2 梁间距范围内的实际楼面面积。

②在计算多层房屋的柱、墙或基础的楼面活荷载效应时的折减系数。

a.对住宅、办公楼等房屋:

$$\lambda = 0.3 + \frac{0.6}{\sqrt{n}} \tag{2.33}$$

b.对公共建筑:

$$\lambda = 0.5 + \frac{0.6}{\sqrt{n}} \tag{2.34}$$

式中　n——所计算截面以上楼层数,$n \geqslant 2$。

（2）我国《荷载规范》规定

我国《荷载规范》在借鉴国际标准的同时,结合我国设计经验作了合理简化与修正,给出了设计楼面梁、墙、柱及基础时,不同情况下楼面活荷载的折减系数,设计时可直接取用。

①设计楼面梁时的折减系数 λ 取值:

a.表 2.2 中第 1（1）项,当楼面从属面积超过 25 m² 时,应取 0.9;

b.表 2.2 中第 1（2）—7 项,当楼面梁从属面积超过 50 m² 时,应取 0.9;

c.表 2.2 中第 8 项,对单向板楼盖的次梁和槽形板的纵肋,应取 0.8;对单向板楼盖的主梁,应取 0.6;对双向板楼盖的梁,应取 0.8;

d.表 2.2 中第 9—12 项,应采用与所属房屋类别相同的折减系数。

②设计墙、柱和基础时的折减系数 λ 取值：

a.表 2.2 中第 1(1)项，应按表 2.2 规定采用；

b.表 2.2 中第 1(2)—7 项，应采用与其楼面梁相同的折减系数；

c.表 2.2 中第 8 项，对单向板楼盖应取 0.5；对双向板楼盖和无梁楼盖应取 0.8；

d.表 2.2 中第 9—13 项，应采用与所属房屋类别相同的折减系数。

③活荷载按楼层的折减系数 λ 按表 2.3 取值。

表 2.3　活荷载按楼层的折减系数 λ

墙、柱、基础计算截面以上层数	1	2~3	4~5	6~8	9~20	>20
计算截面以上各楼层活荷载总和的折减系数	1.00 (0.90)	0.85	0.70	0.65	0.60	0.55

注：当楼面梁的从属面积超过 25 m² 时，应采用括号内的系数。

2.3.2　工业建筑楼面活荷载

1)楼面活荷载取值

工业建筑楼面在生产使用或安装检修时，承受工艺设备、生产工具、加工原料和成品部件等传来的质量，由于厂房加工性质不同，使用用途有别，其楼面活荷载的取值有较大差异。在设计多层工业厂房时，楼面活荷载的标准值大多由工艺提供，或由土建设计人员根据有关资料自行确定。鉴于计算方法不一，计算工作量又较大，《荷载规范》对全国有代表性的 70 多个工厂进行实际调查和统计，给出了金工车间(图 2.17)、仪器仪表生产车间(图 2.18)、半导体器件车间、小型电子管和白炽灯泡车间、棉纺织造车间、轮胎厂准备车间和粮食加工车间等 7 类工业建筑楼面活荷载的标准值，供设计人员设计时参照采用。

图 2.17　金工车间

图 2.18　仪器仪表生产车间

这些车间楼面上荷载的分布形式不同，生产设备的动力性质也不尽相同，安装在楼面上的生产设备是以局部荷载形式作用于楼面，而操作人员、加工原料、成品部件多为均匀分布；另外，不同用途的厂房，工艺设备动力性能各异，对楼面产生的动力效应也存在差别。为方便起见，常将局部荷载折算成等效均布荷载，并乘以动力系数将静力荷载适当放大，来考虑机器上楼引起的动力作用。表 2.4、表 2.5 分别给出了金工车间和仪器仪表生产车间楼面均布活荷载值。

表 2.4　金工车间楼面均布活荷载

序号	项目	标准值/(kN·m⁻²)					组合值系数 ψ_c	频遇值系数 ψ_f	准永久值系数 ψ_q	代表性机床型号
		板		次梁(肋)		主梁				
		板跨≥1.2 m	板跨≥2.0 m	梁间距≥1.2 m	梁间距≥2.0 m					
1	一类金工	22.0	14.0	14.0	10.0	9.0	1.0	0.95	0.85	CW6180,X53K,X63W,B690,M1080,Z35A
2	二类金工	18.0	12.0	12.0	9.0	8.0	1.0	0.95	0.85	C6163,X52K,X62W,B6090,M1050A,Z3040
3	三类金工	16.0	10.0	10.0	8.0	7.0	1.0	0.95	0.85	C6140,X51K,X61W,B6050,M1040,Z3025
4	四类金工	12.0	8.0	8.0	6.0	5.0	1.0	0.95	0.85	C6132,X50A,X60W,B635-1,M1010,Z32K

注：①表列荷载适用于单向支承的现浇梁板及预制槽形板等楼面结构,对于槽形板,表列板跨系指槽形板纵肋间距。

②表列荷载不包括隔墙和吊顶自重。

③表列荷载考虑了安装、检修和正常使用情况下的设备(包括动力影响)和操作荷载。

④设计墙、柱、基础时,表列楼面活荷载可采用与设计主梁相同的荷载。

表 2.5　仪器仪表生产车间楼面均布活荷载

序号	车间名称		标准值/(kN·m⁻²)				组合值系数 ψ_c	频遇值系数 ψ_f	准永久值系数 ψ_q	附注
			板		次梁(肋)	主梁				
			板跨≥1.2 m	板跨≥2.0 m						
1	光学车间	光学加工	7.0	5.0	5.0	4.0	0.8	0.8	0.7	代表性设备：H015 研磨机、ZD-450 型及 GZD300 型镀膜机、Q8312 型透镜抛光机
2		较大型光学仪器装配	7.0	5.0	5.0	4.0	0.8	0.8	0.7	代表性设备：C0502A 精整车床、万能工具显微镜
3		一般光学仪器装配	4.0	4.0	4.0	3.0	0.7	0.7	0.6	产品在装配桌上装配

续表

序号	车间名称	标准值/(kN·m⁻²)				组合值系数 ψ_c	频遇值系数 ψ_f	准永久值系数 ψ_q	附注
		板		次梁（肋）	主梁				
		板跨 ≥1.2 m	板跨 ≥2.0 m						
4	较大型光学仪器装配	7.0	5.0	5.0	4.0	0.8	0.8	0.7	产品在楼面上装配
5	一般光学仪器装配	4.0	4.0	4.0	3.0	0.7	0.7	0.6	产品在装配桌上装配
6	小模数齿轮加工，晶体元件（宝石）加工	7.0	5.0	5.0	4.0	0.8	0.8	0.7	代表性设备：YM 3680 滚齿机、宝石平面磨床
7	车间仓库 一般仪器仓库	4.0	4.0	4.0	3.0	1.0	0.95	0.85	
8	较大型仪器仓库	7.0	7.0	7.0	6.0	1.0	0.95	0.85	

注：同表 2.4 注。

2）楼面等效均布活载的确定方法

楼面的等效均布活载应在其设计控制部位上，根据需要，按照内力、变形及裂缝的等效要求来确定。在一般情况下，可仅按控制截面内力的等效原则确定。为了简化起见，在计算连续梁、板的等效均布荷载时，假定结构的支承条件都为简支，并按弹性阶段分析内力使之等效。但在计算梁、板的实际内力时仍按连续结构进行分析，并可考虑梁、板塑性内力重分布。

板面等效均布荷载按板内分布弯矩等效的确定原则为：简支板在实际的局部荷载作用下引起的绝对最大弯矩，应等于该简支板在等效均布荷载作用下引起的绝对最大弯矩。单向板上局部荷载的等效均布活载 q_e，可按下式计算：

$$q_e = \frac{8M_{\max}}{bl^2} \tag{2.35}$$

式中　l——板的跨度；

　　　b——板上荷载的有效分布宽度；

　　　$M_{\max}$——简支单向板的绝对最大弯矩，按设备的最不利布置确定，设备荷载应乘以动力系数。

3）局部荷载的有效分布宽度

计算板面等效均布荷载时，还必须明确搁置于楼面上的工艺设备局部荷载的实际作用面尺寸,作用面一般按矩形考虑,并假定荷载按 45°扩散线传递,这样可以方便地确定荷载扩散到板中性层处的计算宽度,从而确定单向板上局部荷载的有效分布宽度。简支板上局部荷载的有效分布宽度 b,可按下列规定计算:

(1)当局部荷载作用面的长边平行于板跨时[图 2.19(a)]

当 $b_{cx} \geqslant b_{cy}$, $b_{cy} \leqslant 0.6l$, $b_{cx} \leqslant l$ 时:

$$b = b_{cy} + 0.7l \tag{2.36}$$

当 $b_{cx} \geqslant b_{cy}$, $0.6l < b_{cy} \leqslant l$, $b_{cx} \leqslant l$ 时:

$$b = 0.6b_{cy} + 0.94l \tag{2.37}$$

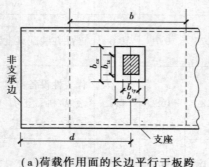 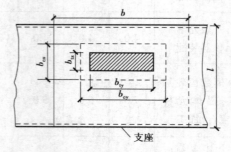

(a)荷载作用面的长边平行于板跨   (b)荷载作用面的长边垂直于板跨

图 2.19 简支板上局部荷载的有效分布宽度

(2)当荷载作用面的长边垂直于板跨时[图 2.19(b)]

当 $b_{cx} < b_{cy}$, $b_{cy} \leqslant 2.2l$, $b_{cx} \leqslant l$ 时:

$$b = \frac{2}{3}b_{cy} + 0.73l \tag{2.38}$$

当 $b_{cx} < b_{cy}$, $b_{cy} > 2.2l$, $b_{cx} \leqslant l$ 时:

$$b = b_{cy} \tag{2.39}$$

式中 l——板的跨度;

      b_{cx}——荷载作用面平行于板跨的计算宽度;

      b_{cy}——荷载作用面垂直于板跨的计算宽度。

而 $b_{tx} = b_{tx} + 2s + h$

                 $b_{ty} = b_{ty} + 2s + h$

式中 b_{tx}——荷载作用面平行于板跨的宽度;

      b_{ty}——荷载作用面垂直于板跨的宽度;

      s——垫层厚度;

      h——板的厚度。

对于不同用途的工业厂房,板、次梁和主梁的等效均布荷载的比值没有共同的规律,难以给出统一的折减系数。因此,《荷载规范》对板、次梁和主梁分别列出了等效均布荷载的标准值,对于多层厂房的柱、墙和基础不考虑按楼层数的折减。不同用途的工业建筑,其工艺设备的动力性质不尽相同,一般情况下,《荷载规范》所给的各类车间楼面活荷载取值中已考虑动力系数 1.05~1.10,对特殊的专用设备和机器可提高到 1.20~1.30。

2.3.3 屋面活荷载

房屋建筑的屋面可分为上人屋面和不上人屋面。当屋面为平屋面,并有楼梯直达屋面时,有可能出现人群的聚集,应按上人屋面考虑屋面均布活荷载;当屋面为斜屋面或设有上人孔的平屋面时,仅考虑施工或维修荷载,按不上人屋面考虑屋面均布活荷载。屋面由于环境的需要有时还设有屋顶花园(图2.20),屋顶花园除承重构件、防水构造等材料外,尚应考虑花池砌筑、卵石滤水层、花圃土壤等质量。

屋面均布活荷载按表2.6取值,该活荷载是屋面水平投影面上的荷载。设计时应注意不上人的屋面活荷载可不与雪荷载同时考虑。由于我国大多数地区的雪荷载标准值小于屋面均布活荷载标准值,因此在屋面结构和构件计算时,往往是屋面均布活荷载对设计起控制作用。

表 2.6 屋面均布活荷载

项 次	类 别	标准值 /(kN·m^{-2})	组合值系数 ψ_c	频遇值系数 ψ_f	准永久值系数 ψ_q
1	不上人的屋面	0.5	0.7	0.5	0
2	上人的屋面	2.0	0.7	0.5	0.4
3	屋顶花园	3.0	0.7	0.6	0.5
4	屋顶运动场地	3.0	0.7	0.6	0.4

注:①不上人的屋面,当施工或维修荷载较大时,应按实际情况采用;对不同类型结构应按有关设计规范的规定采用,但不得低于 0.3 kN/m²。
②上人的屋面,当兼作其他用途时,应按相应楼面活荷载采用。
③对于因屋面排水不畅、堵塞等引起的积水荷载,应采取构造措施加以防止;必要时,应按积水的可能深度确定屋面活荷载。
④屋顶花园活荷载不包括花圃土石等材料自重。

高档宾馆、大型医院等建筑的屋面有时还设有直升机停机坪如图2.21所示,直升机总重引起的局部荷载可按直升机的实际最大起飞质量并考虑动力系数确定,同时其等效均布荷载不低于 5.0 kN/m²。当没有机型技术资料时,一般可依据轻、中、重三种类型的不同要求,按表2.7规定选用局部荷载标准值及作用面积。

表 2.7 直升机的局部荷载及作用面积

类 型	最大起飞质量/t	局部荷载标准值/kN	作用面积/m²
轻型	2	20	0.20×0.20
中型	4	40	0.25×0.25
重型	6	60	0.30×0.30

注:荷载的组合值系数应取0.7,频遇值系数应取0.6,准永久值系数应取0。

图 2.20　屋顶花园

图 2.21　屋面直升机停机坪

2.3.4　屋面积灰荷载

冶金、铸造、水泥等行业在生产过程中产生大量排灰，易于在厂房及其邻近建筑屋面堆积，形成积灰荷载。青海某水泥厂水泥生产车间，没有坚持清灰制度，屋面积灰厚达 $80 \sim 100$ cm，致使屋架倒塌。青岛某钢厂转炉车间，没有按规定正常清灰，天窗挡风内侧积灰厚达 80 cm，局部积灰荷载达 20 kN/m²，严重超载使屋盖倒塌。因此，设计时应考虑屋面积灰情况，合理确定积灰荷载，以保证结构的安全性。

影响积灰厚度的主要因素有除尘装置、清灰制度、风向和风速、烟囱高度、屋面坡度和屋面挡风板等。厂房设计规定冶金厂、铸造厂、水泥厂等生产过程中灰尘、粉尘较多的厂房应设除尘设备，减少排灰量；产生灰源的厂房应建立正常清灰制度，积灰速度快的 1 月一清，积灰速度慢的 $3 \sim 6$ 月一清。当工厂设有一定除尘设施，且能坚持正常清灰的前提下，屋面水平投影面上的积灰荷载可按表 2.8 采用。

房屋离灰源较近，且位于不利风向下时，屋面天沟、凹角和高低跨处，常形成严重的灰堆现象。因此在设计屋盖结构时，还应考虑灰堆的增值，对不同的屋盖构件积灰荷载应乘以不同的灰堆增大系数。《荷载规范》规定，对于屋面上易形成灰堆处，设计屋面板、檩条时，积灰荷载标准值可乘以下列规定的增大系数：在高低跨处两倍于屋面高差但不大于 6.0 m 的分布宽度内取 2.0(图 2.22)；在天沟处不大于 3.0 m 的分布宽度内取 1.4(图 2.23)。

对有雪地区，积灰荷载应与雪荷载一道考虑；雨季的积灰吸水后重度增加，可通过不上人屋面的活荷载来补偿。因此，积灰荷载应与雪荷载或不上人的屋面均布活荷载两者中的较大值同时考虑。

表 2.8　屋面积灰荷载

项次	类　　别	标准值/(kN·m⁻²)			组合值系数 ψ_c	频遇值系数 ψ_f	准永久值数 ψ_q
		屋面无挡风板	屋面有挡风板				
			挡风板内	挡风板外			
1	机械厂铸造车间(冲天炉)	0.50	0.75	0.30	0.9	0.9	0.8
2	炼钢车间(氧气转炉)	—	0.75	0.30			

续表

项次	类别	标准值/$(kN \cdot m^{-2})$			组合值系数 ψ_c	频遇值系数 ψ_f	准永久值数 ψ_q
		屋面无挡风板	屋面有挡风板				
			挡风板内	挡风板外			
3	锰、铬铁合金车间	0.75	1.00	0.30			
4	硅、钨铁合金车间	0.30	0.50	0.30			
5	烧结室、一次混合室	0.50	1.00	0.20	0.9	0.9	0.8
6	烧结厂通廊及其他车间	0.30	—	—			
7	水泥厂有灰源车间(窑房、磨房、联合储库、烘干房、破碎房)	1.00	—	—			
8	水泥厂无灰源车间(空气压缩机站、机修间、材料库、配电站)	0.50	—	—			

注:①表中的积灰均布荷载,仅应用于屋面坡度 $\alpha \leqslant 25°$;当 $\alpha \geqslant 45°$ 时,可不考虑积灰荷载;当 $25° < \alpha < 45°$ 时,可按插值法取值。
②清灰设施的荷载另行考虑。
③对第1—4项的积灰荷载,仅应用于距烟囱中心20 m半径范围内的屋面;当邻近建筑在该范围内时,其积灰荷载对第1,3,4项应按车间屋面无挡风板的采用,对2项应按车间屋面挡风板外的采用。

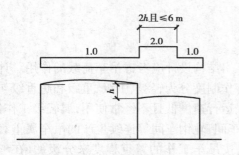

图2.22　高低跨屋面积灰荷载增大系数

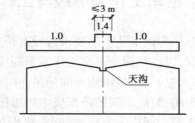

图2.23　天沟处积灰荷载增大系数

2.3.5　施工、检修荷载及栏杆水平荷载

1)施工和检修荷载

设计屋面板、檩条、钢筋混凝土挑檐、雨篷和预制小梁时,除了考虑屋面均布活荷载外,还应验算在施工、检修时可能出现在最不利位置上,由人和工具自重形成的集中荷载:

①屋面板、檩条、钢筋混凝土挑檐、悬挑雨篷和预制小梁,施工或检修集中荷载不应小于1.0 kN,并应作用在最不利位置处进行验算。

②计算挑檐、雨篷承载力时,应沿板宽每隔1.0 m取一个集中荷载;在验算挑檐、雨篷倾覆时,应沿板宽每隔 2.5~3.0 m 取一个集中荷载,集中荷载的位置作用于挑檐、雨篷端部(图2.24)。

③对于轻型构件或较宽构件,当施工荷载超过上述荷载时,应按实际情况验算或采用加垫板、支撑等临时设施承受。

2)栏杆水平荷载

设计楼梯、看台、阳台和上人屋面等的栏杆时,考虑到人群拥挤可能会对栏杆产生侧向推力,应在栏杆顶部作用一水平荷载进行验算(图2.25)。栏杆水平荷载的取值与人群活动密集程度有关,可按下列规定采用:

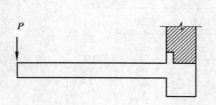

图2.24 挑梁、雨篷集中荷载　　　　　　　图2.25 栏杆水平荷载

①住宅、宿舍、办公楼、旅馆、医院、托儿所、幼儿园,栏杆顶部水平荷载应取 1.0 kN/m。

②学校、食堂、剧场、电影院、车站、礼堂、展览馆或体育场,栏杆顶部水平荷载应取 1.0 kN/m,竖向荷载应取 1.2 kN/m,水平荷载与竖向荷载应分别考虑。

2.4 厂房吊车荷载

2.4.1 吊车工作制等级与工作级别

工业厂房因工艺上的要求常设有桥式吊车,厂房结构设计应考虑吊车荷载的作用。计算吊车荷载时,以往是根据吊车工作频繁程度将吊车工作制度分为轻级、中级、重级和超重级4种工作制,如水电站、机械维修车间的吊车满载机会少、运行速度低且不经常使用,属轻级工作制;机械加工车间、装配车间的吊车属中级工作制;冶炼车间、轧钢车间等连续生产的吊车属重级或超重级工作制。现行国家标准《起重机设计规范》是按吊车工作的繁重程度来分级的,在考虑吊车繁重程度时,区分了吊车的利用次数和荷载大小两种因素。按吊车在使用期内要求的总工作循环次数和吊车荷载达到其额定值的频繁程度确定吊车工作级别,分为8个级别作为吊车设计的依据;吊车的生产和订货、项目的工艺设计以及土建原始资料的提供,都以吊车的工作级别为依据。因此,现行《荷载规范》在吊车荷载的规定中也相应采用按工作级别划分,现在采用的工作级别与以往采用的工作制等级存在对应关系,如表2.9所示。

表2.9 吊车的工作制等级与工作级别的对应关系

工作制度等级	轻级	中级	重级	超重级
工作级别	A1~A3	A4,A5	A6,A7	A8

2.4.2 吊车竖向荷载和水平荷载

1) 吊车竖向荷载

桥式吊车由大车(桥架)和小车组成,大车在吊车梁的轨道上沿厂房纵向行驶(图2.26),小车在大车的轨道上沿厂房横向运行,带有吊钩的起重卷扬机安装在小车上。当小车吊有额定的最大起重量开到大车某一极限位置时(图2.27),这一侧的每个大车轮压即为吊车的最大轮压标准值 $p_{max,k}$,在另一侧的每个大车轮压即为吊车的最小轮压标准值 $p_{min,k}$,吊车的最大和最小轮压等技术资料一般由工艺提供,或查阅产品手册得到。吊车荷载是移动的,利用结构力学中影响线的概念,即可求出通过吊车梁作用于排架柱上的最大竖向荷载和最小竖向荷载,进而求得排架结构的内力。

图 2.26　厂房桥式吊车

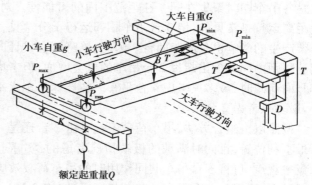

图 2.27　桥式吊车受力状态

2) 吊车纵向水平荷载

吊车水平荷载有纵向和横向两种,纵向水平荷载是由吊车的大车运行机构在启动或制动时引起的水平惯性力,惯性力为运行质量与运行加速度的乘积,此惯性力通过制动轮与钢轨间的摩擦传给厂房结构。吊车水平荷载取决于制动轮的轮压和它与钢轨间的滑动摩擦系数,理论分析与现场测试表明,该摩擦系数一般可取0.10。因此,吊车纵向水平荷载标准值,应按作用在一边轨道上所有刹车轮的最大轮压之和的10%采用;纵向水平荷载的作用点位于刹车轮与轨道的接触点,其方向与轨道方向一致,由厂房纵向排架承受。

3) 吊车横向水平荷载

吊车横向水平荷载是当小车吊有额定最大起质量时,小车运行机构启动或刹车所引起的水平惯性力,它通过小车制动轮与桥架轨道之间的摩擦力传给大车,等分于桥架两端,分别由大车两侧的车轮平均传至吊车梁上的轨道,再由吊车梁与柱的连接钢板传给排架。吊车横向水平荷载标准值可按下式取值:

$$T = \alpha(Q + Q_1) \tag{2.40}$$

式中　Q——吊车的额定起吊质量;

　　　Q_1——横行小车的质量;

　　　α——横向水平荷载系数(或称小车制动力系数)。

实测结果表明,横向水平荷载系数 α 随吊车起质量的减小而增大,这主要是因为行车司机对起质量大的吊车往往控制以较低的速度运行。对于软钩吊车,当额定起质量不大于100 kN 时,横向水平荷载系数应取 0.12;当为 160~500 kN 时,应取 0.10;当不小于 750 kN 时,应取 0.08。软钩吊车采用钢索起吊重物,在小车制动时,起吊的重物可以自由摆动,通过柔性钢索传至小车的制动力得到衰减;而硬钩吊车采用小车附设的刚臂结构起吊重物,在小车制动时,起吊的重物产生的摆动通过硬钩刚臂传至小车,以至小车制动时产生较大惯性力,因而硬钩吊车横向水平荷载系数应大于软钩吊车,取为 0.20。

2.4.3 多台吊车组合

当厂房内设有多台吊车时,参与组合的吊车台数主要取决于柱距大小和厂房跨间数量,其次是各吊车同时聚集在同一柱距范围内的可能性。对于单跨厂房,同一跨度内,2 台吊车以邻近距离运行是常见的,但 3 台吊车相邻运行十分罕见,即使偶然发生,由于柱距所限,能对一榀排架产生的影响也只限于两台。因此,单跨厂房设计时最多考虑 2 台吊车。对于多跨厂房,在同一柱距内同时现出超过 2 台吊车的机会增加,但考虑到隔跨吊车对结构影响减弱,在计算吊车竖向荷载时,最多只考虑 4 台吊车。在计算吊车水平荷载时,由于同时启动和制动的机会很小,最多只考虑 2 台吊车。

按照以上组合方法,吊车荷载不论是由 2 台还是 4 台吊车引起,都是按照各台吊车同时处于最不利位置,且同时满载的极端情况考虑的,实际上这种最不利情况出现的概率是极小的。从概率观点,可将多台吊车共同作用时的吊车荷载效应组合予以折减。在实测调查和统计分析的基础上,可得到多台吊车的荷载折减系数(表 2.10)。

表 2.10　多台吊车荷载折减系数

参与组合的	吊车工作级别	
吊车台数	A1~A5	A6~A8
2	0.90	0.95
3	0.85	0.90
4	0.80	0.85

2.4.4 吊车荷载的组合值、频遇值及准永久值

吊车起吊重物处于工作状态时,一般很少持续地停留在某一个位置上,吊车荷载作用的时间是短暂的,厂房排架设计时,在荷载准永久组合中不考虑吊车荷载。但在吊车梁按正常使用极限状态设计时,可采用吊车荷载的准永久值计算吊车梁的长期荷载效应。

吊车荷载的组合值、频遇值及准永久值系数可按表 2.11 中的规定采用。

表 2.11　吊车荷载的组合值、频遇值及准永久值系数

吊车工作级别	组合值系数 ψ_c	频遇值系数 ψ_f	准永久值系数 ψ_q
软钩吊车工作级别 A1~A3	0.7	0.6	0.5
工作级别 A4、A5	0.7	0.7	0.6
工作级别 A6、A7	0.7	0.7	0.7
硬钩吊车及工作级别 A8 的软钩吊车	0.95	0.95	0.95

2.5　汽车荷载

2.5.1　公路桥梁汽车荷载

桥梁上行驶的车辆荷载种类繁多,有汽车、平板挂车、履带车等,同一类车辆又有许多不同的型号和载重等级,设计时不可能对每种情况都进行计算,而是采用统一的荷载标准。通过对实际车辆的轮轴数目、前后轴间距、轴重力等情况的统计分析,又考虑随着交通运输事业的发展,车辆的载质量还将不断增大,我国交通部在其颁布的《公路桥涵设计通用规范》(JTG D60—2015)(以下简称《公路桥规》)中规定了适用于公路桥涵或受车辆影响的构筑物设计所用的汽车荷载标准。

1)汽车荷载的等级和组成

汽车荷载分为公路-Ⅰ级和公路-Ⅱ级两个级别,分别由车道荷载和车辆荷载组成。桥梁结构的整体计算采用车道荷载,车道荷载由均布荷载和集中荷载组成。桥梁结构的局部加载、涵洞、桥台和挡土墙土压力等计算采用车辆荷载。车辆荷载和车道荷载的作用不得叠加。

公路桥涵设计时,汽车荷载等级的选用与所在公路的等级有关,各级公路桥涵设计的汽车荷载等级可按表 2.12 的规定选用。当二级公路作为集散公路且交通量小、重型车辆少时,其桥梁的设计可采用公路-Ⅱ级汽车荷载。对交通组成中重载交通比重较大的公路桥涵,宜采用与该公路交通组成相适应的汽车荷载模式进行结构整体和局部验算。

表 2.12　各级公路桥涵的汽车荷载等级

公路等级	高速公路	一级公路	二级公路	三级公路	四级公路
汽车荷载等级	公路-Ⅰ级	公路-Ⅰ级	公路-Ⅰ级	公路-Ⅱ级	公路-Ⅱ级

2)车道荷载的计算图式和标准值

现行《公路桥规》规定,车道荷载由均布荷载和集中荷载组成,车道荷载的计算图式见图 2.28。车道荷载是个虚拟荷载,它的荷载标准值 q_k 和 p_k 是在不同车流密度、车型、车重的公路上,对实际汽车车队车重和车间距的测定和效应分析得到。

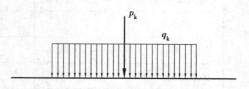

图 2.28　车道荷载的计算图式

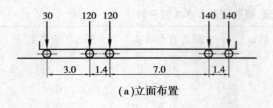

(a)立面布置

(b)平面尺寸

荷载单位 kN,尺寸单位 m

图 2.29 车辆荷载的立面、平面尺寸

公路-Ⅰ级车道荷载的均布荷载的标准值为 $q_k = 10.5$ kN/m;集中荷载标准值按以下的规定选取:桥梁计算跨径 $L_0 \leq 5$ m 时,$p_k = 270$ kN;桥梁计算跨径 $L_0 \geq 50$ m 时,$p_k = 360$ kN;桥梁计算跨径 5 m< L_0 <50 m 时,按 $p_k = 2(L_0 + 130)$ kN 求得。计算剪力的效应时,上述集中荷载的标准值 p_k 应乘以 1.2 的系数。

公路-Ⅱ级车道荷载的均布荷载标准值 q_k 和集中荷载标准值 p_k 按公路-Ⅰ级车道荷载的 0.75 倍采用。

车道荷载的均布荷载标准值应满布于使结构产生最不利效应的同号影响线上;集中荷载标准值只作用于相应影响线中一个最大影响线峰值处。

公路-Ⅰ级和公路-Ⅱ级汽车荷载采用相同的车辆荷载标准值。车辆荷载的立面、平面尺寸见图 2.29,主要技术指标规定见表 2.13。

表 2.13 车辆荷载的主要技术指标

项 目	单位	技术指标	项 目	单位	技术指标
车辆重力标准值	kN	550	轮距	m	1.8
前轴重力标准值	kN	30	前轴着地宽度及长度	m	0.3,0.2
中轴重力标准值	kN	2×120	中、后轮着地宽度及长度	m	0.6,0.2
后轴重力标准值	kN	2×140	车辆外形尺寸(长度及宽度)	m	15,2.5
轴距	m	3+1.4+7+1.4			

3)车道荷载的折减

在横向布置车辆时,既要考虑使桥梁获得最大荷载效应,还要考虑给车辆留有足够的行车道宽度。桥涵设计车道数应符合表 2.14 的规定。车道荷载横向分布系数应按设计车道数(图 2.30)布置车辆荷载进行计算。

表 2.14 桥涵设计车道数

桥面宽度 W/m		桥涵设计车道数	桥面宽度 W/m		桥涵设计车道数
车辆单向行驶时	车辆双向行驶时		车辆单向行驶时	车辆双向行驶时	
$W<7.0$	—	1	$17.5 \leq W<21.0$	—	5
$7.0 \leq W<10.5$	$6.0 \leq W<14.0$	2	$21.0 \leq W<24.5$	$21.0 \leq W<28.0$	6
$10.5 \leq W<14.0$	—	3	$24.5 \leq W<28.0$	—	7
$14.0 \leq W<17.5$	$14.0 \leq W<21.0$	4	$28.0 \leq W<31.5$	$28.0 \leq W<35.0$	8

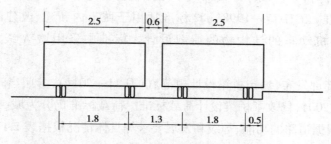

图 2.30　车辆荷载横向布置

（1）汽车荷载横向折减

桥梁设计时各个车道上的汽车荷载都是按最不利位置布置的,多车道桥梁上的汽车荷载同时处于最不利位置可能性随着桥梁车道数的增加而减小。在计算桥梁构件截面产生的最大效应(内力、位移)时,应考虑多车道折减。当桥涵设计车道数等于或大于 2 时,由汽车荷载产生的效应应按表 2.15 规定的多车道折减系数进行折减,但折减后的效应不得小于两个设计车道的荷载效应。

表 2.15　横向折减系数

横向布置设计车道数/条	1	2	3	4	5	6	7	8
横向折减系数	1.20	1.00	0.78	0.67	0.60	0.55	0.52	0.50

（2）汽车荷载纵向折减

大跨径桥梁随着桥梁跨度的增加,桥梁上实际通行的车辆达到较高密度和满载的概率减小,应考虑计算跨径折减。当桥梁计算跨径大于 150 m 时,应按表 2.16 规定的纵向折减系数进行折减。当为多跨连续结构时,整个结构应按最大的计算跨径考虑汽车荷载效应的纵向折减。

表 2.16　纵向折减系数

计算跨径 L_0/m	纵向折减系数	计算跨径 L_0/m	纵向折减系数
$150 < L_0 < 400$	0.97	$800 \leqslant L_0 < 1\ 000$	0.94
$400 \leqslant L_0 < 600$	0.96	$L_0 \geqslant 1\ 000$	0.93
$600 \leqslant L_0 < 800$	0.95		

2.5.2　城市桥梁汽车荷载

我国城市桥梁的荷载设计,长期以来都是按照现行公路桥梁荷载标准进行设计的,由于 20 世纪 90 年代前公路桥梁的汽车荷载布载方式是沿用苏联的桥梁荷载模式,与我国现代城市机动车辆的动态分布规律不尽相符,为使桥梁荷载标准更符合我国城市市政建设的实际情况,以及达到与国际桥梁荷载标准设计水平相接轨的目的,我国建设部1998年制定了《城市桥梁设计荷载标准》(CJJ 77—1998),该标准适用于城市内新建、改建的永久性桥梁与涵洞、高架道路及承受机动车的结构物的荷载设计。标准中采用城-A级、城-B级两级荷载标准。

2011年4月住建部发布《城市桥梁设计规范》(CJJ 11—2011),参照当时《公路桥涵设计通用规范》(JTGD 60—2004)修改了桥梁设计荷载标准。荷载标准仍分为城-A级、城-B级。桥梁的设计汽车荷载应根据道路的功能、等级和发展要求等具体情况根据表2.17选用,并应符合下列规定:

①快速路、次干路上如重型车辆行驶频繁时,设计汽车荷载应选用城-A级汽车荷载。

②小城市中的支路上如重型车辆较少时,设计汽车荷载采用城-B级车道荷载的效应乘以0.8的折减系数,车辆荷载的效应乘以0.7的折减系数。

③小型车专用道路,设计汽车荷载可采用城-B级车道荷载的效应乘以0.6的折减系数,车辆荷载的效应乘以0.5的折减系数。

对设计汽车荷载有特殊要求的桥梁,设计汽车荷载标准应根据具体交通特征进行专题论证。

表2.17 城市桥梁设计汽车荷载等级

城市道路等级	快速路	主干路	次干路	支 路
设计汽车荷载等级	城-A级或城-B级	城-A级	城-A级或城-B级	城-B级

汽车荷载应由车道荷载和车辆荷载组成。车道荷载由均布荷载和集中荷载组成。桥梁结构的整体计算采用车道荷载,桥梁结构的局部加载、桥台和挡土墙压力等的计算采用车辆荷载。车道荷载与车辆荷载的作用不得叠加。桥梁设计时汽车荷载的计算图式、加载方法和纵横向折减等应符合下列规定。

车道荷载的计算采用图2.28的计算图式,城-A级车道荷载的均布荷载的标准值为 $q_k = 10.5$ kN/m;集中荷载标准值按以下的规定选取:桥梁计算跨径 $L_0 \leq 5$ m, $p_k = 180$ kN;桥梁计算跨径 $L_0 \geq 50$ m时, $p_k = 360$ kN;桥梁计算跨径为 $5 \sim 50$ m时, p_k 按直线内插求得。计算剪力的效应时,上述集中荷载的标准值 p_k 应乘以1.2的系数。城-B级车道荷载的均布荷载标准值 q_k 和集中荷载标准值 p_k 按城-A级车道荷载的0.75倍采用。

在城市桥梁设计中汽车荷载可分为车辆荷载和车道荷载两种形式。城-A级车辆采用五轴式货车加载,总轴重700 kN,前后轴距为18.0 m,行车限界横向宽度为3.0 m。城-A级车辆荷载的立面、平面布置见图2.31,横桥向布置见图2.32,车辆荷载标准值应符合表2.18的规定:

城-B级车辆荷载的立面、平面布置及标准值采用现行行业标准《公路桥涵设计通用规范》(JTG D60)车辆荷载的规定值。城-B级车辆荷载的立面、平面布置同图2.29,横桥向布置同图2.30。

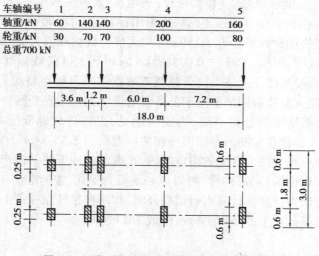

图 2.31　城-A 级车辆荷载的立面、平面布置

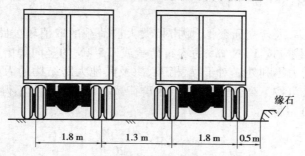

图 2.32　城-A 级车辆荷载的横桥向布置

表 2.18　城-A 级车辆荷载

车轴编号	单位	1	2	3	4	5
轴重	kN	60	140	140	200	160
轮重	kN	30	70	70	100	80
纵向轴距	m		3.6	1.2	6.0	7.2
每组车轮的横向中距	m	1.8	1.8	1.8	1.8	1.8
车轮着地的宽度×长度	m	0.25×0.25	0.6×0.25	0.6×0.25	0.6×0.25	0.6×0.25

2.6　人群荷载

2.6.1　公路桥梁人群荷载

　　设有人行道的公路桥梁,采用汽车荷载进行计算时,应同时计入人行道上的人群荷载。通过沈阳、北京、上海等 10 个城市 30 座桥梁行人高峰期连续观测记录,进行统计分析,人群荷载

一般取为 3 kN/m²，并且随着观测段(桥梁跨径)的增长，人群荷载不断减小。

《公路桥规》中人群荷载标准值按下列规定采用：当桥梁计算跨径 $L_0 \leq 50$ m 时，人群荷载标准值为 3.0 kN/m²；当桥梁计算跨径 $L_0 \geq 150$ m 时，人群荷载标准值为 2.5 kN/m²；当桥梁计算跨径在 50 m< L_0 <150 m 时，可按($3.25 - 0.005L_0$)kN 求得到人群荷载标准值。对跨径不等的连续结构，以最大计算跨径为准。上述人群荷载调查数据多来自城市桥梁行人高峰期，而公路桥梁一般行人较少，将此人群荷载标准值用于公路桥梁设计是偏于安全的。

城镇郊区行人密集地区的公路桥梁，为安全起见，人群荷载标准值取上述规定值的 1.15 倍。专用人行桥梁，人群荷载标准值参照国外相关标准取为 3.5 kN/m²。

人群荷载在横向应布置在人行道的净宽度内，在纵向施加于使结构产生最不利荷载效应的区段内。公路桥梁人行道板(局部构件)可以以一块板为单元，按标准值 4.0 kN/m² 的均布荷载作用在一块板上进行内力计算。计算人行道栏杆时，作用在栏杆立柱顶上的水平推力标准值取 0.75 kN/m；作用在栏杆扶手上的竖向力标准值取 1.0 kN/m。

2.6.2 城市桥梁人群荷载

我国城市人口密集，人行交通繁忙，城市桥梁人群荷载的取值较公路桥梁规定的要大。对于人行道板的人群荷载应按 5 kN/m² 的均布荷载或 1.5 kN 的竖向集中荷载分别计算，并作用在一块构件上，取其受力不利处。对于梁、桁架、拱及其他大跨结构的人群荷载，需根据加载长度及人行道宽来确定，可按下列公式计算，且人群荷载在任何情况下不得小于 2.4 kN/m²。

当加载长度 $L<20$ m 时：

$$w = 4.5 \times \frac{20 - w_p}{20} \tag{2.41}$$

当加载长度 $L \geq 20$ m 时：

$$w = \left(4.5 - 2 \times \frac{L - 20}{80}\right) \frac{20 - w_p}{20} \tag{2.42}$$

式中　　w——单位面积上的人群荷载，kN/m²；

　　　　L——加载长度，m；

　　　　w_p——单边人行道宽度，m。在专用非机动车桥上时宜取 1/2 桥宽；当 1/2 桥宽大于 4 m 时，应按 4 m 计。

城市桥梁由于人流量较大，计算人行道栏杆时，作用在栏杆扶手上的竖向荷载采用 1.2 kN/m；水平向外荷载采用 2.5 kN/m。两者应分别考虑，不得同时作用。作用在栏杆立柱柱顶的水平推力应取为 1.0 kN/m。防撞栏杆应采用 80 kN 横向集中力进行验算，作用点设在防撞栏杆板的中心。

2.7 雪荷载

2.7.1 基本雪压

雪压 s(单位 kN/m²)是指单位水平面积上的积雪自重。决定雪压值大小的是积雪深度与

积雪重度,可按下式计算:

$$s = \gamma h \tag{2.43}$$

式中　γ——积雪重度,kN/m^3;

　　　h——积雪深度,指从积雪表面到地面的垂直深度,m。

我国大部分气象台站收集的都是雪深的数据,而相应的雪重度的数据欠齐全。当缺乏同时、同地平行观测到的积雪重度时,均以当地的平均积雪重度来估计雪压值。积雪密度随积雪深度、积雪时间和当地气候条件等因素的变化有较大幅度的变异。刚刚飘落的雪重度较小,通常在 $0.6\sim1.0\ kN/m^3$。当积雪达到一定厚度时,下层积雪受到上层积雪的压密,下层积雪重度增加,积雪越厚,下层重度越大。在寒冷地区,积雪时间较长,随着时间的延续,积雪受到冻融反复作用及人为踩踏搅动,其重度也会增加。我国国土幅员辽阔,气候条件差异较大,对不同的地区取用不同的积雪平均重度:东北及新疆北部地区取 $1.5\ kN/m^3$;华北及西北地区取 $1.3\ kN/m^3$,其中青海取 $1.2\ kN/m^3$;淮河、秦岭以南地区一般取 $1.5\ kN/m^3$,其中江西、浙江取 $2.0\ kN/m^3$。

基本雪压是指空旷平坦的地面上,积雪分布保持均匀的情况下,经统计得出的 50 年一遇的最大雪压。当气象台站有雪压记录时,应直接采用雪压数据计算基本雪压;当无雪压记录时,可取为当地的最大积雪深度与当地积雪平均重度的乘积。应当指出,最大积雪深度与最大积雪重度并不一定同时出现。当年的最大雪深出现时,对应的雪重度往往不是该年度的最大值。因此采用平均重度来计算基本雪压是合理的。当然最好的方法是直接记录地面雪压值,这样可以避免最大积雪深度和最大积雪重度不同时出现带来的问题,准确确定基本雪压值。

《荷载规范》附录二给出了我国城市 50 年一遇的基本雪压值。当城市或建设地点的基本雪压值在《荷载规范》附录二中没有给出时,可根据当地年最大雪压或雪深资料,按基本雪压定义,通过统计分析确定。当地没有雪压和雪深资料时,可根据附近地区规定的基本雪压,通过气象和地形条件的对比分析确定;也可按《荷载规范》给出的全国基本雪压分布图(见本书附图1)近似确定。

我国基本雪压分布呈如下特点:

①新疆北部是我国突出的雪压高值区。该地区由于冬季受到北冰洋南侵冷湿气流影响,雪量丰富,加上温度低,积雪可以保持整个冬季不溶化,新雪覆老雪,形成了特大雪压。在阿尔泰山区域雪压值达 $1\ kN/m^2$。

②东北地区由于气旋活动频繁,冬季多降雪天气,同时气温较低,有利于积雪。因此大兴安岭及长白山区是我国另一个雪压高值区。黑龙江北部和吉林东部地区,雪压值可达 $0.7\ kN/m^2$ 以上。而吉林西部和辽宁北部地区,地处大兴安岭的背风坡,不易降雪,雪压值在 $0.2\ kN/m^2$ 左右。

③长江中下游及淮河流域是我国稍南地区一个雪压高值区。该地区冬季积雪情况很不稳定,有些年份一冬无积雪,而有些年份遇到寒潮南下,冷暖气流僵持,即降大雪。1955 年元旦,江淮一带普降大雪,合肥雪深达 40 cm,南京雪深达 51 cm。1961 年元旦,浙江中部遭遇大雪,东阳雪深达 55 cm,金华雪深达 45 cm。江西北部以及湖南一些地区也曾出现过 40 cm 以上的雪深。因此,这些地区不少地点雪压达 $0.40\sim0.50\ kN/m^2$,但积雪期较短,短则一两天,长则十来天。

④川西、滇北山区的雪压也较高。该地区海拔高,气温低,湿度大,降雪较多而不易融化。

但该地区的河谷内,由于落差大,高度相对较低,气温相对较高,积雪不多。

⑤华北及西北大部地区,冬季温度虽低,但空气干燥,水汽不足,降雪量较少,雪压一般为0.2~0.3 kN/m² 。西北干旱地区,雪压在 0.2 kN/m² 以下。该区内的燕山、太行山、祁连山等山脉,因受地形影响,降雪稍多,雪压可在 0.3 kN/m² 以上。

⑥南岭、武夷山脉以南、冬季气温高,很少降雪,基本无积雪。

山区的雪荷载受地形地貌影响变异较大,应通过实际调查后确定。在无实测资料的情况下,可按当地邻近空旷平坦地面的雪荷载值乘以系数 1.2 采用。

雪荷载的组合值系数可取 0.7;频遇值系数可取 0.6;准永久值系数根据雪荷载分区 I,Ⅱ,Ⅲ的不同,分别取 0.5,0.2,0。雪荷载准永久值系数分区图见附图 2。

2.7.2 屋面积雪荷载

基本雪压是在平坦的地面上积雪均匀分布的情况下定义的,屋面的雪荷载由于受到屋面坡度与形式、房屋朝向及风向等因素的影响,往往与地面雪荷载不同。

1)屋面坡度与形式对屋面积雪的影响

屋面雪荷载分布与屋面坡度密切相关,一般随坡度的增加而减小,当屋面坡度大到某一角度时,积雪就会在屋面上产生滑移或滑落,屋面坡度越大,滑移的雪越多。对于高低跨屋面或带天窗屋面,较高屋面上的雪吹落在较低屋面上,在低屋面处形成局部较大漂积雪荷载,由于高低跨屋面交接处存在风涡作用,积雪多按曲线分布堆积(图 2.33)。对于多跨屋面,屋脊处的积雪被风吹落到屋谷附近,漂积雪在天沟处堆积较厚(图 2.34)。

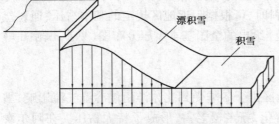

图 2.33 高低跨屋面漂积雪分布

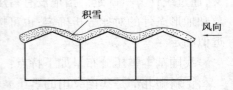

图 2.34 多跨屋面积雪分布

2)房屋朝向及风向对屋面积雪的影响

双坡屋面向阳一侧受太阳照射,加之屋内散发的热量,易于使紧贴屋面的积雪融化形成润滑层,导致摩擦力减小,该侧积雪可能滑落,出现一坡有雪另一坡无雪的荷载分布。雪滑移若发生在高低跨屋面或带天窗屋面,滑落的雪堆积在与高屋面邻接的低屋面上,此处会产生很大的局部堆积雪荷载。当风吹过双坡屋面时,会将迎风面部分积雪吹至背风面,迎风面积雪少,背风面积雪大。

3)风对屋面积雪的漂移作用

下雪过程中,风会把部分将要飘落或者已经漂积在屋面上的雪吹移到附近地面或邻近较低的屋面上,这种影响称为风对雪的漂移作用。对于平屋面和小坡度屋面,风对雪的漂移作用会使屋面上的雪压一般比邻近地面上的雪压要小,并与房屋的曝风情况及风力大小有关,房屋周围开阔,风力较大,屋面雪荷载则小。当风吹过双坡屋面时,迎风面因爬坡风效应,风速增大吹走部分积雪,而背风面风速降低,迎风面吹来的雪往往在背风一侧屋面上漂积,引起屋面不平衡雪荷载。

以上出现的各种雪荷载分布情况,结构设计时均应加以考虑。

4)屋面积雪分布系数

屋面积雪分布系数是屋面水平投影面积上的雪荷载与基本雪压的比值,实际上也就是地面基本雪压换算为屋面雪荷载的换算系数。屋面水平投影面上的雪荷载标准值应按下式计算:

$$s_k = \mu_r s_0 \tag{2.44}$$

式中　s_k——屋面雪荷载标准值,kN/m^2;

　　　μ_r——屋面积雪分布系数;

　　　s_0——基本雪压,kN/m^2。

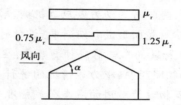

均匀分布情况

不均匀分布情况

α	≤25°	30°	35°	40°	45°	≥50°
μ_r	1.0	0.8	0.6	0.4	0.2	0

图 2.35　单跨双坡屋面积雪分布系数

如图 2.35 所示为单跨双坡屋面积雪分布系数,由图可见迎风一侧屋面积雪小于背风面,屋面积雪分布与坡角紧密相关。图 2.36 所示为高低屋面积雪分布系数,由图可见,高低屋面邻接处的雪荷载约为平均值的 2 倍。在设计屋架时,屋面雪荷载可分别按积雪全跨均匀分布情况、不均匀分布情况和半跨均匀分布情况采用。对于轻钢结构等对雪荷载敏感的结构,基本雪压还应适当提高。

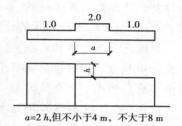

$a=2h$,但不小于 4 m,不大于 8 m

图 2.36　高低屋面积雪分布系数

本章小结

1.土的自重应力一般是指土的自身有效重力在土体中引起的应力。地面以下深度 z 处的土体因自身质量产生的应力可取该水平截面上单位面积的土柱体的重力。对于均匀土,自重应力与深度成正比;对于成层土可通过各层土的自重应力求和得到;若土层位于地下水位以下,则应以地下水位面作为分层界面,计算土的自重应力时,界面以下土层应扣除浮力影响。

2.土的侧向压力的大小及分布与墙身位移、填土性质、墙体刚度、地基土质等因素有关,根据挡土墙的移动情况和墙后土体所处应力状态,土压力可分为静止土压力、主动土压力和被动土压力 3 种类别。土的侧向压力可采用朗金土压力理论计算。朗金土压力理论假定土体为半空间弹性体,挡土墙墙背竖直光滑,填土面水平且无附加荷载,根据半空间内土体的应力状态和极限平衡条件导出土压力计算方法。当填土表面受有连续均布荷载或局部均布荷载,挡土墙后有成层填土或填土处有地下水时,还应对侧向土压力进行修正。

3.民用建筑楼面活荷载是指建筑物中的人群、家具、设施等产生的重力作用,这些荷载的值随时间发生变化,位置也是可以移动的,故又称可变荷载。工程设计时,一般将楼面活荷载处理为等效均布荷载,均布荷载的取值与房屋的使用功能有关。《荷载规范》根据楼面上人员活动状态和设施分布情况给出了各类房屋活荷载的取值。当楼面面积较大时,作用在楼面上的活荷载不可能同时满布,在计算结构或构件楼面活荷载效应时,可对楼面均布活荷载予以适当折减。

4.工业建筑楼面活荷载是指厂房车间在生产使用或安装检修时,工艺设备、生产工具、加工原料和成品部件等产生的重力作用。由于厂房加工的性质不同,楼面活荷载的取值有较大差异。在设计多层工业厂房时,楼面活荷载取值应由工艺提供,或由土建人员根据有关资料自行确定,常见的工业建筑楼面活荷载也可按《荷载规范》取值。

5.房屋建筑的屋面分为上人屋面和不上人屋面,上人屋面应考虑可能出现的人群聚集,活荷载取值较大;不上人屋面仅考虑施工或维修荷载,活荷载取值较小。屋面设有屋顶花园时,尚应考虑花池砌筑、苗圃土壤等质量。屋面设有直升机停机坪时,则应考虑直升机总重引起的局部荷载和飞机起降时的动力效应。机械、冶金、水泥等行业在生产过程中有大量排灰产生,易在厂房及邻近建筑屋面形成积灰荷载,设计时也应加以考虑。

6.桥梁上行驶的车辆荷载种类繁多,在设计中采用统一的荷载标准。通过对实际车辆的轮轴数目、前后轴间距、轴重力等情况的统计分析,《公路桥规》中规定了适用于公路桥涵或受车辆影响的构筑物设计所用的汽车荷载标准。

汽车荷载分为公路-Ⅰ级和公路-Ⅱ级两个级别,分别由车道荷载和车辆荷载组成。桥梁结构的整体计算采用车道荷载,车道荷载由均布荷载和集中荷载组成。桥梁结构的局部加载、涵洞、桥台和挡土墙土压力等的计算采用车辆荷载。车辆荷载和车道荷载的作用不得叠加。

车道荷载是个虚拟荷载,它的荷载标准值是由对实际汽车车队测定和效应分析得到。车道荷载的均布荷载标准值应满布于使结构产生最不利效应的同号影响线上;集中荷载标准值只作用于相应影响线中一个最大影响线峰值处。

7.桥梁设计时各个车道上的汽车荷载都是按最不利位置布置的,多车道桥梁上的汽车荷载同时处于最不利位置的可能性随着桥梁车道数的增加而减小。在计算桥梁构件截面产生的最大效应(内力、位移)时,应考虑多车道折减。当桥涵设计车道数≥2时,由汽车荷载产生的效应应进行折减。大跨径桥梁随着桥梁跨度的增加,桥梁上实际通行的车辆达到较高密度和满载的概率减小,应考虑计算跨径折减。

8.工业厂房结构设计应考虑吊车荷载作用,吊车按其工作的繁重程度分为8个级别作为设计依据。吊车的竖向荷载以最大轮压和最小轮压的形式给出;吊车的水平荷载由运行机构启动或制动时产生的水平惯性力引起。当厂房内设有多台吊车时,考虑到各台吊车同时聚集在同一柱范围内的可能性较小且每台吊车影响范围有限,各台吊车同时处于最不利位置且同时满载的概率更小,需对参与组合的吊车台数加以限制,并应考虑多台吊车荷载折减。

9.雪压是指单位水平面积上的雪重,雪压值的大小与积雪深度和积雪密度有关。基本雪压是在空旷平坦的地面上,积雪分布均匀的情况下,经统计得到的50年一遇的最大雪压。屋面的雪荷载由于受到屋面形式、积雪漂移等因素的影响,往往与地面雪荷载不同,需要考虑用换算系数将地面基本雪压换算为屋面雪荷载。

思考题

2.1　成层土的自重应力如何确定?

2.2　土压力有哪几种类别? 土压力的大小及分布与哪些因素有关?

2.3　试述静止土压力、主动土压力和被动土压力产生的条件,比较三者数值的大小。

2.4　如何由朗金土压力理论导出土的侧压力计算方法?

2.5　试述填土表面有连续均布荷载或局部均布荷载时土压力的计算。

2.6　试述民用建筑楼面活荷载的取值方法。

2.7　当楼面面积较大时,楼面均布活荷载为什么要折减? 如何进行折减?

2.8　工业建筑楼面均布活荷载是如何确定的?

2.9　如何将楼面局部荷载换算为楼面等效均布活荷载?

2.10　屋面活荷载有哪些种类? 如何取值?

2.11　什么情况下会产生屋面积灰荷载? 影响屋面积灰荷载取值有哪些因素?

2.12　计算挑檐、雨篷承载力时,如何考虑施工、检修荷载?

2.13　试述公路桥梁汽车荷载的等级和组成,车道荷载的计算图式和标准值。

2.14　车道荷载为什么要沿横向和纵向折减?

2.15　城市桥梁在设计中如何考虑作用于桥面的车辆荷载取值?

2.16　桥梁设计时,人行道上的人群荷载如何考虑?

2.17　厂房吊车纵向和横向水平荷载如何产生? 其取值如何确定?

2.18　厂房内设有多台吊车时,如何考虑吊车荷载组合?

2.19　什么叫基本雪压? 它是如何确定的?

2.20　我国的基本雪压分布有哪些特点?

2.21　试述风对屋面积雪的漂移作用及其对屋面雪荷载取值的影响。

3 水作用

本章导读：

　　自然界的水以不同的存在形态和作用方式对结构物产生作用力。本章介绍了静水压力的分布规律及作用特征，流体受阻时边界层分离及回流旋涡现象，并由能量原理导出了桥墩流水压力计算公式；阐述了波浪运动特征及波浪推进过程，给出了直墙式构筑物立波波压力、远破波波压力和近破波波压力计算方法；讨论了冰压力的产生原因及各类冰压力的近似确定方法；最后介绍了船只及漂流物撞击力对桥墩的作用、地下水位较高时结构物基底浮力的影响。

3.1　静水压力

　　在实际工程中，设计和建造水闸、堤坝、桥墩和码头时，必须考虑水在结构物表面产生的静水压力。静水压力是指静止液体对其接触面产生的压力，为了计算作用于某一面积上的静水压力，需要了解静水压力的特征及分布规律。

　　静水压力具有两个特征：一是静水压力垂直于作用面，并指向作用面内部；二是静止液体中任一点处各方向的静水压力都相等，与作用面的方位无关。静止液体任意点的压力由两部分组成：一部分是液体表面压力；另一部分是液体内部压力。静止液体中任一点处的静水压力可用下面基本方程描述：

$$p = p_0 + \gamma h \tag{3.1}$$

　　式(3.1)表明在重力作用下，静止液体中任一点处的静水压力 p 等于液面压力 p_0 加上该点在液面以下深度 h 与液体重度 γ 的乘积，即静止液体某点的压力 p 与该点在液面以下的深度 h 成正比。

　　一般情况下，液体表面与大气接触，其表面压力 p_0 即为大气压力；液体内部压力与深度成正比,可表示为 γh。由于液体性质受大气影响不大,水面及挡水结构物周围都有大气压力作用,处于相互平衡状态,因此在确定液体压力时常以大气压力为基准点,以大气压力为基准起算的压力称为相对压力。工程中计算水压力作用时,只考虑相对压力,即:

$$p_a = \gamma h_a \qquad (3.2)$$

式中　　p_a——自由水面下作用在结构物任一点 a 的压力,kN/m^2;

　　　　h_a——结构物上的水压力计算点 a 到水面的距离,m;

　　　　γ——水的重度,kN/m^3。

静水压力与水深呈线性关系,随水深按比例增加;水压力总是作用在结构物表面法线方向,水压力分布与受压面形状有关。如果受压面为垂直平面,已知底部深度 h,则可按 $p = \gamma h$ 求得底部水的压力,再作顶部和底部压力连线便可得到挡水结构侧向压力分布规律,图 3.1 列出了常见受压面的静水压力分布规律。

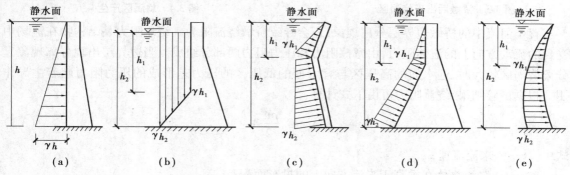

图 3.1　静水压力在结构物上的分布

3.2　流水压力

3.2.1　流体流动特征

某一流速为 v 的等速平面流场,流线是互相平行的水平线,在该流场中放置一个固定的圆柱体(图 3.2),流线在接近圆柱体时流动受阻,流速减小、压力增大。在到达圆柱体表面 a 点时,该流线流速减至为零,压力增到最大,a 点称为停滞点或驻点。流体到达驻点后停滞不前,继续流来的流体质点在 a 点较高压力作用下,改变原来流动方

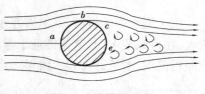

图 3.2　边界层分离

向沿圆柱面两侧向前流动,即从 a 点开始形成边界层内流动。在圆柱面 a 点到 b 点区间,柱面弯曲导致该区段流线密集,边界层内流动处于加速减压状态。过了 b 点流线扩散,边界层内流动呈现相反态势,处于减速加压状态。过了 e 点继续流来的流体质点脱离边界向前流动,出现边界层分离现象。边界层分离后,e 点下游水压较低,必有新的流体反向回流,出现旋涡区。

图 3.3 所示为等速流动的河流中放置的桥墩,流线在接近柱体时流动受阻,在桥墩前一分为二,沿柱面两侧向前流动,桥墩后出现旋涡区。

边界层分离现象及回流旋涡区的产生,在实际的流体流动中是常见的。例如河流、渠道截面突然改变[图 3.4(a)],或在流体流动中遇到闸筏、桥墩等结构物[图 3.4(b)]。

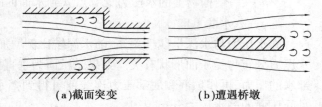

(a)截面突变　　　　　　(b)遭遇桥墩

图 3.3　桥墩后出现旋涡区　　　　　　　　　图 3.4　旋涡区产生

置于河流中的桥墩边界层分离现象,还会导致桥墩绕流阻力。绕流阻力是结构物在流场中受到的流动方向上的流体阻力,由摩擦阻力和压力阻力两部分组成。当边界层出现分离现象且分离旋涡区较大时,迎水面的高压区与背水面的低压区的压力差形成的压力阻力起着主导作用。根据试验结果,绕流阻力可由下式计算:

$$p = C_{\text{D}} \frac{\rho v^2}{2} A \tag{3.3}$$

式中　v——来流流速;

A——绕流物体在垂直于来流方向上的投影面积;

C_{D}——绕流阻力系数,主要与结构物形状有关;

ρ——流体密度。

在实际工程中,为减小绕流阻力,常将桥墩、闸墩设计成流线型,以缩小边界层分离区,达到降低阻力的目的。

3.2.2　桥墩流水压力计算

位于流水中的桥墩,其上游迎水面受到流水压力作用。流水受到桥墩阻碍,流速减小,压力增大,在桥墩迎水面,流速接近于零,压力达到最大值。流水压力的大小与桥墩平面形状、墩台表面粗糙度、水流速度和水流形态等因素有关。设水流未受桥墩影响时的流速为 v,则水流单元体所具有的动能为 $\rho \dfrac{v^2}{2}$,ρ 为水的密度,可表示为 $\rho = \dfrac{\gamma}{g}$,γ 为水的重度。因此,桥墩迎水面水流单元体的压力 p 为:

$$p = \rho \frac{v^2}{2} = \frac{\gamma v^2}{2g} \tag{3.4}$$

若桥墩迎水面受阻面积为 A,再引入考虑墩台平面形状的系数 K,桥墩上的流水压力可按下式计算:

$$F_{\text{w}} = KA \frac{\gamma v^2}{2g} \tag{3.5}$$

式中　F_w——作用在桥墩上的流水压力标准值，kN；

γ——水的重力密度，kN/m³；

v——设计流速，m/s；

A——桥墩阻力面积，m²，一般算至冲刷线处；

g——重力加速度，取 9.81 m/s²；

K——由试验测得的桥墩形状系数，按表 3.1 取用。

表 3.1　桥墩形状系数 K

桥墩形状	方形桥墩	矩形桥墩 （长边与水流平行）	圆形桥墩	尖端形桥墩	圆端形桥墩
K	1.5	1.3	0.8	0.7	0.6

因流速随深度呈曲线变化，河床底面处流速接近于零，为了简化计算，流水压力的分布可近似取为倒三角形，其着力点位置取在设计水位以下 1/3 水深处。

3.3　波浪作用力

3.3.1　波浪特性

波浪是液体自由表面在外力作用下产生的周期性起伏波动，它是液体质点振动的传播现象。不同性质的外力作用于液体表面所形成的波流形状和特性存在一定的差异，可按干扰力的不同对波浪进行分类。例如，由风力引起的波浪称风成波；由太阳和月球引力引起的波浪称潮汐波；由船舶航行引起的波浪称船行波等如图 3.5 所示。对港口建筑和水工结构来说，风成波影响最大，是工程设计主要考虑对象。在风力直接作用下，静水表面形成的波称强制波；当风力渐止后，波浪依靠其惯性力和重力作用继续运动的波称自由波。若自由波的外形是向前推进的称推进波，而不再向前推进的波称驻波。当水域底部对波浪运动无影响时形成的波称深水波，有影响时形成的波称浅水波。

（a）风成波

（b）潮汐波

（c）船行波

图 3.5　波浪分类

描述波浪运动性质及形态的要素有波峰、波谷、波高、波长、波陡、超高、波速、波周期等（图 3.6）。波浪在静水面以上部分称波峰，它的最高点称波顶；波浪在静水面以下部分称波谷，它的最低点称波底；波顶与波底之间的垂直距离称波高，用 H 表示；两个相邻的波顶（或波底）之间

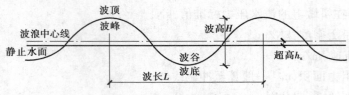

图 3.6　波浪要素

的水平距离称波长,用 L 表示。波高和波长的比值 H/L 称波陡;平分波高的水平线称波浪中心线,波浪中心线到静止水面的垂直距离称超高,用 h_s 表示;波顶向前推进一个波长所需的时间称波周期,用 T 表示。

波浪发生于海面上,然后向海岸传播。在海洋深水区,当水深 d 大于半个波长 $\left(d > \dfrac{L}{2}\right)$ 时,波浪运动不受海底摩擦阻力影响,海底处水质点几乎不动,处于相对宁静状态,这种波浪称为深水推进波。当波浪推进到浅水地带,水深小于半个波长 $\left(d < \dfrac{L}{2}\right)$ 时,海底对波浪运动产生摩阻作用,海底处水质点前后摆动,这种波浪称浅水推进波。由于海底的摩阻作用,浅水波的波长和波速都比深水波略有缩减,而波高有所增加,波峰较尖突,波陡比深水区大。当浅水波继续向海岸推进时,水深不断减小,波陡相应增大,一旦波陡增大到波峰不能保持平衡时,波峰发生破碎,波峰破碎处的水深称临界水深,用 d_c 表示。临界水深随波长、波高变化而不同,波浪破碎区域位于一个相当长的范围内,这个区域称为波浪破碎带。浅水推进波破碎后,又重新组成新的波浪向前推进,由于波浪破碎后波能消耗较多,其波长波高均比原波显著减小。新波继续推进到一定水深后有可能再度破碎,甚至几度破碎,破碎后的波仍含有较多能量。在推进过程中,海水逐渐变浅,波浪受海底摩阻影响加大,表层波浪传播速度大于底层部分,使得波浪更为陡峻,波高有所增大,波谷变得坦长,并逐渐形成一股水流向前推移,而底层则产生回流,这种波浪称为击岸波。击岸波形成的冲击水流冲击岸滩,对海边水工建筑施加的冲击作用,即为波浪荷载。波浪冲击岸滩或建筑物后,水流顺岸滩上涌,波形不再存在,上涌一定高度后回流大海,这个区域称为上涌带(图 3.7)。

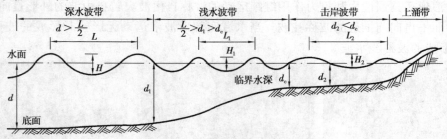

图 3.7　波浪推进过程

3.3.2　波浪作用力

波浪作用力不仅与波浪本身特征有关,还与建筑物型式和海底坡度有关。在实际工程中,直立式防波堤等直立式建筑物常设置抛石明基床或暗基床。对于作用于直墙式建筑物上的波浪,分为立波、远堤破碎波和近堤破碎波三种波态。立波是原始推进波冲击垂直墙面后和反射波互相叠加形成的一种干涉波;近堤破碎波是距直墙附近半个波长范围内发生破碎的波;远区破碎波是距直墙半个波长以外发生破碎的波。

波高和波浪周期是波浪的两个重要特征。波高 H 是指相邻的波峰和波谷间的垂直距离。波高的表示法很多,通常使用的代表性波高有平均波高、均方根波高、最大波高、有效波高等。使用何种波高,决定于使用的目的,利用波高的分布函数可求出各种波高间的关系,能够对各种波高进行换算。

平均波高 $\overline{H}$ 为所有波高的平均状态,并且用它作为各种波高换算的媒介,海洋水文台站观测中常使用这种波高。如将观测的波高按大小顺序排列,并把最高的一部分波的波高计算出平均值,则称为部分大波的平均波高。例如,对最高的 1/10、1/3 的波,其大波的平均波高分别以符号 $H_{1/10}$、$H_{1/3}$ 表示。若观测了 100 个波,它们分别代表最高的 10 个、33 个波的平均波高。将 $H_{1/3}$ 称为 1/3 大波的平均波高,又称有效波高,海浪级别按照有效波高进行划分。将 $H_{1/10}$ 称为 1/10 大波的平均波高,又称显著波高,并有 $H_{1/3}=1.60\overline{H}$,$H_{1/10}=2.03\overline{H}$ 关系式成立。

波浪周期是指水中的某一点经过两个连续波峰所经过的时间长度,即经过两个相邻波峰或两个相邻波谷的时间,可采用波浪平均周期表示。有效波周期是指出现 1/3 大波的平均波高所对应周期,谱峰周期定义为海浪谱中最大谱值所对应的周期。有效波周期和谱峰周期可以利用波浪平均周期按式(3.6)和式(3.7)计算得到。波长和周期之间关系如式(3.8)所示。

$$T_s = 1.15\overline{T} \tag{3.6}$$

$$T_p = 1.05T_s = 1.21\overline{T} \tag{3.7}$$

$$L = \frac{g\overline{T}^2}{2\pi}\text{th}\frac{2\pi d}{L} \tag{3.8}$$

式中　L——波长,m;

　　　g——重力加速度,m/s²;

　　　$\overline{T}$——波浪平均周期,s;

　　　d——建筑物前水深,m;

　　　T_s——有效波周期,s;

　　　T_p——谱峰周期,s。

当波浪主要为风浪时,风浪的波高与波浪周期有近似对应关系(表3.2)。

表 3.2　风浪的波高与波浪周期有近似对应关系

$H_{1/3}$/m	2.0	3.0	4.0	5.0	6.0	7.0	8.0	9.0	10.0
T_s/s	6.1	7.5	8.7	9.8	10.6	11.4	12.1	12.7	13.2

在工程设计时,应根据基床类型如图 3.8 所示、建筑物前水底坡度 i、波高 H、建筑物前水深 d、基床上水深 d_1、波浪平均周期 $\overline{T}$ 等判别波态(表3.3),再进行波浪作用力计算。

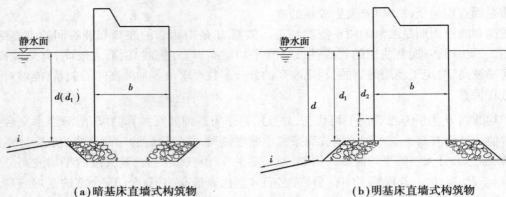

（a）暗基床直墙式构筑物　　　　　　　　（b）明基床直墙式构筑物

图 3.8　直墙式构筑物

表 3.3　直墙式构筑物前波态判别

基床类型	产生条件	波　态
暗基床和低基床$\left(\dfrac{d_1}{d}>\dfrac{2}{3}\right)$	$\overline{T}\sqrt{g/d}<8,d\geqslant 2H$	立　波
	$\overline{T}\sqrt{g/d}\geqslant 8,d\geqslant 1.8H$	
	$\overline{T}\sqrt{g/d}<8,d<2H,i\leqslant 1/10$	远破波
	$\overline{T}\sqrt{g/d}\geqslant 8,d<1.8H,i\leqslant 1/10$	
中基床$\left(\dfrac{2}{3}\geqslant\dfrac{d_1}{d}>\dfrac{1}{3}\right)$	$d_1\geqslant 1.8H$	立　波
	$d_1<1.8H$	近破波
高基床$\left(\dfrac{d_1}{d}\leqslant\dfrac{1}{3}\right)$	$d_1\geqslant 1.5H$	立　波
	$d_1<1.5H$	近破波

注：①d 为建筑物前水深（m）；d_1 为基床上水深（m）；d_2 为护肩上的水深（m）；i 为建筑物前水底坡度；b 为直墙底宽（m），有趾时包括趾宽；

②当明基床上有护肩方块，且方块宽度大于波高 H 时，宜用方块上水深 d_2 代替基床上水深 d_1 确定波态和波浪力；

③H 为建筑物所在处进行波波高（m）；$\overline{T}$ 为波浪平均周期（s）；表中 $\overline{T}\sqrt{g/d}$ 称为无因次周期，可用 T_* 表示。

1）立波波压力

波浪行进遇到直墙反射后，形成波高 $2H$、波长 L 的立波。1928 年法国工程师森弗罗（Sain-flou）得到浅水有限振幅波的一次近似解，其适用范围为相对水深 $d/L=0.135\sim0.20$，波陡 $H/L\geqslant0.035$。我国《港口与航道水文规范》（JTS 145—2015）采用简化的森弗罗公式，假定波压强沿水深按折线分布，给出了直墙式建筑物上的立波作用力计算方法。

（1）波峰时（图 3.9）

当 $d\geqslant1.8H$ 且 $d/L=0.05\sim0.12$ 时，波峰作用时立波波压力分布如图 3.9 所示，

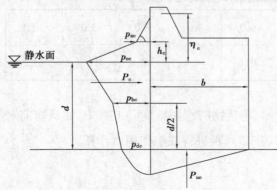

图 3.9　波峰作用时立波波压力分布图

波谷作用下的立波作用力可按下面方法计算直墙各转折点压强,再将各点用直线相连,即得直墙上立波压强分布。

①波峰波面高度 η_c 按式(3.9)—式(3.12)计算:

$$\frac{\eta_c}{d} = B_\eta \left(H/d\right)^m \tag{3.9}$$

$$B_\eta = 2.310\,4 - 2.590\,7T^{-0.594\,1} \tag{3.10}$$

$$m = T/(0.009\,13T_*^2 + 0.636T_* + 1.251\,5) \tag{3.11}$$

$$T_* = \overline{T}\sqrt{g/d} \tag{3.12}$$

②在静水面以上 h_c 处的位置和墙面波压力强度 p_{ac} 按式(3.13)—式(3.15)计算:

$$\frac{h_c}{d} = \frac{2\eta_c/d}{n+2} \tag{3.13}$$

$$\frac{p_{ac}}{\gamma d} = \frac{p_{oc}}{\gamma d}\frac{2}{(n+1)(n+2)} \tag{3.14}$$

$$n = \max\left[0.636\,618 + 4.232\,64(H/d)^{1.67}, 1.0\right] \tag{3.15}$$

③墙面上其他各特征点的波压力强度 p_{oc}、p_{bc}、p_{dc} 按式(3.16)计算,将式(3.16)左端 $\frac{p}{\gamma d}$ 分别替换 $\frac{p_{oc}}{\gamma d}$、$\frac{p_{bc}}{\gamma d}$、$\frac{p_{dc}}{\gamma d}$,并带入按照表3.4确定的相应系数 A_p、B_p、q,即可确定各特征点的波压力强度,如 $p_{bc} > p_{oc}$,取 $p_{bc} = p_{oc}$。

$$\frac{P}{\gamma d} = A_p + B_p(H/d)^q \tag{3.16}$$

④单位长度墙身上的水平总波浪力按式(3.17)计算:

$$\frac{P_c}{\gamma d^2} = \frac{1}{4}\left[2\frac{p_{ac}}{\gamma d}\frac{\eta_c}{d} + \frac{p_{oc}}{\gamma d}\left(1 + \frac{2h_c}{d}\right) + \frac{2p_{bc}}{\gamma d} + \frac{p_{dc}}{\gamma d}\right] \tag{3.17}$$

⑤单位长度墙身上的水平总波浪力矩按式(3.18)计算:

$$\frac{M_c}{\gamma d^3} = \frac{1}{2}\frac{p_{ac}}{\gamma d}\frac{\eta_c}{d}\left[1 + \frac{1}{3}\left(\frac{\eta_c}{d} + \frac{h_c}{d}\right)\right] + \frac{1}{24}\frac{p_{oc}}{\gamma d}\left[5 + \frac{12h_c}{d} + 4\left(\frac{h_c}{d}\right)^2\right] + \frac{1}{4}\frac{p_{bc}}{\gamma d} + \frac{1}{24}\frac{p_{dc}}{\gamma d} \tag{3.18}$$

⑥单位长度墙底面上的波浪浮托力按式(3.19)计算:

$$P_{uc} = \frac{p_{dc}b}{2} \tag{3.19}$$

式中 η_c——波峰波面高度,m;

B_η——系数;

T_*——实际波况时的无因次周期;

m——系数;

h_c——波压力强度 p_{ac} 在静水面以上的作用点位置,m;

n——静水面以上波浪压力强度分布曲线的指数,其值取式中两数的大值;

p_{ac}——与 h_c 对应的墙面波压力强度,kPa;

γ——水的重度,kN/m³;

p_{oc}——静水面上的波压力强度,kPa;

p_{bc}——与 $d/2$ 水深对应的墙面波压力强度,kPa;

P_c——单位长度墙身上的水平总波浪力,kN/m;

p_{dc}——墙底处波压力强度,kPa;

M_c——单位长度墙身上的水平总波浪力矩,kN·m/m;

P_{uc}——单位长度墙底面上的波浪浮托力,kN/m;

系数 A_p、B_p、q、A_1、A_2、B_1、B_2、a、b、c、α、β 按表3.4确定。

表3.4 波峰作用时系数 A_p、B_p、q

计算式		A_1,B_1,a	A_2,B_2,b	α,β,c
$\dfrac{P_{oc}}{\gamma d}$	$A_p = A_1 + A_2 T_*^{\alpha}$	0.029 01	−0.000 11	2.140 82
$\dfrac{P_{bc}}{\gamma d}$		0.145 74	−0.024 03	0.919 76
$\dfrac{P_{dc}}{\gamma d}$		−0.18	−0.000 153	2.543 41
$\dfrac{P_{oc}}{\gamma d}$	$B_p = B_1 + B_2 T_*^{\beta}$	1.314 27	−1.200 64	−0.673 6
$\dfrac{P_{bc}}{\gamma d}$		−3.073 72	2.915 85	0.110 46
$\dfrac{P_{dc}}{\gamma d}$		−0.032 91	0.174 53	0.650 74
$\dfrac{P_{oc}}{\gamma d}$	$q = \dfrac{T_*}{aT_*^2 + bT_* + c}$	0.037 65	0.464 43	2.916 98
$\dfrac{P_{bc}}{\gamma d}$		0.062 20	1.326 41	−2.975 57
$\dfrac{P_{dc}}{\gamma d}$		0.286 49	−3.867 66	38.419 5

(2)波谷时(图3.10)

当 $d \geqslant 1.8H$ 且 $d/L = 0.05 \sim 0.12$ 时,波谷作用时立波波压力分布如图3.10所示,波谷作用下的立波作用力,可按下面方法计算直墙各转折点压强,再将各点用直线相连,即得直墙上立波压强分布。

①波谷波面高度按式(3.20)计算,系数 A_p、B_p、q 按表3.5中的 $\dfrac{P_{ot}}{\gamma d}$ 项的值确定;

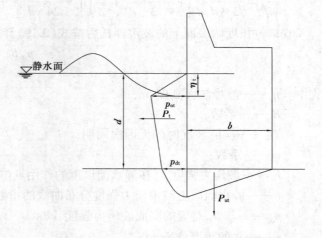

图3.10 波谷作用时立波波压力分布图

$$\frac{\eta_t}{d} = A_p + B_p(H/d)^q \tag{3.20}$$

②墙面上各特征点的波浪压力强度 p_{ot}、p_{dt} 均按式(3.21)计算,将式(3.21)左端 $\frac{p}{\gamma d}$ 分别替换 $\frac{p_{ot}}{\gamma d}$、$\frac{p_{dt}}{\gamma d}$,并按照表 3.5 确定的相应系数 A_p、B_p、q,即可确定各特征点的波压力强度,如 $p_{dt} > p_{ot}$,$p_{dt} = p_{ot}$。

$$\frac{p}{\gamma d} = A_p + B_p(H/d)^q \tag{3.21}$$

③单位长度墙身上的水平总波浪力按式(3.22)计算:

$$\frac{P_t}{\gamma d^2} = \frac{1}{2}\left[\frac{p_{ot}}{\gamma d} + \frac{p_{dt}}{\gamma d}\left(1 + \frac{\eta_t}{d}\right)\right] \tag{3.22}$$

④单位长度墙底面上方向向下的波浪力按式(3.23)计算:

$$P_{ut} = \frac{p_{dt}b}{2} \tag{3.23}$$

式中　p_{ot}——与波谷波面对应的波压力强度,kPa;

　　　η_t——波谷波面高度,m;

　　　p_{dt}——墙底处波压力强度,kPa;

　　　p——墙面上各特征点的波压力强度,kPa;

　　　P_t——单位长度墙身上的水平总波浪力,kN/m;

　　　P_{ut}——单位长度墙底面上方向向下的波浪力,kN/m;

系数 A_p、B_p、q、A_1、A_2、B_1、B_2、a、b、c、α、β 按表 3.5 确定。

表 3.5　波谷作用时系数 A_p、B_p、q

计算式		A_1,B_1,a	A_2,B_2,b	α,β,c
$\frac{p_{ot}}{\gamma d}$	$A_p = A_1 + A_2 T_*^{\alpha}$	0.039 7	−0.000 18	1.95
$\frac{p_{dt}}{\gamma d}$	$A_p = 0.1 - A_1 T_*^{\alpha} e^{A_2 T}$	1.687	0.168 94	−2.019 5
$\frac{p_{ot}}{\gamma d}$	$B_p = B_1 + B_2 T_*^{\beta}$	0.982 22	−3.061 15	−0.284 8
$\frac{p_{dt}}{\gamma d}$		−2.197 07	0.928 02	0.235 0
$\frac{p_{ot}}{\gamma d}$	$q = a T_*^{b} e^{cT}$	2.599	−0.867 9	0.070 92
$\frac{p_{dt}}{\gamma d}$		20.156 5	−1.972 3	0.133 29

当 $d \geq 1.8H$,$0.12 \leq d/L < 0.139$ 时,波浪压强和波面高度的计算方法,以及 $H/L \geq 1/30$,

$0.139 \leqslant d/L \leqslant 0.2$ 和 $0.2 < d/L < 0.5$ 条件下,直墙式建筑物上的立波作用力计算方法可见《港口与航道水文规范》(JTS 145—2015)。

2)远破波波压力

远破波波压力不仅与波高有关,而且与波陡、堤前海底坡度有关,波陡越小或底坡越陡,波压力越大。

(1)波峰时(图 3.11)

静水面以上高度 H 处波压力为零,静水面处的波压力 p_s 为:

$$p_s = \gamma k_1 k_2 H \qquad (3.24)$$

式中 k_1——水底坡度 i 的函数,按表 3.6 取用;

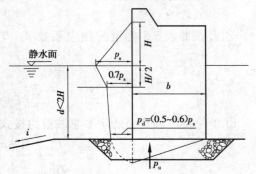

图 3.11   波峰时远破波波压力分布

k_2——波坦 L/H 的函数,按表 3.7 取用。

表 3.6 k_1 值表

海底坡度 i	$\dfrac{1}{10}$	$\dfrac{1}{25}$	$\dfrac{1}{40}$	$\dfrac{1}{50}$	$\dfrac{1}{60}$	$\dfrac{1}{80}$	$\leqslant \dfrac{1}{100}$
k_1	1.89	1.54	1.40	1.37	1.33	1.29	1.25

表 3.7 k_2 值表

坡坦 $\dfrac{L}{H}$	14	15	16	17	18	19	20	21	22	23	24	25	26	27	28	29	30
k_2	1.01	1.06	1.12	1.17	1.21	1.26	1.30	1.34	1.37	1.41	1.44	1.46	1.49	1.50	1.52	1.54	1.55

静水面以下 $H/2$ 处波浪压力强度取为 $0.7p_s$,墙底处波浪压力强度按式(3.25)和式(3.26)计算:

$d/H \leqslant 1.7$ 时

$$p_d = 0.6p_s \qquad (3.25)$$

$d/H > 1.7$ 时

$$p_d = 0.5p_s \qquad (3.26)$$

墙底面上的波浪浮托力按式(3.27)计算:

$$p_u = 0.7 \frac{p_d b}{2} \qquad (3.27)$$

(2)波谷时(图 3.12)

静水面处波压力为零。从静水面以下 $H/2$ 处至水底处的波压力均为:

$$p = 0.5\gamma H \qquad (3.28)$$

墙底波浪浮托力(方向向下)p'_u 为:

$$p'_u = \frac{bp}{2} \qquad (3.29)$$

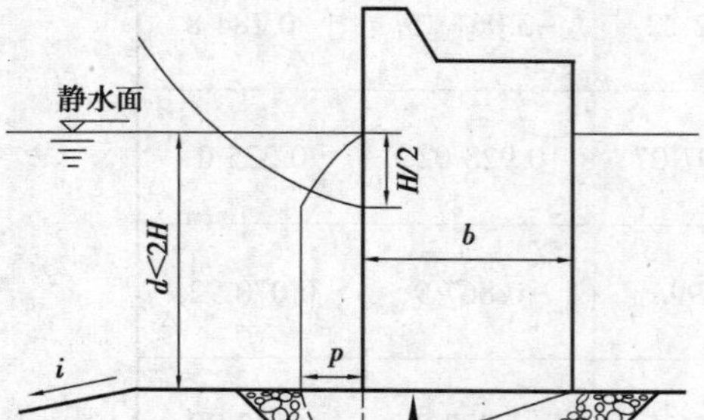

图 3.12   波谷时远破波压力分布

3)近破波波压力

当墙前水深 $d_1 \geqslant 0.6H$ 时,可按下述方法计算(图 3.13):

静水面以上 z 处的波压力为零,z 按下式计算:

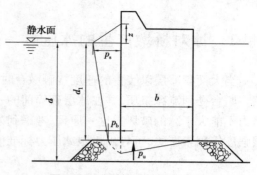

图 3.13 近破波的波压力分布

$$z = \left(0.27 + 0.53\frac{d_1}{H}\right)H \qquad (3.30)$$

静水面处波压力 p_s 为:

当 $\dfrac{2}{3} \geqslant \dfrac{d_1}{d} > \dfrac{1}{3}$ 时:

$$p_s = 1.25\gamma H\left(1.8\frac{H}{d_1} - 0.16\right)\left(1 - 0.13\frac{H}{d_1}\right) \qquad (3.31)$$

当 $\dfrac{1}{3} \geqslant \dfrac{d_1}{d} \geqslant \dfrac{1}{4}$ 时:

$$p_s = 1.25\gamma H\left[\left(13.9 - 36.4\frac{d_1}{d}\right)\left(\frac{H}{d_1} - 0.67\right) + 1.03\right]\left(1 - 0.13\frac{H}{d_1}\right) \qquad (3.32)$$

墙底处波压力:

$$p_b = 0.6p_s \qquad (3.33)$$

单位长度墙身上的总波浪力 p 为:

当 $\dfrac{2}{3} \geqslant \dfrac{d_1}{d} > \dfrac{1}{3}$ 时:

$$p = 1.25\gamma H d_1\left(1.9\frac{H}{d_1} - 0.17\right) \qquad (3.34)$$

当 $\dfrac{1}{3} \geqslant \dfrac{d_1}{d} \geqslant \dfrac{1}{4}$ 时:

$$p = 1.25\gamma H d_1\left[\left(14.8 - 38.8\frac{d_1}{d}\right)\left(\frac{H}{d_1} - 0.67\right) + 1.1\right] \qquad (3.35)$$

墙底波浪浮托力:

$$p_u = 0.6\frac{bp_s}{2} \qquad (3.36)$$

3.4 冰压力

位于冰凌河流和水库中的桥梁墩台,由于冰层的作用对结构产生冰压力,在工程设计中,应根据当地冰凌的具体情况及结构形式考虑冰荷载。冰荷载按照其作用性质的不同,可分为静冰压力和动冰压力。静冰压力包括冰堆整体推移的静压力、风和水流作用于大面积冰层引起的静压力,以及冰覆盖层受温度影响膨胀时产生的静压力,另外冰层因水位升降还会产生竖向作用力;动冰压力主要指河流流冰产生的冲击动压力。

3.4.1 冰对桥墩产生的冰压力

当大面积冰层以缓慢的速度接触墩台时,受阻于桥墩而停滞在墩台前,形成冰层或冰堆现象。墩台受到流冰挤压,并在冰层破碎前的一瞬间对墩台产生最大压力,基于作用在墩台的冰压力不能大于冰的破坏力这一原理,考虑到冰的破坏力与结构物的形状、气温以及冰的抗压极限强度等因素有关,可导出极限冰压力标准值计算公式:

$$F_i = mC_t b t R_{ik} \tag{3.37}$$

式中 F_i——冰压力标准值,kN;

   m——桩或墩迎冰面形状系数,可按表3.8取用;

   C_t——冰温系数,气温在零上解冻时为1.0;气温在零下解冻且冰温为-10 ℃及以下者为2.0;其间用插入法求得;

   b——桩或墩迎冰面投影宽度;

   t——计算冰厚,m,可取实际调查的最大冰厚;

   R_{ik}——冰的抗压强度标准值,kN/m²,可取当地冰温0 ℃时的冰抗压强度;当缺乏实测资料时,对海冰可取 R_{ik} = 750 kN/m²;对河冰,流冰开始时 R_{ik} = 750 kN/m²,最高流冰水位时可取 R_{ik} = 450 kN/m²。

表3.8 桩或墩迎冰面形状系数 m

迎冰面形状	平　面	圆弧形	尖角形的迎冰面角度				
			45°	60°	75°	90°	120°
m	1.00	0.90	0.54	0.59	0.64	0.69	0.77

当冰块流向桥轴线的角度 $\varphi \leq 80°$ 时,桥墩竖向边缘的冰荷载应乘以 $\sin \varphi$ 予以折减。冰压力合力作用在计算结冰水位以下0.3倍冰厚处。

3.4.2 桥墩有倾斜表面冰压力分解

当流冰范围内桥墩有倾斜的表面时,冰压力应分解为水平分力和竖向分力。

水平分力 $F_{xi} = m_0 C_t R_{bk} t^2 \tan \beta \tag{3.38}$

竖向分力 $F_{zi} = F_{xi}/\tan \beta \tag{3.39}$

式中 F_{xi}——冰压力的水平分力,kN;

   F_{zi}——冰压力的垂直分力,kN;

   β——桥墩倾斜的棱边和水平线的夹角,(°);

   R_{bk}——冰的抗弯强度标准值,kN/m²,取 $R_{bk} = 0.7R_{ik}$;

   m_0——系数,$m_0 = 0.2\dfrac{b}{t}$,但不小于1.0。

建筑物受冰作用的部位宜采用实体结构。对于在具有强烈流冰的河流中的桥墩、柱,其迎风面宜做成圆弧形、多边形或尖角,并做成3:1~10:1(竖:横)的斜度,且在受冰作用的部位宜缩小其迎冰面投影宽度。

对在流冰期的设计高水位以上 0.5 m 到设计低水位以下 1.0 m 的部位宜采用抗冻性的混凝土或花岗岩镶面或包钢板等防护措施。同时,对建筑物附近的冰体宜采取适宜的措施,使冰体减少对结构物作用力。

3.4.3 大面积冰层的静压力

由于水流和风的作用,推动大面积浮冰移动对结构物产生静压力(图 3.14)。因此,可根据水流方向和风向考虑冰层面积来计算大面积冰层的静压力(图 3.15):

$$P = \Omega\left[(P_1 + P_2 + P_3)\sin\alpha + P_4\sin\beta\right] \tag{3.40}$$

式中　P——作用于结构物的正压力,N;

Ω——浮冰冰层面积,m^2,一般采用历史上最大值;

P_1——水流对冰层下表面的摩阻力,Pa,可取为 $0.5\,v_s^2$,v_s 为冰层下的流速,m/s;

P_2——水流对浮冰边缘的作用力,Pa,可取为 $50\dfrac{h}{l}v_s^2$,h 为冰厚,m,l 为冰层沿水流方向的平均长度,m,在河中不得大于 2 倍河宽;

P_3——由于水面坡降对冰层产生的作用力,Pa,等于 $920hi$,i 为水面坡降;

P_4——风对冰层上表面的摩阻力,Pa,$P_4=(0.001\sim0.002)v_F$,其中 v_F 为风速,采用历史上有冰时期和水流方向基本一致的最大风速,m/s;

α——结构物迎冰面与冰流方向间的水平夹角;

β——结构物迎冰面与风向间的水平夹角。

图 3.14　大面积冰层作用于桥墩

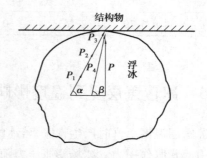

图 3.15　大面积冰层的静压力示意图

3.4.4 流冰冲击力

当冰块运动时,对结构物前沿的作用力与冰块的抗压强度、冰层厚度、冰块尺寸、冰块运动速度及方向等因素有关。由于这些条件不同,冰块碰到结构物时可能发生破碎,也可能只有撞击而不破碎。

①当冰块的运动方向大致垂直于结构物的正面,即冰块运动方向与结构物正面的夹角 $\varphi = 80° \sim 90°$ 时:

$$P = kvh\sqrt{\Omega} \tag{3.41}$$

②当冰块的运动方向与结构物正面所成夹角 $\varphi < 80°$ 时,作用于结构物正面的冲击力按下式计算:

$$P = Cvh^2 \sqrt{\frac{\Omega}{\mu\Omega + \lambda h^2}} \sin \varphi \qquad (3.42)$$

式中　P——流冰冲击力,N;

$\quad\quad\ v$——冰块流动速度,m/s,宜按资料确定,当无实测资料时,对于河流可采用水流速度;对于水库可采用历年冰块运动期内最大风速的 3%,但不大于 0.6 m/s;

$\quad\quad\ h$——流冰厚度,m,可采用当地最大冰厚的 0.7~0.8 倍,流冰初期取最大值;

$\quad\quad\ \Omega$——冰块面积,m^2,可由当地或邻近地点的实测或调查资料确定;

$\quad\quad\ C$——系数,可取为 136(s·kN)/m³;

$\quad\quad\ k,\lambda$——与冰的计算抗压极限强度 R_y 有关的系数,按表 3.9 采用;

$\quad\quad\ \mu$——随 φ 角变化的系数,按表 3.10 采用。

表 3.9　系数 k、λ 值

R_y/kPa	441	735	980	1 225	1 471
k/(s·kN·m⁻³)	2.9	3.7	4.3	4.8	5.2
λ	2 220	1 333	1 000	800	667

注:表中 R_y 为其他值时,k,λ 可用插入法求得

表 3.10　系数 μ 值

φ	20°	30°	45°	55°	60°	65°	70°	75°
μ	6.70	2.25	0.50	0.16	0.08	0.04	0.016	0.005

3.4.5　冰覆盖层受到温度影响膨胀时产生的静压力

冰盖层温度上升时产生膨胀,若冰的自由膨胀变形受到坝体、桥墩等结构物的约束,则在冰盖层引起膨胀作用力。冰场膨胀压力随结构物与冰覆盖层支承体之间的距离大小而变化,自由冰场产生的膨胀力大部分消耗于冰层延伸中,当冰场膨胀受到桥墩等结构物的约束时,则在桥墩周围出现最大冰压力,并随着离桥墩的距离加大而逐渐减弱。冰的膨胀压力与冰面温度、升温速率和冰盖厚度有关,由于日照气温早晨回升傍晚下降,当冰层很厚时,日照升温对 50 cm 以下深度处的冰层无影响,因为该处尚未达到升温所需时间,气温已经开始下降。因此冰层计算厚度,当实际冰厚大于 50 cm 时,以 50 cm 计算,小于 50 cm 时,按实际冰厚计算。试验表明,产生最大冰压的厚度约为 25 cm。冰压力沿冰厚方向基本上呈上大下小的倒三角形分布,可认为冰压力的合力作用点在冰面以下 1/3 冰厚处。

确定冰盖层膨胀的静压力的方法很多,现择其一种介绍。完整的冰盖层发生膨胀时,冰与结构物接触面的静压力,可考虑冰面初始温度、冰温上升速率、冰覆盖层厚度及冰盖约束体之间距离,由下式确定:

$$p = 3.1 \frac{(t_0 + 1)^{1.67}}{t_0^{0.88}} \eta^{0.33} hb\varphi \tag{3.43}$$

式中　p——冰覆盖层升温时,冰与结构物接触面产生的静压力,Pa;

t_0——冰层初始温度,℃,取冰层内温度的平均值,或取 $0.4\ t$,t 为升温开始时的气温;

η——冰温上升速率,℃/h,采用冰层厚度内的温升平均值,即 $\eta = \dfrac{t_1}{S} = 0.4\ \dfrac{t_2}{S}$(其中 S 为气温变化的时间,单位为 h,t_1 为期间 S 内冰层平均温升值,t_2 为期间 S 内气温的上升值);

h——冰盖层计算厚度,m,采用冰层实际厚度,但不大于 0.5 m;

b——墩台宽度,m;

φ——系数,视冰盖层的长度 L 而定,见表 3.11。

表 3.11　系数 φ

L/m	<50	50~75	75~100	100~150	>150
φ	1.0	0.9	0.8	0.7	0.6

3.4.6　冰层因水位升降产生的竖向作用力

冰层因水位升降产生的竖向作用力有流冰冲击力、冰盖层升温膨胀对桥墩的压力和冰层水位升降产生的竖向作用力,如图 3.16 所示。

当冰覆盖层与结构物冻结在一起时,若水位升高,水通过冻结在桥墩、桩群等结构物上的冰盖对结构物产生上拔力。冰盖层因水位上升,对桥墩、桩群产生的竖向上拔力,可按照桥墩四周冰层有效直径为 $50h$ 的平板应力来推算:

$$V = \frac{300h^2}{\ln \dfrac{50h}{d}} \tag{3.44}$$

式中　V——上拔力,N;

h——冰层厚度,m;

d——桩柱或桩群直径,m,当桩柱或桩群周围有半径不小于 $20\ h$ 的连续冰层者,且桩群中各桩距离在 1 m 以内;当桩群或承台为矩形,则采用 $d = \sqrt{ab}$(a、b 为矩形边长)。

(a)流冰冲击力　　　　(b)冰盖层升温膨胀对桥墩的压力　　(c)冰层水位升降产生的竖向作用力

图 3.16　冰作用力的产生

3.5 撞击力

在通行较大吨位的船只或有漂流物的河流中,设计水中桥梁墩台时,需要考虑船只或漂流物的撞击力。撞击力的大小与撞击速度、撞击方位、撞击时间、船只吨位或漂流物质量、船只撞击部位形状、桥墩尺寸及强度等诸多因素有关,因此,确定船只及漂流物的撞击作用是一个复杂的问题,一般均根据能量相等原理采用一个等效静力荷载表示撞击作用。不同学者提出的计算公式存在一定差异,我国《公路桥规》也给出了撞击力确定方法。

3.5.1 船只撞击力

德国学者威澳辛(Woisin)在轮船模型撞击试验的基础上,提出了船只对桥墩正面碰撞的撞击力计算公式:

$$P_s = 1.2 \times 10^5 \, v\sqrt{W} \tag{3.45}$$

式中 P_s——船只等效静撞击力,N;

W——船只总吨位,t;

v——船只撞击速度,m/s。

《公路桥规》假定船只或排筏作用于墩台上有效动能全部转化为撞击力所做的功,按等效静力导出撞击力 F 的近似计算公式。

设船只或排筏的质量为 m,驶近墩台的速度为 v,撞击时船只或排筏的纵轴线与墩台面的夹角为 α,如图 3.17 所示,其动能为:

$$\frac{1}{2}mv^2 = \frac{1}{2}m(v\sin\alpha)^2 + \frac{1}{2}m(v\cos\alpha)^2 \tag{3.46}$$

假定船只或排筏可以顺墩台面自由滑动,则船只或排筏给予墩台的动能仅有前一项,即:

$$E_0 = \frac{1}{2}m(v\sin\alpha)^2 \tag{3.47}$$

在碰撞瞬间,船身以一角速度绕撞击点 A 旋转,其动能为:

$$E = E_0\rho \tag{3.48}$$

式(3.48)中,ρ 是船只在碰撞过程中,由于船体结构、防撞设备、墩台等的变形吸收一部分能量而考虑的折减系数。法国工程师门·佩奇斯(M.Pages)建议按下式计算:

$$\rho = \frac{1}{1 + \left(\dfrac{d}{R}\right)^2} \tag{3.49}$$

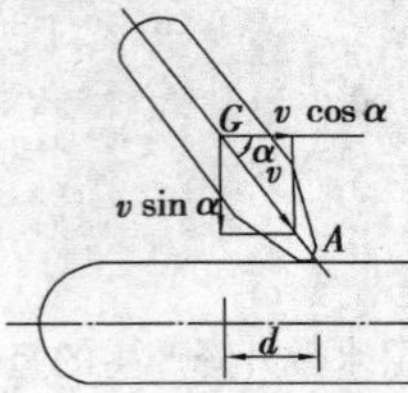

图 3.17 撞击时受力图

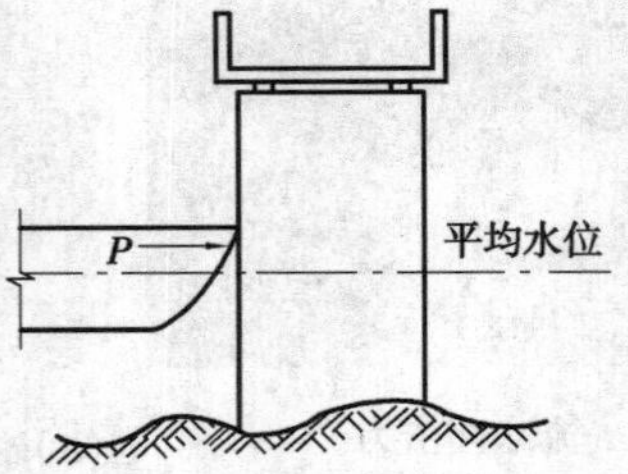

图 3.18 撞击位置示意

式中　R——水平面上船只对其质心 G 的回转半径,m;

　　　　d——质心 G 与撞击点 A 在平行墩台面方向的距离,m。

在碰撞过程中,通过船只把传递给墩台的有效动能 E 全部转化为碰撞力 F 所作的静力功,即在碰撞过程中,船只在碰撞点处的速度由 v 减至零,而碰撞力由零增至 F。设撞击点 A 沿速度 v 的方向的总变位(墩台或防撞设备、地基、船体结构等的综合弹性变形)为 Δ,材料弹性变形系数为 C(单位力所产生的变形),则有

$$\Delta = FC \tag{3.50}$$

根据功的互等定理,有:

$$E = \frac{1}{2}F\Delta = C\frac{F^2}{2} \tag{3.51}$$

由式(3.47)、式(3.48)和式(3.49),可得

$$\rho\frac{W(v\sin\alpha)^2}{2g} = C\frac{F^2}{2} \tag{3.52}$$

$$F = \sqrt{\frac{\rho W(v\sin\alpha)^2}{gC}} \tag{3.53}$$

令 $\gamma^2 = \rho$ 及 $m = \dfrac{W}{g}$ 代入上式,得:

$$F = \gamma v\sin\alpha\sqrt{\frac{m}{c}} \tag{3.54}$$

式中　F——船只或排筏撞击力,kN;

　　　　γ——动能折减系数;

　　　　v——船只或排筏撞击墩台速度,m/s;

　　　　α——船只或排筏撞击方向与墩台撞击点切线间的夹角;

　　　　m——船只或排筏质量,t;

　　　　W——船只或排筏重力,kN;

　　　　C——弹性变形系数,包括船只或排筏及桥梁墩台的综合弹性变形在内,一般顺桥轴方向取 0.000 5,横桥轴方向取 0.000 3。

若取动能折减系数 $\gamma=0.4$,船只行驶速度 $v=3$ m/s,撞击角 $\alpha=20°$;再按照航运部门规定的各级内河航道的船只吨位,即可算出船只撞击力(表3.12)。

通航水域中的桥梁墩台,设计时应考虑船舶的撞击作用。考虑到一至三级内河航道桥梁的防撞等级及结构安全等级的重要性,应通过专题研究确定撞击作用设计值。四至七级内河航道船舶的撞击作用设计值宜按专题研究确定,当缺乏实际调查资料时,也可按表3.12取值。

表 3.12　船只撞击力

内河航道等级	四	五	六	七
船舶吨级 DWT/t	500	300	100	50
横桥向撞击作用/kN	550	400	250	150
顺桥向撞击作用/kN	450	350	200	125

3.5.2 漂流物撞击力

漂流物对墩台的撞击力可视为作用在桥墩上的一个冲量,由能量原理,冲量等于动量的改变量,可导出漂流物撞击力估算公式:

$$F = \frac{W}{g}\frac{v}{T} \tag{3.55}$$

式中 F——漂流物的撞击力,kN;

W——漂流物重力,kN,根据河流中漂流物情况,按实际情况调查确定;

v——水流速度,m/s;

T——撞击时间,s,若无实测资料可取 1 s;

g——重力加速度,m/s^2。

船只及漂流物撞击力的作用位置,应根据具体情况而定。当缺乏资料时,撞击力可假定作用在墩台计算通航水位线上的宽度或长度的中点,船只撞击力作用高度可取通航水位以上 2 m 处,漂流物撞击作用高度可取通航水位高度。当设有与墩台分开的防撞击的防护结构时,可不计撞击力。

3.6 浮托力

水浮力为作用于建筑物基底面的由下向上的水压力,其值等于建筑物排开同体积的水重力。地表水或地下水通过土体孔隙的自由水沟通并传递水压力。水是否能渗入基底是产生水浮力的前提条件,因此,水浮力与地基土的透水性、地基与基础的接触状态以及水压大小(水头高低)和漫水时间等因素有关。

浮托力的大小取决于土的物理特性,当地下水能够通过土的孔隙溶入结构基底,且固体颗粒与结构基底之间接触面很小时,可以认为土中结构物处于完全浮力状态。若土颗粒之间的接触面或土颗粒与结构基底之间的接触面较大,且土颗粒由胶结连接而形成时,地下水不能充分渗透到土与结构基底之间,则结构物不会处于完全浮力状态。

当基础或结构物的底面置于地下水位以下,在其底面上作用着自下向上的静水压力,即为地下水产生的浮托力。这时基础或结构物底面传递的压力由固体颗粒和水浮力共同承受。

浮托力作用可根据地基的透水程度,按照结构物丧失的质量等于它所排除的水重这一原则考虑:

①对于透水性土,应计算水浮力;对于非透水性土,可不考虑水浮力。若结构物位于透水性饱和的地基上,如置于粉性土、砂性土、碎石土和节理裂隙发育的岩石地基上,可认为结构物处于完全浮力状态,按100%计算浮托力。

②若结构物位于透水性较差地基上,如置于节理裂隙不发育的岩石地基上,地下水渗入通道不畅,可按50%计算浮托力。

③完整岩石(包括节理发育的岩石)上的基础,当基础与基底岩石之间灌注混凝土且接触良好时,水浮力可以不计。但遇破碎的或裂隙严重的岩石,则应计入水浮力。作用在桩基承台底面的水浮力应予考虑,但如桩下沉嵌入岩层并灌注混凝土者,须扣除桩截面。

④若结构物位于黏性土地基上,其浮托力与土的物理特性相关,应结合地区实际经验确定。由于土的透水性质难以预测,故对于难以确定是否具有透水性质的土,计算基底应力时,不计浮力,计算稳定时,计入浮力。对于计算水浮力的水位,计算基底应力用低水位,计算稳定用设计水位。

⑤地下水不仅对结构物基础产生浮托力,也对地下水位以下岩石、土体产生浮托力,在确定地基承载力设计值时,无论是基础底面以下土的天然重度或是基础底面以上土的加权平均重度,地下水位以下一律取有效重度。

⑥地下水位并不是固定不变的,它随降雨量、地形以及江河补给条件的不同而变化,当地下水位在基底标高上下范围内涨落时,浮托力的变化有可能引起基础产生不均匀沉降,因此设计基础时,应考虑地下水位季节性涨落的影响。

本章小结

1. 静水压力是指静止液体对其接触面产生的压力,具有两个特性:一是静水压力垂直于作用面,并指向作用面内部;二是静止液体中任一点处各方向的静水压力均相等,与作用的方位无关。静水压力随水深按比例增加,且总是作用在结构物表面法线方向。

2. 在等速平面流场中,当流体流动遇到闸阀、桥墩等阻碍物会产生边界层分离现象及回流旋涡区,引起绕流阻力。绕流阻力由摩擦阻力和压力阻力组成,当边界层分离且旋涡区较大时,迎水面的高压区与背水面的低压区的压力差形成的压力阻力占主导作用,可根据试验结果和能量原理导出桥墩流水压力计算公式。

3. 波浪是液体自由表面在外力作用下产生的周期性起伏波动,其中风成波影响最大。在海洋深水区,波浪运动不受海底摩阻力影响,称为深水推进波;波浪推进到浅水地带,海底对波浪运动产生摩阻力,波长和波速缩减,波高和波陡增加,称浅水推进波;当浅水波向海岸推进,达到临界水深,波峰发生破碎,破碎后的波重新组成新的水流向前推移,而底层出现回流,这种波浪称为击岸波;击岸波冲击岸滩,对海边水工建筑施加冲击作用,即为波浪荷载。

4. 波浪作用力不仅与波浪本身特征有关,还与结构物形式和海底坡度有关。对于作用于直墙式构筑物上的波浪分为立波、远堤破碎波和近堤破碎波三种波态。在工程设计时,应根据基床类型、水底坡度、浪高及水深判别波态,分别采用不同公式计算波浪作用力。我国《港口与航道水文规范》分别给出了立波波压力、远破波波压力和近破波波压力计算方法,先求得直墙各转折点压力,将其用直线连接,得到直墙压力分布,即可求出波浪压力,计算时尚应考虑墙底波浪浮托力。

5. 冰压力按其作用性质不同,可分为静冰压力和动冰压力。静冰压力包括冰堆整体推移的静压力、风和水流作用于大面积冰层引起的静压力以及冰覆盖层受温度影响膨胀时产生的静压力,另外冰层因水位上升还会产生竖向作用力;动冰压力主要指河流流冰产生的冲击作用。

由于气候条件各有所异,冰的性质变化多端,再加上观测资料的缺乏,目前对冰压力的研究还不透彻,各种公式计算所得冰压力数值存在较大差异,因此文中所给的冰荷载的计算方法是一定程度上的近似方法。

6. 在通行较大的吨位的船只或有漂流物的河流中,需考虑船只或漂流物对桥梁墩台的撞击力,撞击力可根据能量相等原则采用一个等效静力荷载表示撞击作用。《公路桥规》假定船只或排筏作用于墩台上的有效动能全部转化为撞击力所做的功,导出了撞击力的近似计算公式。船只及漂流物撞击力的作用位置应根据具体情况而定。

7.水浮力为作用于建筑物基底面的由下向上的水压力,当基础或结构物的底面置于地下水位以下,在其底面产生浮托力,这时基础或结构物底面传递的压力由固体颗粒和水浮力共同承受。浮托力的大小取决于土的物理特性,可根据地基土的透水程度,按照结构物丧失的质量等于它所排除的水重这一原则考虑。

思 考 题

3.1 静水压力具有哪些特征?如何确定静水压力?

3.2 试述等速平面流场中,流体受阻时边界层分离现象及绕流阻力的产生。

3.3 实际工程中为什么常将桥墩、闸墩设计成流线型?

3.4 试述波浪传播特征及推进过程。

3.5 如何对直立式防波堤进行立波波压力、远破波波压力和近破波波压力的计算?

3.6 冰压力有哪些类型?

3.7 冰堆整体推移静压力计算公式是如何导出的?

3.8 冰盖层受到温度影响产生的静压力与哪些因素有关?

3.9 如何根据能量原理导出船只撞击力近似计算公式?

3.10 试述浮托力产生的原因及考虑的方法。

4 风荷载

本章导读：

    本章叙述了风速与风压的关系、基本风压的定义和基本风压取值原则，介绍了地面粗糙度对风压的影响、平均风压沿高度变化的规律以及风压高度变化系数的确定方法，讨论了风流经建筑物表面时的气流分布状况和建筑物体型对风压分布影响，给出了结构顺风向风振和横风向风振产生的原因及结构抗风振设计方法，分析了风对桥梁的静力作用和动力作用，对于大跨度桥梁结构必须考虑结构的风致振动。

4.1 风的基本知识

4.1.1 风的形成

    风是空气相对于地面的运动，空气之所以产生运动主要是地球上各纬度地区所接受的太阳辐射强度不同而形成的。在赤道和低纬度地区，太阳辐射角大，日照时间长，地面和大气接受的热量多，气温高，空气密度小，则气压小；在极地和高纬度地区，太阳辐射角小，日照时间短，地面和大气接受的热量小，气温低，空气密度大，则气压大。由于太阳对地球各处辐射程度和大气升温的不均衡性，在地球上的不同地区会产生大气压力差，空气从气压大的地方向气压小的地方流动就形成了风。

4.1.2 两类性质的大风

1) 台风

台风是发生在热带海洋上空的一种气旋。在一个高水温的暖热带洋面上空,若有一个弱的热带气旋性系统产生或移来,在合适的环境下,会因摩擦作用使气流产生向弱涡旋内部流动的分量,把高温洋面上蒸发进入大气的大量水汽带到涡旋内部,把高温高湿空气辐合到弱涡旋中心,产生上升和对流运动,释放潜热以加热涡旋中心上空的气柱,形成暖心。由于涡旋中心变暖,空气变轻,中心气压下降,低涡变强。当低涡变强,反过来又使低空暖湿空气向内辐合更强,更多的水汽向中心集中,对流更旺盛,中心变得更暖,中心气压更为下降,如此循环,直至增强为台风。

2) 季风

由于大陆和海洋在一年之中增热和冷却程度不同,在大陆和海洋之间大范围的、风向随季节有规律改变的风,称为季风。形成季风最根本的原因,是由于地球表面性质不同,热力反映有所差异引起的。冬季大陆上辐射冷却强烈,温度低,空气密度大,就形成高压;与它相邻的海洋,由于水的热容量大,辐射冷却不如大陆强烈,相对而言,它的温度高,气压低。夏季则出现相反的情况。由此便形成了冬季风从陆地吹向海洋,夏季风从海洋吹向陆地,从而形成了一年内周期性转变的季风环流。在季风盛行的地区,常形成特殊的季风天气和季风气候。在夏季风控制时,空气来自暖湿海洋,易形成多云多雨天气;冬季风影响时,则产生晴朗干冷的天气。我国是季风显著的地区,因此具有夏季多云雨,冬季晴朗干冷的季风气候。

4.1.3 风级

为了区分风的大小,根据风对地面(或海面)物体的影响程度将风划为若干等级。风力等级(wind scale)简称风级,是风强度的一种表示方法。国际通用的风力等级是由英国人蒲福(Beaufort)于1805年拟订的,故又称蒲福风力等级(Beaufort scale),见表4.1。由于早期人们还没有仪器来测定风速,因此就按照风所引起的现象来划分等级,最初是根据风对炊烟、沙尘、地物、渔船、渔浪等的影响大小分为0—12级,共13个等级。后来又在原分级的基础上,增加了相应的风速界限,将蒲福风力等级由12级台风扩充到17级,增加为18个等级(0—17级)。

表 4.1　蒲福风力等级表

风力等级	名称	海面状况浪高/m		海岸渔船征象	陆地地面物征象	距地10 m高处相当风速		
		一般	最高			km/h	n mile/h	m/s
0	静风	—	—	静,烟直上	平静	<1	<1	0.0~0.2
1	软风	0.1	0.1	烟示风向	微波峰无飞沫	1~5	1~3	0.3~1.5
2	轻风	0.2	0.3	感觉有风	小波峰未破碎	6~11	4~6	1.6~3.3
3	微风	0.6	1.0	旌旗展开	小波峰顶破裂	12~19	7~10	3.4~5.4
4	和风	1.0	1.5	吹起尘土	小浪白沫波峰	20~28	11~16	5.5~7.9

风力等级	名称	海面状况浪高/m		海岸渔船征象	陆地地面物征象	距地10 m高处相当风速		
		一般	最高			km/h	n mile/h	m/s
5	清劲风	2.0	2.5	小树摇摆	中浪折沫峰群	29~38	17~21	8.0~10.7
6	强风	3.0	4.0	电线有声	大浪白沫离峰	39~49	22~27	10.8~13.8
7	疾风	4.0	5.5	步行困难	破峰白沫成条	50~61	28~33	13.9~17.1
8	大风	5.5	7.5	折毁树枝	浪长高有浪花	62~74	34~40	17.2~20.7
9	烈风	7.0	10.0	小损房屋	浪峰倒卷	75~88	41~47	20.8~24.4
10	狂风	9.0	12.5	拔起树木	海浪翻滚咆哮	89~102	48~55	24.5~28.4
11	暴风	11.5	16.5	损毁重大	波峰全呈飞沫	103~117	56~63	28.5~32.6
12	飓风	14.0	—	摧毁极大	海浪滔天	118~133	64~71	32.7~36.9
13						134~149	72~80	37.0~41.4
14						150~166	81~89	41.5~46.1
15						167~183	90~99	46.2~50.9
16						184~201	100~108	51.0~56.0
17						202~220	109~118	56.1~61.2

注:n mile(海里),1n mile=1 852 m。

4.1.4 风的破坏作用

当风以一定的速度向前运动遇到建筑物、构筑物、桥梁等阻碍物时,将对这些阻碍物产生压力。当风速和风力超过一定限度时,就会给人类社会带来巨大灾害。

1973年9月14日,编号为"7314"的强台风在琼海博鳌登陆,登陆时中心风力达到73 m/s (18级),狂风席卷琼海、万宁等7县,仅琼海一地,房屋倒塌10万间,半塌11万间,财产损失惨重(图4.1)。台风造成海南岛903人死亡,5 759人受伤。

图4.1　7314台风造成琼海县房屋倒塌

图4.2　卡特里娜飓风摧毁的房屋

2005 年 8 月 23 日,卡特里娜飓风在墨西哥湾形成热带风暴,随后的 7 天里,热带风暴发展成强飓风,飓风最大风速达到 257 km/h(相当于 71.4 m/s),上升为 5 级飓风。8 月 29 日,卡特里娜飓风在美国新奥尔良以西地区登陆,登陆时风速达到 225 km/h(64.4 m/s)。飓风在肆虐过程中,洪水淹没了新奥尔良市,建筑物破坏严重,造成 1 300 多人死亡以及 960 亿美元的经济损失(图 4.2)。

2007 年 8 月 2 日,13 级强暴风雨突袭上海国际赛车场 4 个临时看台,风速达 40 m/s,导致多处钢构架看台倒塌,并将其吹倒在 20 m 外的 F1 赛道上,造成赛车场上千万元经济损失(图 4.3)。1940 年,美国在华盛顿州的塔科玛峡谷上花费 640 万美元,建造了一座主跨度 853 m 的悬索桥。建成后不到 4 个月,在风速 19 m/s 的大风中,桥梁发生了剧烈的扭曲振动,桥面上下交替晃动,振幅急速增加,越来越大,当最大振幅接近 9 m,桥面倾斜到 45°左右时,悬索吊杆逐根拉断导致桥面钢梁折断而塌毁,坠落到峡谷之中(图 4.4)。这就是桥梁由于涡激共振引起的风力失稳破坏。

图 4.3　上海国际赛车场看台钢构架倒塌

图 4.4　美国塔科玛悬索桥风振破坏

由此可见,风荷载是工程结构的主要侧向荷载之一,它不仅对结构物产生水平风压作用,还会引起多种类型的振动效应,需要在房屋、桥梁等工程结构设计时考虑。

4.2　基本风速和基本风压

4.2.1　基本风速

风的强度常用风速表示,确定作用于工程结构上的风荷载时,必须依据当地气象台站记录下的风速资料确定基本风压。风的流动速度随离地面高度不同而变化,还与地貌环境等多种因素有关。为了设计上的方便,可按规定的测量高度、地貌环境等标准条件确定风速,对于非标准条件下的情况由此进行换算。在规定条件下确定的风速称为基本风速,它是结构抗风设计必须具有的基本数据。

基本风速通常按以下规定的条件定义:

①风速随高度而变化,离地表越近,摩擦力越大,因而风速越小。《荷载规范》对房屋建筑取距地面 10 m 为标准高度;《公路桥梁抗风设计规范》(JTG/T D60—01—2004)(以下简称《桥梁抗风规范》)对桥梁工程也取距地面 10 m 为标准高度。

②同一高度处的风速与地貌粗糙程度有关,地面粗糙程度高,风能消耗多,风速则低。测定风速处的地貌要求空旷平坦,一般应远离城市,因大城市中心地区房屋密集,对风的阻碍及摩擦较大。

③风速随时间不断变化,常取某一规定时间内的平均风速作为计算标准。风速记录表明,10 min 的平均风速已趋于稳定。风速时距太短,易于突出风的脉动峰值作用;风速时距太长,势必把较多的小风平均进去,致使最大风速值偏低。根据我国风的特性,大风约在 1 min 重复一次,风的卓越周期约为 1 min,如取 10 min 时距,可覆盖 10 个周期的平均值,在一定长度的时间和一定次数的往复作用下,才有可能导致结构破坏。

④由于气候的重复性,风有着它的自然周期。我国和世界上绝大多数国家都取年最大风速记录值为统计样本。取年最大风速为样本可获得各年的最大风速,每年的最大风速值是不同的,是一个随机变量。工程设计时,一般应考虑结构在使用过程中几十年时间范围内可能遭遇到的最大的风速。该最大风速不是经常出现,而是间隔一段时间后再出现,这个间隔时间称为重现期。

设基本风速重现期为 T_0 年,则 $1/T_0$ 为超过设计最大风速的概率,因此不超过该设计最大风速的概率或保证率 P_0 为:

$$P_0 = 1 - \frac{1}{T_0} \tag{4.1}$$

重现期越长,保证率越高。我国《荷载规范》规定:对于一般结构,重现期为 50 年;对于高层建筑、高耸结构及对风荷载比较敏感的结构,重现期应适当提高。

4.2.2　基本风压

根据以上规定可求出在空旷平坦的地面上,离地面高 10 m,经统计所得的 50 年一遇的 10 min 平均最大风速。风速和风压之间的关系可由流体力学中的伯努利方程得到,自由气流的风速产生的风压力为:

$$w = \frac{1}{2}\rho v^2 = \frac{\gamma}{2g}v^2 \tag{4.2}$$

式中　　w——单位面积上的风压力,kN/m²;

ρ——空气密度,t/m³;

γ——空气单位体积重力,kN/m³;

g——重力加速度,m/s²;

v——风速,m/s。

在标准大气压情况下,$\gamma = 0.012\ 018$ kN/m³,$g = 9.80$ m/s²,可得:

$$w = \frac{\gamma}{2g}v^2 = \frac{0.012\ 018}{2 \times 9.80}v^2 = \frac{v^2}{1\ 630}$$

在不同的地理位置,大气条件是不同的,γ 和 g 值也不相同。重力加速度 g 不仅随高度变化,而且与纬度有关;空气重度 γ 是气压、气温和温度的函数。因此,各地的 $\frac{\gamma}{2g}$ 的值均不相同,沿海地区的上海,该值约为 1/1 740;内陆地区随高度增加而减小,高原地区的拉萨市,该值约为1/2 600。

根据上述方法，《荷载规范》给出了全国各城市 50 年一遇的风压值。当城市或建设地区的基本风压值在有关表中未列出时，可按《荷载规范》中全国基本风压分布图查得（见本书附图 3）。在进行桥梁结构设计时，可按《桥梁抗风规范》附录给出的全国基本风速值或基本风速分布图（见本书附图 4）确定基本风速值，该风速值是在空旷平坦的地面上，离地 10 m 高，重现期为 100 年，取 10 min 平均最大风速，经统计分析获得的。

4.2.3　风速或风压的换算

当《荷载规范》没有给出建设场地基本风压值时，可按基本风压定义，根据当地风速资料确定。基本风压是按照规定的标准条件得到的，在分析当地风速资料时，往往会遇到实测风速的高度、时距、重现期不符合标准条件的情况，因而必须将非标准条件下实测风速资料换算为标准条件下的风速资料，再进行分析。

（1）不同高度换算

当实测风速高度不足 10 m 标准高度时，应由气象台站根据不同高度风速的对比观测资料，并考虑风速大小影响，给出非标准高度风速与 10 m 标准高度风速的换算系数。当缺乏观测资料时，实测风速高度换算系数也可按表 4.2 取值。

表 4.2　实测风速高度换算系数

实测风速高度/m	4	6	8	10	12	14	16	18	20
高度换算系数	1.158	1.085	1.036	1.000	0.971	0.948	0.928	0.910	0.895

（2）不同时距换算

我国和世界上绝大多数国家均采用 10 min 作为实测风速平均时距的标准。但有时天气变化剧烈，气象台站瞬时风速记录时距小于 10 min，因此在某些情况下需要进行不同时距之间的平均风速换算。实测结果表明，各种不同时距间平均风速的比值受到多种因素影响，具有很大的变异性，不同时距与 10 min 时距风速换算系数可近似按表 4.3 取值。

表 4.3　不同时距与 10 min 时距风速换算系数

实测风速时距	60 min	10 min	5 min	2 min	1 min	0.5 min	20 s	10 s	5 s	瞬时
时距换算系数	0.940	1.00	1.07	1.16	1.20	1.26	1.28	1.35	1.39	1.50

（3）不同重现期换算

我国目前按重现期 50 年的概率确定基本风压。重现期不同，最大风速的超越概率也就不同。重现期的取值直接影响结构的安全度，对于风荷载比较敏感的结构，重要性不同的结构，设计时有可能采用不同重现期的基本风压，以调整结构的安全水准。不同重现期风速或风压之间的换算系数可按表 4.4 取值。

表 4.4　不同重现期与重现期为 50 年的基本风压换算系数

重现期/年	100	60	50	40	30	20	10	5
重现期换算系数	1.10	1.03	1.00	0.97	0.93	0.87	0.77	0.66

4.2.4　山区的基本风压

1) 山区风速特点

山区地势起伏多变,对风速影响较为显著,因而山区的基本风压与邻近平坦地区的基本风压有所不同。通过对比观测和调查分析,山区风速有如下特点:

①山间盆地、谷地等闭塞地形,由于四周高山对风的屏障作用,一般比空旷平坦地面风速减小 10%~25%,相应风压要减小 20%~40%。

②谷口、山口等开敞地形,当风向与谷口或山口趋于一致时,气流由开敞区流入两边为高山的狭窄区,流区压缩,风速必然增大,其风速比一般空旷平坦地面增大 10%~20%。

③山顶、山坡等弧尖地形,由于风速随高度增加和气流越过山峰时的抬升作用,山顶和山坡的风速比山麓要大。

2) 山区基本风压计算

对于山区的建筑物可根据不同地形条件给出风荷载地形修正系数,在一般情况下,山区的基本风压可按相邻平坦地区基本风压乘以修正系数 η 后采用。

①对于山峰和山坡,其顶部 B 处的修正系数按下述公式计算:

$$\eta_{\mathrm{B}} = \left[1 + \kappa \tan \alpha \left(1 - \frac{z}{2.5H} \right) \right]^{2} \tag{4.3}$$

式中　$\tan \alpha$——山峰或山坡在迎风面一侧的坡度;当 $\tan \alpha > 0.3$ 时,取 $\tan \alpha = 0.3$;

　　　κ——系数,对山峰取 3.2,对山坡取 1.4;

　　　H——山顶或山坡全高,m;

　　　z——建筑物计算位置离建筑物地面的高度,m,当 $z > 2.5H$ 时,取 $z = 2.5H$。

对于山坡和山峰的其他部位,可按图 4.5 所示,取 A、C 处的修正系数 η_{A}、η_{C} 为 1,AB 间和 BC 间的修正系数按 η 的线性插值确定。

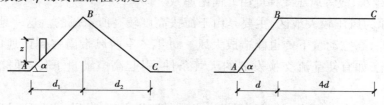

图 4.5　山峰和山坡示意图

②山间盆地、谷地是山区工程建设选用最多的场地,对此类闭塞地形 $\eta = 0.75 \sim 0.85$。

③谷口和山口是指山高大于 1.5 倍谷宽的情况,当风向与谷口或山口走向基本一致时,$\eta = 1.20 \sim 1.50$,具体取值可根据风向与谷口、山口的对准程度以及谷口、山口前屏障距离的远近选定。

4.2.5　远海海面和海岛基本风压

海面对风的摩擦力小于陆地对风的摩擦力,所以海上风速比陆地要大。另外,沿海地带存在一定的海陆温差,促使空气对流,使海边风速增大。基于上述原因,远海海面和海岛的基本风压值大于陆地平坦地区的基本风压值,并随海面或海岛距海岸距离的增大而增大。根据沿海陆地与海面、海岛上同期观测到的风速资料对比分析,可得不同出海距离下,对应的海陆风速比值,即远海海面和海岛基本风压修正系数(表4.5)。

表 4.5　远海海面和海岛的修正系数

距海岸距离/km	<40	40~60	60~100
修正系数	1.0	1.0~1.1	1.1~1.2

4.2.6　我国基本风压分布特点

我国夏季受太平洋热带气旋影响,形成的台风多在东南沿海登陆;冬季受西伯利亚和蒙古高原冷空气侵入,冷锋过境常伴有大风出现。全国基本风压值分布呈如下特点:

①东南沿海为我国大陆上最大风压区。这一地区面临海洋,正对台风的来向,台风登陆后环流遇山和陆地,摩擦力和阻塞力加大,台风强度很快减弱,风压等值线从沿海向内陆递减很快。这一区域内,大致有三个特大风压区:一是湛江到琼海一线以东特大风压区,这一地区受太平洋和南海台风影响频繁,加之这里的海岸线本身呈圆弧状,成为天然的兜风地形,加大风速,风压值在 0.80 kN/m^2 以上。其他两个特大风压区分别在浙江与福建的交界处和广东与福建的交界处,这是由于台湾对台风屏障作用所造成的。当台风穿过台湾岛在大陆登陆时,福建中部沿海地区受到台湾岛的屏障阻挡,风速大为减弱,相比而言小于两侧。

②西北、华北和东北地区的北部为我国大陆上的风压次大区。这一地区的大风主要由冬季强冷空气入侵造成的,在冷锋过境之处都有大风出现。强大冷空气南下或东南下,风速逐渐减弱,风压越向南越小,故等风压线梯度由北向南递减。

③青藏高原为风压较大地区,主要是由于海拔高度较高所造成的。这一地区除了冷空气侵袭造成大风外,高空动量下传也能造成大风。每年冬季西风带南移到该地区,高空常维持强劲的偏西气流,如有使乱流交换发展的天气条件,引起高空动量下传,即能形成地面偏西大风。

④云贵高原和长江中下游地区风压较小,尤其是四川中部、贵州、湘西和鄂西为我国风压最小区域。东南沿海台风到此地区大为减弱,寒潮大风到此地区气数已尽,不可能产生较大风压,该部分地区风压值在 0.35 kN/m^2 以下。

⑤台湾是我国风压最大地区,主要受太平洋台风的影响,风压可达 1.50 kN/m^2。台风由东岸登陆,由于中央山脉的屏障作用,西岸风压小于东岸。

⑥海南岛主要受南海台风的袭击,故东岸偏南有较大风压。太平洋台风有时在岛的东北端登陆,因此该地区也有很大风压。西沙群岛受南海台风的影响,风力较大,风压达1.40 kN/m^2。南海其余诸岛的风压略小于西沙,但仍相当可观。

4.3 风压高度变化系数

4.3.1 地面粗糙度

地球表面通过地面的摩擦对空气水平运动产生阻力,从而使靠近地面的气流速度减慢。该阻力对气流的作用随高度增加而减弱,只有在离地表 550 m 以上的高度,风才不受地表粗糙层的影响,能够以梯度风速度流动。大气以梯度风速度流动的起点高度称为梯度风高度,又称大气边界层高度,用 H_T 表示。不同地表粗糙度对应有不同的梯度风高度(图 4.6),地面粗糙度小的地区,风速变化快,其梯度风高度比地面粗糙度大的地区为低;反之,地面粗糙度越大,梯度风高度将越高。边界层以上的大气可以自由流动,自由大气中的风流动是层流,基本上沿着等压线以梯度风速度流动。边界层以下的大气受到地表阻障作用,近地层气流是湍流,湍流速度与地面粗糙度和离地高度密切相关。

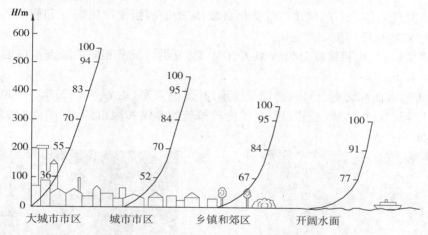

图 4.6 不同粗糙度下的平均风剖面

根据实测结果分析,大气边界层内平均风速沿高度变化的规律可用指数函数来描述,即:

$$\frac{v}{v_0} = \left(\frac{z}{z_0}\right)^{\alpha} \tag{4.4}$$

式中 v——任一高度 z 处平均风速;

v_0——标准参考高度处平均风速;

z——离地面任一高度,m;

z_0——离地面标准参考高度,标准地貌取为 10 m;

α——与地面粗糙度有关的指数,地面粗糙程度越大,α 越大。

由式(4.2)可知,风压与风速的平方成正比,再将式(4.4)代入,可得:

$$\frac{w_a(z)}{w_{0a}} = \frac{v^2}{v_{0a}^2} = \left(\frac{z}{z_{0a}}\right)^{2\alpha} \tag{4.5}$$

式中 $w_a(z)$——任一地貌高度 z 处风压;

w_{0a}——任一地貌标准参考高度处风压;

z_{0a}——任一地貌标准高度。

整理式(4.5),可得:

$$w_a(z) = w_{0a}\left(\frac{z}{z_{0a}}\right)^{2\alpha} \tag{4.6}$$

设标准地貌下梯度风高度为 H_{T0},粗糙度指数为 α_0,标准参考高度处风压值为 w_0;任一地貌下梯度风高度为 H_{Ta},粗糙度指数为 α,标准参考高度处风压值为 w_{0a}。根据梯度风高度处风压相等的条件,由式(4.6)可导出:

$$w_0\left(\frac{H_{T0}}{z_0}\right)^{2\alpha_0} = w_{0a}\left(\frac{H_{Ta}}{z_{0a}}\right)^{2\alpha} \tag{4.7}$$

$$w_{0a} = \left(\frac{H_{T0}}{z_0}\right)^{2\alpha_0}\left(\frac{z_{0a}}{H_{Ta}}\right)^{2\alpha}w_0 \tag{4.8}$$

将式(4.8)代入式(4.6),可得任一地貌条件下,高度 z 处的风压:

$$w_a(z) = \left(\frac{H_{T0}}{z_0}\right)^{2\alpha_0}\left(\frac{z}{H_{Ta}}\right)^{2\alpha}w_0 = \left(\frac{H_{T0}}{z_0}\right)^{2\alpha_0}\left(\frac{10}{H_{Ta}}\right)^{2\alpha}\left(\frac{z}{10}\right)^{2\alpha} \cdot w_0 = \mu_z^a \cdot w_0 \tag{4.9}$$

式中,μ_z^a 是任意地貌下的风压高度变化系数,应按地面粗糙度指数 α 和假定的梯度风高度 H_T 确定,其值随离地面高度 z 而变化。

《荷载规范》将地面粗糙度分为 A、B、C、D 4 类,分类情况及相应的地面粗糙度指数 α 和梯度风高度 H_T 如下:

A 类指近海海面和海岛、海岸、湖岸及沙漠地区(图 4.7),取 $\alpha_A = 0.12$,$H_{TA} = 300$ m;

B 类指田野、乡村、丛林、丘陵以及房屋比较稀疏的乡镇和城市郊区(图 4.8),取 $\alpha_B = 0.15$,$H_{TB} = H_{T0} = 350$ m;

图 4.7 A 类:近海海面、海岛、海岸等地区

图 4.8 B 类:田野、乡村以及房屋比较稀疏的城镇

C 类指有密集建筑群的城市市区(图 4.9),取 $\alpha_C = 0.22$,$H_{TC} = 450$ m;

D 类指有密集建筑群且房屋较高的城市市区(图 4.10),取 $\alpha_D = 0.30$,$H_{TD} = 550$ m。

将以上数据代入 μ_z^a 的表达式(4.9),可得 A、B、C、D 4 类风压高度变化系数:

A 类:
$$\mu_z^A = 1.284\left(\frac{z}{10}\right)^{0.24} \tag{4.10}$$

B 类:
$$\mu_z^B = 1.000\left(\frac{z}{10}\right)^{0.30} \tag{4.11}$$

C 类：
$$\mu_z^C = 0.544\left(\frac{z}{10}\right)^{0.44} \tag{4.12}$$

D 类：
$$\mu_z^D = 0.262\left(\frac{z}{10}\right)^{0.60} \tag{4.13}$$

同时规定不同地貌的标准参考高度 z_{0a} 取为：$z_{0A} = 5$ m，$z_{0B} = 10$ m，$z_{0C} = 15$ m，$z_{0D} = 30$ m，并规定不同地貌标准参考高度以下的风压高度变化系数 μ_z^a 取常数，分别为：$\mu_z^A = 1.09$，$\mu_z^B = 1.00$，$\mu_z^C = 0.65$，$\mu_z^D = 0.51$。

图 4.9　C 类：密集建筑群城市市区

图 4.10　D 类：密集建筑群且房屋较高城市市区

4.3.2　风压高度变化系数

根据上述方法可求出各类地面粗糙度下的风压高度变化系数，如表 4.6 所示。

表 4.6　风压高度变化系数 μ_z

离地面或海平面高度/m	地面粗糙度类别			
	A	B	C	D
5	1.09	1.00	0.65	0.51
10	1.28	1.00	0.65	0.51
15	1.42	1.13	0.65	0.51
20	1.52	1.23	0.74	0.51
30	1.67	1.39	0.88	0.51
40	1.79	1.52	1.00	0.60
50	1.89	1.62	1.10	0.69
60	1.97	1.71	1.20	0.77
70	2.05	1.79	1.28	0.84
80	2.12	1.87	1.36	0.91
90	2.18	1.93	1.43	0.98
100	2.23	2.00	1.50	1.04
150	2.46	2.25	1.79	1.33

续表

离地面或海平面高度/m	地面粗糙度类别			
	A	B	C	D
200	2.64	2.46	2.03	1.58
250	2.78	2.63	2.24	1.81
300	2.91	2.77	2.43	2.02
350	2.91	2.91	2.60	2.22
400	2.91	2.91	3.76	2.40
450	2.91	2.91	2.91	2.58
500	2.91	2.91	2.91	2.74
≥550	2.91	2.91	2.91	2.91

针对四类地貌,风压高度变化系数分别规定了各自的截断高度,对应 A、B、C、D 类分别取为 5 m、10 m、15 m 和 30 m,即高度变化系数取值分别不小于 1.09、1.00、0.65 和 0.51。

在确定城区的地面粗糙度类别时,若无 α 的实测可按下述原则近似确定:

①以拟建房 2 km 为半径的迎风半圆影响范围内的房屋高度和密集度来区分粗糙度类别,风向原则上应以该地区最大风的风向为准,也可取其主导风。

②以半圆影响范围内建筑物的平均高度 h 来划分地面粗糙度类别,当 $h \geqslant 18$ m,为 D 类;9 m$<h<$18 m,为 C 类;$h \leqslant 9$ m,为 B 类。

4.4 风荷载体型系数

4.4.1 单体房屋和构筑物风载体型系数

当建筑物处于风速为 v 的风流场,自由气流的风速因阻碍而完全停滞时,对建筑物表面所产生的压力与风速的关系可由伯努利方程导出,即按式(4.2)计算。但一般情况下,自由气流并不能理想地停滞在建筑物表面,而是以不同途径从建筑物表面绕过。风作用在建筑物表面的不同部位将引起不同的风压值,此值与来流风压之比称为风载体型系数,它表示建筑物表面在稳定风压作用下的静态压力分布规律,主要与建筑物的体型和尺寸有关。

土木工程中的结构物,不像汽车、飞机那样具有流线型外形,多为带有棱角的钝体。当风作用到钝体上,其周围气流通常呈分离型,并形成多处涡流(图 4.11)。风力在建筑物表面上分布是不均匀的,一般取决于建筑物平面形状、立面体型和房屋高宽比。在风的作用下,迎风面由于气流正面受阻产生风压力,侧风面和背风面由于旋涡作用引起风吸力。迎风面的风压力在房屋中部最大,侧风面和背风面的风吸力在建筑物角部最大(图 4.12)。

图 4.13 为一单体建筑物立面流线分布图,由图可见,建筑物受到风的作用后,在其迎风面大约 2/3 高度处,气流有一个正面停滞点,气流从该停滞点向外扩散分流。停滞点以上,一部分气流流动上升并越过建筑物顶面;停滞点以下,一部分气流向下流向地面,在紧靠地面处形成水

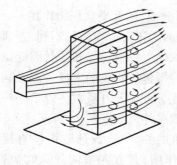

图 4.11 建筑物表面风流示意

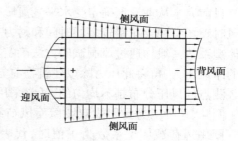

图 4.12 风压在房屋平面上的分布

平滚动,成为驻涡区;另一部分气流则绕过建筑物两侧向背后流去。在钝体建筑物的背后,由于屋面上部的剪切层产生的环流,形成背风涡旋区,涡旋气流的风向与来流风相反,在背风面产生吸力;背风涡旋区以外是尾流区,建筑物的阻障作用在此区域逐渐消失。

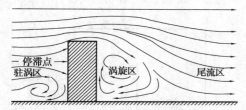

图 4.13 单体建筑物立面流线分布

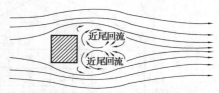

图 4.14 单体建筑物平面流线分布

图 4.14 为一单体建筑物平面流线分布图,由图可见,当气流遇到钝体建筑物的阻障后,在迎风面的两个角隅处产生分离流线,分离流线将气流分隔成两部分,外区气流不受流体黏性影响,可按理想气体的伯努利方程来确定气流压力与速度的关系。而分离流线以内是个尾涡区,在建筑物背后靠下部位形成一对近尾回流,尾涡区的形状和近尾回流的分布取决于分离流线边缘的气流速度及结构物截面形状。尾涡区旋涡脱落引起的横向振动将在本章 4.6 节讨论。

建筑物顶面的压力分布规律与屋顶的坡度有关,倾斜屋面压力的正负号取决于气流在屋面上的分离状态和气流再附着位置。不同倾斜屋面的平均风流线如图 4.15 所示,屋面倾角为负时,气流分离后一般不会产生再附着现象,分离流线下产生涡流,引起吸力。屋面倾角较小时,可推迟再附着现象的发生,屋面仍承受负风压;屋面向上和向下压力的改变大致在 30°倾角处,

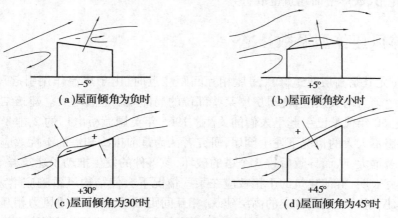

(a)屋面倾角为负时　　　　　　　　(b)屋面倾角较小时

(c)屋面倾角为30°时　　　　　　　　(d)屋面倾角为45°时

图 4.15 气流绕倾斜屋面流动

此时屋面的风压值趋于零。屋面倾角大于 45°时,屋面气流不再分离,屋面受到压力作用。

目前完全从理论上确定受水平气流影响的任意形状物体表面的压力分布尚做不到,若通过大风时现场实测会花费较多的时间和财力,且只能在已建结构物中进行,也受到限制,因此风荷载体型系数一般均通过风洞试验方法确定。风洞试验时,首先测得建筑物表面上任一点沿顺风向的净风压力,再将此压力除以建筑物前方来流风压,即得该测点的风压力系数。由于同一面上各测点的风压分布是不均匀的,通常采用受风面各测点的加权平均风压系数。

图 4.16 所示为封闭式双坡屋面风荷载体型系数在各个面上的分布,设计时可以直接取用。图中风荷载体型系数为正值时,代表风对结构产生压力作用,其方向指向建筑物表面;风荷载体型系数为负值时,代表风对结构产生吸力作用,其方向离开建筑物表面。根据国内外风洞试验资料,《荷载规范》第 8 章列出了 39 项不同类型的建筑物和构筑物风荷载体型系数,当结构物与表中列出的体型类同时可参考取用,若结构物的体型与表中不符,一般应由风洞试验确定。

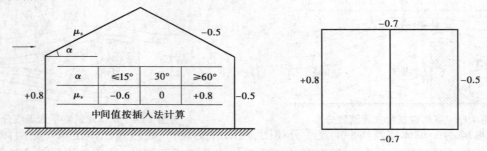

图 4.16 封闭式双坡屋面风荷载体型系数

鉴于高层建筑的重要性及其对风荷载的敏感性,《高层建筑混凝土结构技术规程》(JGJ 3—2002)规定:一般高层建筑高度大于 200 m、体型复杂的房屋高度大于 150 m 时,宜采用风洞试验来确定建筑物的风荷载。计算高层建筑主体结构的风荷载效应时,风载体型系数 μ_s 对圆形平面建筑取 0.8;正多边形及截角三角形平面建筑按 $\mu_s = 0.8 + 1.2\sqrt{n}$($n$ 为多边形的边数)计算;高宽比 H/B 不大于 4 的矩形、方形、十字形平面建筑取 1.3;V 形、Y 形、弧形、双十字形、井字形、L 形、槽形和高宽比 H/B 大于 4 的十字形平面建筑取 1.4;高宽比 H/B 大于 4,长宽比 L/B 不大于 1.5 的矩形、鼓形平面建筑也取 1.4。

4.4.2 群体风压体型系数

当建筑群(尤其是高层建筑群),房屋相互间距较近时,由于尾流作用引起风压相互干扰,而对建筑物产生动力增大效应,使得房屋某些部位的局部风压显著增大。建筑结构的相互干扰问题在 20 世纪 60 年代就已引起了人们的关注。1965 年英国渡桥电厂的 2 排 8 个冷却塔的后排 3 个塔在风速不太大的情况下发生倒塌,研究者认为是前排冷却塔的干扰效应引起后排冷却塔风荷载的显著增大,从而导致后排 3 个塔的破坏,该事件的发生推动了建筑群干扰效应研究。

已有的研究表明,群体建筑的干扰效应在某些情况下会使结构风致响应增大,设计时应予注意。当多个建筑物,特别是群集的高层建筑,相互间距较近时,宜考虑风力相互干扰的群体效应;一般可将单独建筑物的体型系数 μ_s 乘以相互干扰系数。相互干扰系数定义为受扰后的结构风荷载和单体结构风荷载的比值,相互干扰系数可按下列规定确定:

①建筑高度相同的单个施扰建筑的顺风向和横风向风荷载相互干扰系数的研究结果分别如图 4.17 和图 4.18 所示。图中假定风向是由左向右吹,b 为受扰建筑的迎风面宽度,x 和 y 分别为施扰建筑离受扰建筑的纵向和横向距离。由图可知,对矩形平面高层建筑,当单个施扰建筑与受扰建筑高度相近时,根据施扰建筑的位置,对顺风向风荷载可在 1.00~1.10 选取,对横风向风荷载可在 1.00~1.20 选取。

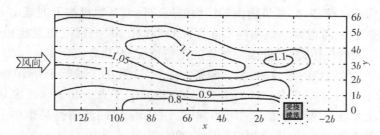

图 4.17　单个施扰建筑作用的顺风向风荷载相互干扰系数

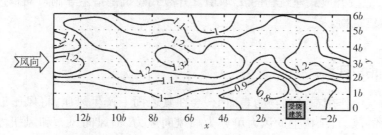

图 4.18　单个施扰建筑作用的横风向风荷载相互干扰系数

②对比较重要的高层建筑或布置不规则的群体建筑,宜比照周围建筑物的类似条件通过风洞试验确定增大系数。

4.4.3　局部风压体型系数

风力作用在结构物表面,压力分布很不均匀。房屋及构筑物风载体型系数是根据结构物受风面上各测点风压平均值计算得来的,因此不适用于计算局部范围的风压。在建筑物的角隅边棱处和檐口、阳台等突出部位,局部风压会超过受风面平均风压,当计算局部围护构件及其连接的承载力时,应考虑风压分布的不均匀性。

①局部风压体型系数是考虑建筑物表面风压分布不均匀而导致局部部位的风压超过全表面平均风压的实际情况作出的调整。可按下列规定采用局部体型系数 μ_{sl}:

a.封闭式矩形平面房屋的墙面及屋面可按《荷载规范》表 8.3.3 规定的封闭式矩形平面房屋的局部体型系数采用,表中系数反映了建筑物高宽比和屋面坡度对局部体型系数的影响,可以查得封闭式矩形平面房屋墙面及屋面的分区域局部体型系数。

b.檐口、雨篷、遮阳板、边棱处的装饰条等突出构件,取-2.0。

c.其他房屋和构筑物可按《荷载规范》表 8.3.1 规定的风荷载体型系数的 1.25 倍取值。

②计算非直接承受风荷载的围护构件,如檩条、幕墙骨架等风荷载时,宜考虑从属面积对局部体型系数的影响,局部体型系数 μ_{sl} 可按构件的从属面积折减,折减系数按下列规定采用:

a.当从属面积不大于 1 m² 时,折减系数取 1.0。

b.当从属面积大于或等于 25 m² 时,对墙面折减系数取 0.8,对局部体型系数绝对值大于 1.0 的屋面区域折减系数取 0.6,对其他屋面区域折减系数取 1.0。

c.当从属面积大于 1 m² 小于 25 m² 时,墙面和绝对值大于 1.0 的屋面局部体型系数可采用对数插值,即按下式计算局部体型系数:

$$\mu_{s1}(A) = \mu_{s1}(1) + [\mu_{s1}(25) + \mu_{s1}(1)]\log A/1.4 \qquad (4.14)$$

③计算围护构件风荷载时,建筑物内部压力的局部体型系数可按下列规定采用:

a.对封闭式建筑物,考虑到建筑物内实际存在的个别孔口和缝隙,以及机械通风等因素,室内可能存在正负不同的气压,按其外表面风压的正负情况取-0.2 或 0.2。

b.仅一面墙有主导洞口的建筑物,当开洞率大于 0.02 且小于或等于 0.10 时,取 0.4 μ_{s1};当开洞率大于 0.10 且小于或等于 0.30 时,取 0.6 μ_{s1};当开洞率大于 0.30 时,取 0.8 μ_{s1}。主导洞口是指开孔面积较大且大风期间也不关闭的洞口。主导洞口的开洞率是指单个主导洞口面积与该墙面全部面积之比,μ_{s1} 应取主导洞口对应位置的值。

c.其他情况,应按开放式建筑物的 μ_{s1} 取值。开放式建筑是指主导洞口面积过大或不止一面墙存在大洞口的建筑物。

4.5　顺风向风振

水平流动的气流作用在结构物的表面上,会在其表面上产生风压,将风压沿表面积分可求出作用在结构上的风力,结构上的风力可分为顺风向风力、横风向风力和风扭力矩。一般情况下,不对称气流产生的风扭力矩数值很小,工程上可不予考虑,仅当结构有较大偏心时,才计及风扭力矩的影响。而顺风向风力和横风向风力是结构设计主要考虑的对象。

4.5.1　风振系数

结构顺向的风作用可分解为平均风和脉动风,平均风的作用可通过基压风压反映。基本风压是根据 10 min 平均风速确定的,虽然它已从统计的角度体现了平均重现期为 50 年的最大风压值,但它没有反映风速中的脉动成分。脉动风是一种随机动力荷载,风压脉动在高频段的峰值周期为 1~2 min,一般低层和多层结构的自振周期都小于它,因此脉动影响很小,不考虑风振影响也不致于影响到结构的抗风安全性。而对于高耸构筑物和高层建筑等柔性结构,风压脉动引起的动力反应较为明显,结构的风振影响必须加以考虑。《荷载规范》要求,对于结构基本自振周期 T_1 大于 0.25 s 的各种高耸结构,以及对于高度大于 30 m 且高宽比大于 1.5 的高柔房屋,均应考虑风压脉动对结构产生的顺风向风振的影响。

脉动风是一种随机动力作用,其对结构产生的作用效应需采用随机振动理论进行分析。分析结果表明,对于一般悬臂型结构,例如构架、塔架、烟囱等高耸结构,以及高度大于 30 m、高宽比大于 1.5 且可忽略扭转影响的高层建筑,由于频谱比较稀疏,第一振型起到控制作用,此时可以仅考虑结构第一振型影响,通过风振系数来计算结构的风荷载。结构在 z 高度处的风振系数 β_z 可按下式计算:

$$\beta_z = 1 + 2gI_{10}B_z\sqrt{1 + R^2} \qquad (4.15)$$

式中　g——峰值因子,可取 2.5;

I_{10}——10 m 高名义湍流强度,对应 A、B、C 和 D 类地面粗糙度,可分别取 0.12,0.14,0.23 和 0.39;

R——脉动风荷载的共振分量因子;

B_z——脉动风荷载的背景分量因子。

4.5.2 脉动风荷载共振因子

脉动风荷载的共振分量因子 R 可由随机振动理论导出,此时脉动风输入达文波特(Davenport)建议的风速谱密度经验公式,经过一定的近似简化,可得到:

$$R = \sqrt{\frac{\pi}{6\zeta_1} \frac{x_1^2}{(1 + x_1^2)^{4/3}}} \qquad (4.16)$$

$$x_1 = \frac{30f_1}{\sqrt{k_w w_0}}, x_1 > 5 \qquad (4.17)$$

式中 f_1——结构第 1 阶自振频率,Hz;

k_w——地面粗糙度修正系数,对 A 类、B 类、C 类和 D 类地面粗糙度分别取 1.28,1.0,0.54 和 0.26;

ζ_1——结构阻尼比,对钢结构可取 0.01,对有填充墙的钢结构房屋可取 0.02,对钢筋混凝土及砌体结构可取 0.05,对其他结构可根据工程经验确定。

4.5.3 脉动风荷载背景因子

同样由随机振动理论可导出脉动风荷载的背景分量因子,脉动风荷载背景因子 B_z 可按下列规定确定:

①当结构的体型和质量沿高度均匀分布时,可按下式计算:

$$B_z = kH^{\alpha_1} \rho_x \rho_z \frac{\varphi_1(z)}{\mu_z(z)} \qquad (4.18)$$

式中 $\varphi_1(z)$——结构第 1 阶振型系数;

H——建筑总高度,m;

ρ_x——脉动风荷载水平方向相关系数;

ρ_z——脉动风荷载竖直方向相关系数;

k, α_1——系数,按表 4.7 取值。

表 4.7　系数 k 和 α_1

粗糙度类别		A	B	C	D
高层建筑	k	0.944	0.67	0.295	0.112
	α_1	0.155	0.187	0.261	0.346
高耸结构	k	1.276	0.91	0.404	0.155
	α_1	0.186	0.218	0.292	0.376

②当结构迎风面和侧风面的宽度沿高度按直线或接近直线变化,而质量沿高度按连续规律变化时,式(4.18)计算的背景分量因子 B_z 应乘以修正系数 θ_B 和 θ_v。θ_B 为构筑物在 z 高度处的迎风面宽度 $B(z)$ 与底部宽度 $B(0)$ 的比值;θ_v 可按表4.8确定。

表4.8 修正系数 θ_v

$B(H)/B(0)$	1	0.9	0.8	0.7	0.6	0.5	0.4	0.3	0.2	≤0.1
θ_v	1.00	1.10	1.20	1.32	1.50	1.5	2.08	2.53	3.30	5.60

4.5.4 脉动风荷载空间相关系数

脉动风荷载空间相关系数主要反映风压脉动相关性对结构的影响,是考虑风压脉动空间相关性的折算系数,可由随机振动理论导出,主要与受风面上两点的距离有关,随两点间距离的增大迅速减小。脉动风荷载的空间相关系数可按下列规定确定:

(1)竖直方向的相关系数

$$\rho_z = \frac{10\sqrt{H + 60e^{-H/60} - 60}}{H} \tag{4.19}$$

式中 H——建筑总高度,m,对 A 类、B 类、C 类和 D 类地面粗糙度,H 的取值分别不应大于 300 m,350 m,450 m 和 550 m。

(2)水平方向的相关系数

$$\rho_x = \frac{10\sqrt{B + 50e^{-B/50} - 50}}{B} \tag{4.20}$$

式中 B——结构迎风面宽度,m,$B \leqslant 2H$。

对迎风面宽度较小的高耸结构,水平方向相关系数可取 $\rho_x = 1$。

4.5.5 结构振型系数

结构振型系数应根据结构动力学方法确定。对于截面沿高度不变的悬臂型高耸结构和高层建筑,在计算顺风向响应时可仅考虑第1振型的影响,根据结构的变形特点,采用近似公式计算结构振型系数。对于高耸构筑物可按弯曲型考虑,结构第1振型系数按下述近似公式计算:

$$\varphi_1(z) = 2\left(\frac{z}{H}\right)^2 - \frac{4}{3}\left(\frac{z}{H}\right)^3 + \frac{1}{3}\left(\frac{z}{H}\right)^4 \tag{4.21}$$

或

$$\varphi_1(z) = \frac{6z^2H^2 - 4z^3H + z^4}{3H^4} \tag{4.22}$$

对于高层建筑结构,当以剪力墙的工作为主时,可按弯剪型考虑,结构第1振型系数按下述近似公式计算:

$$\varphi_1(z) = \tan\left[\frac{\pi}{4}\left(\frac{z}{H}\right)^{0.7}\right] \tag{4.23}$$

当悬臂型高耸结构的外形由下向上逐渐收近,截面沿高度按连续规律变化时,其振型计算公式十分复杂。此时可根据结构迎风面顶部宽度 B_H 与底部宽度 B_0 的比值,按表4.9确定第1振型系数。

表4.9 截面沿高度规律变化的高耸结构第1振型系数

相对高度 z/H	高耸结构 B_H/B_0				
	1.0	0.8	0.6	0.4	0.2
0.1	0.02	0.02	0.01	0.01	0.01
0.2	0.06	0.06	0.05	0.04	0.03
0.3	0.14	0.12	0.11	0.09	0.07
0.4	0.23	0.21	0.19	0.16	0.13
0.5	0.34	0.32	0.29	0.26	0.21
0.6	0.46	0.44	0.41	0.37	0.31
0.7	0.59	0.57	0.55	0.51	0.45
0.8	0.79	0.71	0.69	0.66	0.61
0.9	0.86	0.86	0.85	0.83	0.80
1.0	1.00	1.00	1.00	1.00	1.00

4.5.6 结构基本周期经验公式

在考虑风压脉动引起的风振效应时,常常需要计算结构的基本周期。结构的自振周期应按照结构动力学的方法注解,无限自由度体系或多自由度体系基本周期的计算十分冗繁。在实际工程中,结构基本自振周期 T_1 常采用实测基础上回归得到的经验公式近似求出。

(1)高耸结构

一般情况下的钢结构和钢筋混凝土结构:

$$T_1 = (0.007 \sim 0.013)H \tag{4.24}$$

式中 H——结构物总高。

一般情况下,钢结构刚度小,结构自振周期长,可取高值;钢筋混凝土结构刚度相对较大,结构自振周期短,可取低值。

(2)高层建筑

一般情况下的钢结构:

$$T_1 = (0.10 \sim 0.15)n \tag{4.25}$$

一般情况下的钢筋混凝土结构:

$$T_1 = (0.05 \sim 0.10)n \tag{4.26}$$

式中 n——建筑层数。

对于钢筋混凝土框架和框剪结构,可按下述公式确定:

$$T_1 = 0.25 + 0.53 \times 10^{-3} \frac{H^2}{\sqrt[3]{B}} \tag{4.27}$$

对于钢筋混凝土剪力墙结构,可按下述公式确定:

$$T_1 = 0.03 + 0.03 \frac{H}{\sqrt[3]{B}} \tag{4.28}$$

式中　H——房屋总高度,m;

　　　B——房屋宽度,m。

4.5.7　阵风系数

对于围护结构,包括玻璃幕墙在内,脉动引起的振动影响很小,可不考虑风振影响,但应考虑脉动风压的分布,即在平均风的基础上乘以阵风系数。阵风系数 β_{gz} 参照国外规范取值水平按下述公式确定:

$$\beta_{gz} = 1 + 2gI_{10}\left(\frac{z}{10}\right)^{-\alpha} \tag{4.29}$$

式中　g——峰值因子,可取 2.5;

　　　I_{10}——10 m 高名义湍流强度,对应 A、B、C 和 D 类地面粗糙度,可分别取 0.12,0.14,0.23 和 0.39。

阵风系数 β_{gz} 也可根据不同粗糙度类别和计算位置离地面高度按表 4.10 采用。

表 4.10　阵风系数 β_{gz}

离地面高度/m	地面粗糙度类别				离地面高度/m	地面粗糙度类别			
	A	B	C	D		A	B	C	D
5	1.65	1.70	2.05	2.40	100	1.46	1.50	1.69	1.98
10	1.60	1.70	2.05	2.40	150	1.43	1.47	1.63	1.87
15	1.57	1.66	2.05	2.40	200	1.42	1.45	1.59	1.79
20	1.55	1.63	1.99	2.40	250	1.41	1.43	1.57	1.74
30	1.53	1.59	1.90	2.40	300	1.40	1.42	1.54	1.70
40	1.51	1.57	1.85	2.29	350	1.40	1.41	1.53	1.67
50	1.49	1.55	1.81	2.20	400	1.40	1.41	1.51	1.64
60	1.48	1.54	1.78	2.14	450	1.40	1.41	1.50	1.62
70	1.48	1.52	1.75	2.09	500	1.40	1.41	1.50	1.60
80	1.47	1.51	1.73	2.04	550	1.40	1.41	1.50	1.59
90	1.46	1.50	1.71	2.01					

4.5.8　顺风向风荷载标准值

当已知拟建工程所在地的地貌环境和工程结构的基本条件后,可按前述方法逐一确定工程结构的基本风压 w_0、风压高度变化系数 β_z、风荷载体型系数 μ_s、风振系数 μ_z 和阵风系数 β_{gz},即可计算垂直于建筑物表面上的顺风向荷载标准值。

1) 当计算主要承重结构时

当计算主要承重结构时,风荷载标准值 w_k 按下述公式计算:

$$w_k = \beta_z \mu_s \mu_z w_0 \tag{4.30}$$

式中　w_k——风荷载标准值,kN/m^2;

$\quad\quad\beta_z$——高度 z 处的风振系数;

$\quad\quad\mu_s$——风荷载体型系数;

$\quad\quad\mu_z$——风压高度变化系数;

$\quad\quad w_0$——基本风压,kN/m^2。

2) 当计算围护结构时

当计算围护结构时,风荷载中标准值 w_k 按下述公式计算:

$$w_k = \beta_{gz} \mu_{s1} \mu_z w_0 \tag{4.31}$$

式中　β_{gz}——高度 z 处的阵风系数;

$\quad\quad\mu_{s1}$——风荷载局部体型系数。

【例 4.1】某钢筋混凝土框架剪力墙建筑,质量和外形沿高度均匀分布,平面为矩形截面,房屋总高度 $H = 100$ m,迎风面宽度 $B = 45$ m,建于 C 类地区,基本风压值 $w_0 = 0.55$ kN/m^2,求垂直于建筑物表面上的风荷载标准值及建筑物基底弯矩。

【解】风荷载标准值按下式计算:

$$w_k = \beta_z \mu_s \mu_z w_0$$

为简化起见,将建筑物沿高度分成 10 个区段,每个区段高度均为 10 m,取其中点位置的风荷载值作为该区段的平均风载值,如图 4.19 所示。

(1)风荷载体型系数计算:

该高层建筑平面为矩形,高宽比 $H/B = 100/45 = 2.22 > 4$,可取 $\mu_s = 1.3$。

(2)风压高度变化系数计算:

由表 4.6 可确定风压高度变化系数,各区段中点位置处的风压高度变化系数列于表 4.11 中。

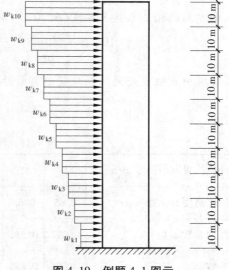

图 4.19　例题 4.1 图示

(3)脉动风荷载共振因子计算:

脉动风荷载的共振分量因子 R 计算过程如下。在计算 R 时结构的基本周期可按经验公式(4.27)确定:

$$T_1 = 0.25 + 0.53 \times 10^{-3} \frac{H^2}{\sqrt[3]{B}} = 0.25 + 0.53 \times 10^{-3} \frac{100^2}{\sqrt[3]{45}} = 1.74(s)$$

结构的第 1 阶自振频率为 $f_1 = 1/T_1 = 0.575(Hz)$。地面粗糙度修正系数 C 类地区 $k_w = 0.54$,基本风压值 $w_0 = 0.55$ kN/m^2,代入式(4.17)有:

$$x_1 = \frac{30f_1}{\sqrt{k_w w_0}} = \frac{30 \times 0.575}{\sqrt{0.54 \times 0.55}} = 31.65, x_1 > 5$$

将 $x_1 = 31.65$，$\zeta_1 = 0.05$ 代入式(4.16)有：

$$R = \sqrt{\frac{\pi}{6\zeta_1} \frac{x_1^2}{(1+x_1^2)^{4/3}}} = \sqrt{\frac{3.14}{6 \times 0.05} \times \frac{31.65^2}{(1+31.65^2)^{4/3}}} = 1.02$$

(4)脉动风荷载背景分量因子计算：

脉动风荷载背景因子 B_z 当结构的体型和质量沿高度均匀分布时，计算过程如下。由表4.6可以查得风压高度变化系数 μ_z，由表4.7可以查得系数 k，系数 α_1，均列于表4.11。振型系数 $\varphi_1(z)$ 可由表4.9查得，也可按式(4.23)计算，结果列于表4.11。

$$\varphi_1(z) = \tan\left[\frac{\pi}{4}\left(\frac{z}{H}\right)^{0.7}\right]$$

竖直方向的相关系数按式(4.19)计算，房屋总高度 $H = 100$ m：

$$\rho_z = \frac{10\sqrt{H + 60\,e^{-H/60} - 60}}{H} = \frac{10\sqrt{100 + 60\,e^{-100/60} - 60}}{100} = 0.716$$

水平方向的相关系数可按式(4.20)计算，房屋迎风面宽度 $B = 45$ m：

$$\rho_x = \frac{10\sqrt{B + 50\,e^{-B/50} - 50}}{B} = \frac{10\sqrt{45 + 50\,e^{-45/50} - 50}}{45} = 0.870$$

各区段中点位置处的脉动风荷载背景分量因子 B_z 由式(4.18)计算，计算结果列于表4.11。

$$B_z = kH^{\alpha_1}\rho_x \rho_z \frac{\varphi_1(z)}{\mu_z(z)}$$

表4.11　脉动风荷载的背景分量因子 B_z

计算位置离地高度 z_i/m	5	15	25	35	45	55	65	75	85	95
风压高度变化系数 μ_z	0.65	0.65	0.81	0.94	1.05	1.15	1.24	1.32	1.40	1.47
振型系数 $\varphi_1(z)$	0.097	0.211	0.307	0.396	0.482	0.568	0.657	0.748	0.844	0.946
系数 k	0.295	0.295	0.295	0.295	0.295	0.295	0.295	0.295	0.295	0.295
系数 α_1	0.261	0.261	0.261	0.261	0.261	0.261	0.261	0.261	0.261	0.261
脉动风载水平相关系数 ρ_x	0.870	0.870	0.870	0.870	0.870	0.870	0.870	0.870	0.870	0.870
脉动风载竖向相关系数 ρ_z	0.716	0.716	0.716	0.716	0.716	0.716	0.716	0.716	0.716	0.716
脉动风载共振分量因子 B_z	0.092	0.200	0.232	0.259	0.283	0.304	0.328	0.352	0.373	0.396

(5)风振系数计算：

风振系数 β_z 按式(4.15)确定，各区段中点位置处的风振系数计算结果列于表4.12中。

$$\beta_z = 1 + 2gI_{10}B_z\sqrt{1 + R^2}$$

表 4.12 各区段中点位置处的风振系数 β_z

计算位置离地高度 z_i/m	5	15	25	35	45	55	65	75	85	95
峰值因子 g	2.5	2.5	2.5	2.5	2.5	2.5	2.5	2.5	2.5	2.5
名义湍流强度 I_{10}	0.23	0.23	0.23	0.23	0.23	0.23	0.23	0.23	0.23	0.23
脉动风载共振分量因子 R	1.04	1.04	1.04	1.04	1.04	1.04	1.04	1.04	1.04	1.04
脉动风载背景分量因子 B_z	0.031	0.067	0.078	0.087	0.095	0.102	0.110	0.118	0.125	0.133
风振系数 β_z	1.15	1.33	1.39	1.42	1.48	1.51	1.54	1.60	1.63	1.66

(6)各区段中点高度处风荷载标准值计算:

各区段中点高度处风压值,按式(4.30)计算,计算结果列于表 4.13 中。

$$w_k = \beta_z \mu_s \mu_z w_0$$

表 4.13 各区段中点高度处风荷载标准值   单位:kN/m²

计算位置离地高度 z_i/m	5	15	25	35	45	55	65	75	85	95
风载体型系数 μ_s	1.30	1.30	1.30	1.30	1.30	1.30	1.30	1.30	1.30	1.30
风压高度变化系数 μ_z	0.65	0.65	0.81	0.94	1.05	1.15	1.24	1.32	1.40	1.47
风振系数 β_z	1.15	1.33	1.39	1.42	1.48	1.51	1.54	1.60	1.63	1.66
基本风压值 w_0/(kN·m^{-2})	0.55	0.55	0.55	0.55	0.55	0.55	0.55	0.55	0.55	0.55
风荷载标准值 w_{ki}	0.54	0.62	0.80	0.96	1.11	1.24	1.37	1.51	1.63	1.74

(7)基底弯矩计算:

风荷载引起的基底弯矩,可由图 4.19 所示计算简图求出:

$$M = \sum_{i=1}^{10} w_{ki} \cdot z_i \cdot A_i$$

$$= (0.54 \times 5 + 0.62 \times 15 + 0.80 \times 25 + 0.96 \times 35 + 1.11 \times 45 + 1.24 \times 55 +$$

$$1.37 \times 65 + 1.51 \times 75 + 1.63 \times 85 + 1.74 \times 95) \times 45 \times 10$$

$$= 3.104 \times 10^5 (\text{kN} \cdot \text{m})$$

4.6 横风向风振

4.6.1 涡激共振的产生

建筑物或构筑物受到风力作用时,不但顺风向可以发生风振,而且在一定条件下,横风向也能发生风振。对于高层建筑、高耸塔架、烟囱等结构物,横风向风作用引起的结构共振会产生很大的动力效应,甚至对工程设计起着控制作用。横风向风振是由不稳定的空气动力作用造成的,它与结构的截面形状及雷诺数有关,现以圆柱体结构为例,导出雷诺数的定义。

空气在流动中影响最大的两个作用力是惯性力和黏性力。空气流动时自身质量产生的惯性力等于单位面积上的压力 $\frac{1}{2}\rho v^2$ 乘以面积,即其构成因子为 $\rho v^2 D^2$(D 为圆柱体直径)。黏性力反映流体抵抗剪切变形的能力,流体黏性可用黏性系数 μ 来度量,黏性应力为黏性系数 μ 乘以速度梯度 ${\rm d}v/{\rm d}y$,而流体黏性力等于黏性应力乘以面积,即其构成因子为 $\left(\mu\dfrac{v}{D}\right)D^2$。

雷诺数定义为惯性力与黏性力之比,雷诺数相同则流体动力相似。雷诺数 Re 可表示为:

$$Re = \frac{\rho v^2 D^2}{\left(\mu\dfrac{v}{D}\right)D^2} = \frac{\rho v D}{\mu} = \frac{vD}{\upsilon} \tag{4.32}$$

式中　ρ——空气密度,kg/m^3;

　　　v——计算高度处风速,m/s;

　　　D——结构截面的直径,m,或其他形状物体表面特征尺寸;

　　　μ——空气黏性系数;

　　　υ——运动黏性系数,$\upsilon=\dfrac{\mu}{\rho}$。

在式(4.32)中代入空气运动黏性系数 $\upsilon = 1.45\times10^{-5}\ m^2/s$,则雷诺数 Re 可按下式确定:

$$Re = 69\,000\ vD \tag{4.33}$$

雷诺数与风速的大小成比例,风速改变时雷诺数发生变化。当雷诺数很小,如 $Re<1$ 时,流动将附着在圆柱体整个表面,即流动不分离。当雷诺数较小,处于 $5\leqslant Re<40$ 时,出现流动分离,分离点靠截面中心前缘[图4.20(a)],分离流线内有两个稳定的旋涡。当雷诺数增加,但 $Re<3.0\times10^5$ 时,流体从圆柱体后分离出的旋涡将交替脱落,向下游流动形成涡列[图4.20(b)],若旋涡脱落频率接近结构横向自振频率时引起结构涡激共振,即产生横向风振。当雷诺数继续增加,处于 $3.0\times10^5\leqslant Re<3.5\times10^6$ 范围时,圆柱体尾流在分离后十分紊乱,出现比较随机的旋涡脱落,没有明显的周期。当雷诺数增加到 $Re\geqslant3.5\times10^6$ 时,又呈现了有规律的旋涡脱落,若旋涡脱落频率与结构自振频率接近,结构将发生强风共振。由于卡门(Karman)对涡激共振现象进行了深入地分析,圆柱体后的涡列又称卡门涡列。后来斯脱罗哈(Strouhal)在研究的基础上指出旋涡脱落现象可以用一个无量纲参数来描述,此参数命名为斯脱罗哈数,可表示为:

$$St = \frac{D}{T_s v} \tag{4.34}$$

式中　St——斯脱罗哈数;

　　　T_s——旋涡脱落一个完整周期;

　　　v——来流平均速度,m/s。

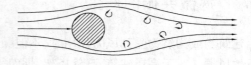

（a）层流分离　　　　　　　　　　　　　　（b）旋涡脱落

图4.20　层流分离及旋涡脱落

4.6.2 锁定现象及共振区高度

1) 锁定现象

实验研究表明,一旦结构产生涡激共振,结构的自振频率就控制旋涡脱落频率。由式 (4.34)可知,旋涡脱落频率随风速而发生变化,在结构产生横向共振反应时,若风速增大,旋涡脱落频率仍维持不变,与结构自振频率保持一致,这一现象称为锁定。在锁定区内,旋涡脱落频率是不变的,锁定对旋涡脱落的影响如图 4.21 所示。只有当风速大于结构共振风速约 1.3 倍时,旋涡脱落才重新按新的频率激振。

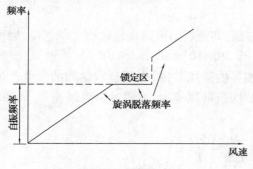

图 4.21　锁定现象

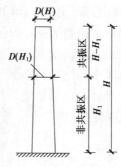

图 4.22　共振区高度

2) 共振区高度

在一定的风速范围内将发生涡激共振,涡激共振发生的初始风速为临界风速,临界风速 v_{cr} 可由式(4.34)导出:

$$v_{cr} = \frac{D}{T_j St} = \frac{5D}{T_j} \tag{4.35}$$

式中　St——斯脱罗哈数,对圆截面结构取 0.2;

T_j——结构第 j 振型自振周期。

由锁定现象可知,在一定的风速范围内将发生涡激共振,对图 4.22 所示圆柱体结构,可沿高度方向取 $(1.0 \sim 1.3)v_{cr}$ 的区域为锁定区,即共振区。对应于共振区起点高度 H_1 的风速应为临界风速 v_{cr},由式(4.4)给出的风剖面的指数变化规律,有:

$$\frac{v_{cr}}{v_0} = \left(\frac{H_1}{z_0}\right)^\alpha \tag{4.36}$$

可得

$$H_1 = z_0 \left(\frac{v_{cr}}{v_0}\right)^{1/\alpha} \tag{4.37}$$

若取离地高度为 H,则得 H_1 的另一表达式:

$$H_1 = H \left(\frac{v_{cr}}{v_H}\right)^{1/\alpha} \tag{4.38}$$

式中　H——结构总高度,m;

v_H——结构顶部风速,m/s。

对应于风速 $1.3v_{cr}$ 的高度 H_2,由式(4.4)的指数变化规律,同样可导出:

$$H_2 = z_0 \left(\frac{1.3v_{cr}}{v_0} \right)^{1/\alpha} \tag{4.39}$$

式（4.37）计算出的 H_2 值有可能大于结构总高度 H，也有可能小于结构总高度 H，实际工程中一般均取 $H_2 = H$，即共振区范围为（$H - H_1$）。

4.6.3　横风向风振验算

涡流脱落振动特征可根据雷诺数 Re 的大小划分为 3 个临界范围，涡激振动状态与斯脱罗哈数 St 有关。对圆形截面的结构，应根据雷诺数 Re 的不同情况进行横风向风振验算。

1）亚临界范围（$Re<3.0\times10^5$）

工程中雷诺数 $Re<3.0\times10^2$ 的情况极少遇到，即便遇到也因风速过小可以忽略，因而该范围内雷诺数较小的情况实际上是不需考虑的。当 $3.0\times10^2 \leqslant Re<3.0\times10^5$ 时，一般风速较低，即使旋涡脱落频率与结构自振频率相符，发生亚临界的微风共振，也不会对结构的安全产生严重影响。工程设计时应采取适当构造措施，控制结构顶部风速 v_H 不超过临界风速 v_{cr}，v_{cr} 和 v_H 可按下列公式确定：

$$v_{cr} = \frac{D}{T_i St} = \frac{5D}{T_i} \tag{4.40}$$

$$v_H = \sqrt{\frac{2\,000\mu_H w_0}{\rho}} \tag{4.41}$$

式中　T_i——结构第 i 振型的自振周期，验算亚临界微风共振时取基本自振周期 T_1；

　　　μ_H——结构顶部风压高度变化系数。

当结构沿高度截面缩小时（倾斜度不大于 0.02），可近似取 2/3 结构高度处的风速和直径来计算雷诺数和其他参数。

2）超临界范围（$3.0\times10^5 \leqslant Re<3.5\times10^6$）

此范围旋涡脱落没有明显周期，结构的横向振动呈现随机特征，不会产生共振响应，且风速也不是很大，工程上一般不考虑横风向振动。

3）跨临界范围（$Re\geqslant3.5\times10^6$）

当风速进入跨临界范围时，重新出现规则的周期性旋涡脱落，一旦旋涡脱落频率与结构横向自振频率接近，结构将发生强烈涡激共振，有可能导致结构损坏，危及结构的安全性，因此必须进行横向风振验算。

跨临界强风共振引起在高度 z 处振型 j 的等效风荷载可由下列公式确定：

$$w_{czj} = |\lambda_j| v_{cr}^2 \varphi_{zj} / 12\,800\xi_j \tag{4.42}$$

式中　λ_j——计算系数，按表 4.14 采用，表中临界风速起始点高度 H_1 按式（4.38）确定；

　　　φ_{zj}——在高度 z 处结构的 j 振型系数，由计算确定或参考表 4.15 确定；

　　　ξ_j——第 j 振型的阻尼比；对第 1 振型，钢结构取 0.01，房屋钢结构取 0.02，混凝土结构取 0.05；对高振型的阻尼比，若无实测资料，可近似按第 1 振型的值取用。

《荷载规范》考虑结构顶部风速 v_H 的 1.2 倍大于 v_{cr} 时，可能发生跨临界的强风共振，此时临

界风速起始点高度 H_1 可按下式计算:

$$H_1 = H \left(\frac{v_{cr}}{1.2 v_H} \right)^{1/\alpha} \tag{4.43}$$

式中 α——地面粗糙度指数,对 A、B、C 和 D 四类地貌分别取 0.12、0.15、0.22 和 0.30。

横风向风振主要考虑的是共振影响,因而可与结构的不同振型发生共振效应。对跨临界的强风共振,设计时必须按不同振型对结构予以验算。式(4.42)中的计算系数 λ_j 是对 j 振型情况下考虑与共振区分布有关的折算系数,若临界风速起始点在结构底部,则整个高度为共振区,它的风振效应最为严重,系数值最大;若临界风速起始点在结构顶部,则不发生共振,也不必验算横风向的风振荷载。一般认为低振型的影响占主导作用,只需考虑前四个振型即可满足要求,其中以前两个振型的共振最为常见。

表 4.14 λ_j 计算用表

结构类型	振型序号	H_1/H										
		0	0.1	0.2	0.3	0.4	0.5	0.6	0.7	0.8	0.9	1.0
高耸结构	1	1.56	1.55	1.54	1.49	1.42	1.31	1.15	0.94	0.68	0.37	0
	2	0.83	0.82	0.76	0.60	0.37	0.09	-0.16	-0.33	-0.38	-0.27	0
	3	0.52	0.48	0.32	0.06	-0.19	-0.30	-0.21	0.00	0.20	0.23	0
	4	0.30	0.33	0.02	-0.20	-0.23	0.03	0.16	0.15	-0.05	-0.18	0
高层建筑	1	1.56	1.56	1.54	1.49	1.41	1.28	1.12	0.91	0.65	0.35	0
	2	0.73	0.72	0.63	0.45	0.19	-0.11	-0.36	-0.52	-0.53	-0.36	0

表 4.15 高耸结构和高层建筑的振型系数

相对高度 z/H	振型序号(高耸结构)				振型序号(高层建筑)			
	1	2	3	4	1	2	3	4
0.1	0.02	-0.09	0.23	-0.39	0.02	-0.09	0.22	-0.38
0.2	0.06	-0.30	0.61	-0.75	0.08	-0.30	0.58	-0.73
0.3	0.14	-0.53	0.76	-0.43	0.17	-0.50	0.70	-0.40
0.4	0.23	-0.68	0.53	0.32	0.27	-0.68	0.46	0.33
0.5	0.34	-0.71	0.02	0.71	0.38	-0.63	-0.03	0.68
0.6	0.46	-0.59	-0.48	0.33	0.45	-0.48	-0.49	0.29
0.7	0.59	-0.32	-0.66	-0.40	0.67	-0.18	-0.63	-0.47
0.8	0.79	0.07	-0.40	-0.64	0.74	0.17	-0.34	-0.62
0.9	0.86	0.52	0.23	-0.05	0.86	0.58	0.27	-0.02
1.0	1.00	1.00	1.00	1.00	1.00	1.00	1.00	1.00

在风荷载作用下,结构出现横向风振效应的同时,必然存在顺风向风载效应,结构的风载总效应应是横风向和顺风向两种效应的矢量叠加。校核横风向风振时,风的荷载效应 S 可将横风向风荷载效应 S_C 与顺风向荷载效应 S_A 按下式组合后确定:

$$S = \sqrt{S_C^2 + S_A^2} \tag{4.44}$$

对于非圆截面的柱体，如三角形、方形、矩形、多边形等棱柱体，都会发生类似的旋涡脱落现象，产生涡激共振，但其规律更为复杂。对于重要的柔性结构的横向风振等效风荷载宜通过风洞试验确定。

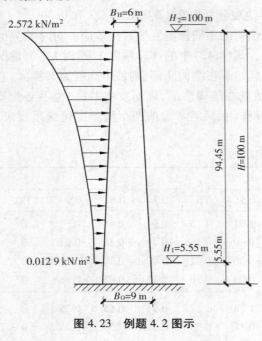

图 4.23　例题 4.2 图示

【例 4.2】某钢筋混凝土烟囱，平面为圆形截面，底部直径 9 m，顶部直径 6 m，总高度 $H = 100$ m，烟囱倾斜度为 0.015；自振周期 $T_1 = 1.074$ s，$T_2 = 0.504$ s，阻尼比 $\zeta_1 = 0.05$；建于 B 类地区，地面粗糙度指数 $\alpha = 0.15$，基本风压值 $w_0 = 0.55$ kN/m²，基本风速 $v = 29.67$ m/s，求横风向风振等效风荷载。

【解】（1）横风向风振判别：

由风速沿高度变化的指数规律，可求出烟囱顶部风速：

$$v_H = v_{10} \left(\frac{H}{10} \right)^\alpha = 29.67 \times \left(\frac{100}{10} \right)^{0.15} = 41.91 \, (\text{m/s})$$

也可由式（4.41）计算结构顶部风速 v_H：

$$v_H = \sqrt{\frac{2\,000 \mu_H w_0}{\rho}}$$

$$= \sqrt{\frac{2\,000 \times 2.0 \times 0.55}{1.201\,8}} = 42.79 \, (\text{m/s})$$

取结构 $\frac{2}{3}$ 高度处计算共振风速，该处直径 $D = 7$ m，对应 T_1 临界风速为：

$$v_{cr1} = \frac{5D}{T_1} = \frac{5 \times 7}{1.074} = 32.59 \, (\text{m/s}) \; < v_H$$

对应 T_2 的临界风速为：

$$v_{cr2} = \frac{5D}{T_2} = \frac{5 \times 7}{0.504} = 69.44 \, (\text{m/s}) \; > v_H$$

只有第 1 自振周期的临界风速小于烟囱顶部风速，仅需对第 1 振型进行横向风振验算。

（2）临界范围确定

近似取烟囱 $\frac{2}{3}$ 高度处的风速和直径计算雷诺数，该处风速为：

$$v_{\frac{2}{3}H} = v_{10} \left(\frac{2/3H}{10} \right)^\alpha = 29.6 \times \left(\frac{67}{10} \right)^{0.15} = 39.37 \, (\text{m/s})$$

雷诺数

$$Re = 69\,000 \, vD = 69\,000 \times 39.37 \times 7 = 19.02 \times 10^6 > 3.5 \times 10^6$$

属跨临界范围，会出现强风共振。

（3）共振区范围确定

临界风速起始点高度 H_1 按式（4.43）、终结点高度 H_2 按式（4.39）计算，有：

$$H_1 = H\left(\frac{v_{cr}}{1.2v_H}\right)^{1/\alpha} = 100 \times \left(\frac{32.59}{1.2 \times 41.91}\right)^{1/0.15} = 5.55(\text{m})$$

$$H_2 = H\left(\frac{1.3v_{cr}}{v_0}\right)^{1/\alpha} = 100 \times \left(\frac{1.3 \times 32.59}{29.67}\right)^{1/0.15} = 107.5(\text{m})$$

取 $H_2 = H$，即该烟囱共振区范围为 $5.55 \sim 100$ m。

(4)强风共振等效风荷载计算

跨临界强风共振引起在高度 z 处第 1 振型的等效风荷载可由下列公式确定：

$$w_{cz1} = |\lambda_1| v_{cr}^2 \varphi_{z1}/12\,800\zeta_1$$

计算系数 λ_1，由 $H_1/H = 0.056$，查表 4.14 可得 $\lambda_1 = 1.55$。

该烟囱截面沿高度规律变化，第 1 振型系数可由表 4.9 确定。对应于共振起始点 H_1 的第 1 振型系数 $\varphi_{z1} = 0.005$，烟囱顶部第 1 振型系数 $\varphi_{z1} = 1.000$。再将 $v_{cr} = 32.59$ m/s，$\zeta_1 = 0.05$ 代入上式，可得：

共振起始点处等效风荷载： $w_c = 0.012\,9$ kN/m²

烟囱顶部等效风荷载： $w_c = 2.572$ kN/m²

共振区范围等效风荷载按指数规律变化，如图 4.23 所示。

表 4.16 等效风荷载 w_{cz1} 计算表

高度 z 处 /m	相对高度 z/H	计算系数 λ_1	临界风速 $v_{cr}/(\text{m} \cdot \text{s}^{-1})$	阻尼比 ζ_1	振型系数 φ_{z1}	等效风荷载 $w_{cz1}/(\text{kN} \cdot \text{m}^{-2})$
5.55	0.056	1.55	32.59	0.05	0.005	0.013
10.0	0.10	1.55	32.59	0.05	0.01	0.026
20.0	0.20	1.55	32.59	0.05	0.05	0.129
30.0	0.30	1.55	32.59	0.05	0.11	0.283
40.0	0.40	1.55	32.59	0.05	0.19	0.489
50.0	0.50	1.55	32.59	0.05	0.30	0.772
60.0	0.60	1.55	32.59	0.05	0.42	1.080
70.0	0.70	1.55	32.59	0.05	0.55	1.415
80.0	0.80	1.55	32.59	0.05	0.69	1.775
90.0	0.90	1.55	32.59	0.05	0.85	2.186
100.0	1.00	1.55	32.59	0.05	1.00	2.572

4.7 桥梁风荷载

风荷载是桥梁结构的重要设计荷载，尤其对于大跨径的斜拉桥和悬索桥，风荷载往往起着决定性作用。风对桥梁结构的作用是复杂的空气动力学问题，对于跨度较小、刚度大、自重大的桥梁,一般可只考虑静力风荷载作用;而对于大跨柔细的桥梁,除考虑静力风荷载作用外,还必须考虑结构风致振动,此时风与结构之间存在着复杂的相互作用。本节主要介绍桥梁的静力风荷载,以及静力风荷载可能引起的结构静力失稳问题,另外也将简单介绍大跨度桥梁的风致振动现象。

4.7.1　风对桥梁结构的作用

风对桥梁结构的作用,可分为不随时间变化的平均风所引起的静力作用和随时间变化的脉动风引起的动力作用两大类。

1)风的静力作用

在平均风的作用下,结构上的风压值不随时间发生变化,风的脉动周期远离结构自振周期,可将其视为静力作用,称为静力风荷载,它主要引起桥梁的强度破坏、变形过大或静力失稳。静力风荷载一般采用三分力来描述,即气流流经桥梁时,截面表面的风压分布存在差别,上下表面压差产生升力荷载;而迎风前后表面压差则形成风阻力荷载,即通常所说的横风向力;此外,当升力与阻力的合力作用点与桥梁截面的形心不一致时,还会产生对形心的扭矩。因此,整个截面的风荷载包含升力 F_V、阻力 F_H 与扭矩 M_T 三个分量,在体轴坐标系下的三分力如图 4.24 所示。此外,有时(例如风洞试验)需要定义风轴坐标系来分析问题,此时三分力依次定义为升力 F_L、阻力 F_D 和扭矩 M_T,如图 4.25 所示。

图 4.24　风荷载在体轴坐标系下的三分力　　　　图 4.25　风荷载在风轴坐标系下的三分力

引入无量纲的静力三分力系数,在体轴坐标系下静力风荷载可以表示为:

阻力
$$F_H = \frac{1}{2}\rho U^2 C_H D \tag{4.45}$$

升力
$$F_V = \frac{1}{2}\rho U^2 C_V B \tag{4.46}$$

扭矩
$$M_T = \frac{1}{2}\rho U^2 C_M B^2 \tag{4.47}$$

式中　U——上游来流平均风速;

　　　C_H, C_V, C_M——体轴坐标系下的阻力系数、升力系数与扭矩系数;

　　　D, B——桥梁截面的高度与宽度。

类似体轴坐标系下静力风荷载的表达式,风轴坐标系下同样可以定义阻力 F_D、升力 F_L 和扭矩 M_T,并相应存在阻力系数 C_D、升力系数 C_L 与扭矩系数 C_M。

三分力系数是静气动力系数,能反映桥梁截面在均匀流中承受的静风荷载大小,由于三分力系数受雷诺数的影响很小,因此当桥梁截面形式确定后,其三分力系数只与来流风攻角 α 有关。三分力系数通常是在风轴坐标系下,由节段模型风洞试验测定。三分力系数变化曲线如图 4.26 所示。

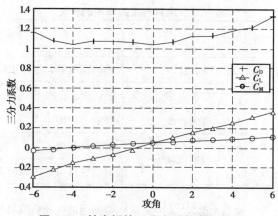

图 4.26 某大桥的三分力系数变化曲线

2) 风的动力作用

对于大跨度桥梁结构,除了考虑风的静力作用外,还必须考虑结构风致振动。桥梁作为空间结构,振动现象十分复杂,其动力反应是多种因素共同作用的结果。桥梁风致振动大致可分为两大类:一类是在风的作用下,由于结构振动对空气力的反馈作用,产生一种自激振动机制,如颤振和驰振达到临界状态时,将出现危险的发散振动,即桥梁振幅不断增大,振动不断加剧;另一类是在脉动风作用下的一种有限振幅的随机强迫振动,称为抖振。

自激振动是指桥梁在风力的作用下,与流动的气流相互激励而形成的振动,振动结构可以不断从气流中获得能量,以抵消结构本身阻尼对振动的衰减作用,从而使振幅不断加大,严重者将导致桥梁破坏。当风横向吹过桥梁,桥面板端口部位置于风口上,桥面板会产生上下运动和扭转运动,若竖向振动和扭转振动相耦合且致使扭转中心靠前时,引起结构的发散振动称为颤振。颤振是一种空气动力失稳现象,易于在柔性平板中出现,如飞机机翼和吊桥。美国塔科玛桥风致破坏就是一种典型的由颤振不稳定引发的事故。在横向风作用下,结构在垂直于气流方向会产生大振幅弯曲振动,称为驰振,就桥梁结构而言,塔柱、吊杆与拉索有可能出现驰振现象。驰振一旦发生便成为剧烈振动,实际上也是一种空气动力失稳现象。自激发散振动对桥梁危害最大,设计时应加以特别关注。

当一个结构物处于另一个结构物的涡列之中,大气紊流成分会激发出不规则的强迫振动,称为抖振。抖振发生时的风速低、频度大,会对杆件接头、支座连接造成疲劳破坏,过大的抖振还会引起桥上人员不适,影响正常使用。

涡激振动是由于气流绕过物体时,在物体两侧及尾流中产生交替脱落的旋涡,从而出现周期性的涡激力。涡激振动虽然也带有自激性质,但它和颤振和驰振的发散性振动不同,其振动响应是一种限幅振动,因此涡振具有双重特性。

涡振和抖振均属限幅振动,可在低风速下发生,不具备破坏性,通常可通过构造措施解决。

综合上述桥梁结构的风力作用及风致振动类型,表 4.17 列出了风对桥梁作用的具体分类。

表 4.17　风对桥梁的作用的分类

分　类	现　象			作用机制
静力作用	静风载引起的内力和变形			平均风的静风压产生阻力、升力和扭转力矩作用
	静力不稳定	扭转发散		静（扭转）力矩作用
		横向屈曲		静阻力作用
动力作用	抖振（紊流风响应）		限幅振动	紊流风作用
	自激振动	涡振		旋涡脱落引起的涡激力作用
		驰振	单自由度	自激力的气动负阻尼效应——阻尼振动
		扭转颤振	发散振动	
		古典耦合振动	二自由度	自激力的气动刚度驱动

4.7.2　风致静力失稳

在静力风荷载作用下,大跨度桥梁有可能发生因气动力矩过大而引起扭转发散,或因风阻力荷载过大而导致横向屈曲的静力失稳现象。以扭转发散为例,主梁在风力作用下会产生气动扭矩并发生扭转,主梁的扭转使得主梁在风场中的有效攻角增大,如果主梁的扭转力系数随风攻角增大而增大,此时对应的主梁气动扭矩也随之增大。由于主梁扭转变形和扭转力矩的相互促进,使得在某一临界风速时,将出现气动扭矩与主梁抵抗扭矩相等的情况,即为扭转发散临界状态。当风速进一步增大时,必将导致主梁扭转位移有无限增大的趋势,此时桥梁出现不稳定的扭转发散现象。

如图 4.27 所示的主梁截面,在气动扭矩的作用下,二维模型的扭转运动方程为

$$M_\alpha \ddot{\alpha} + c\dot{\alpha} + K_\alpha \alpha = \frac{1}{2}\rho U^2 B^2 C_M(\alpha) \tag{4.48}$$

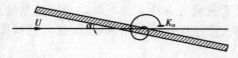

图 4.27　主梁断面受力示意图

式中　M_α——主梁扭转广义质量;

　　　　c——主梁扭转阻尼系数;

　　　　K_α——主梁扭转刚度;

　　　　$C_M(\alpha)$——风攻角为 α 时的主梁扭矩系数;

　　　　B——主梁参考宽度。

在小变形情况下,扭矩系数 $C_M(\alpha)$ 可在零攻角点线性展开为:

$$C_M(\alpha) = C_{M0} + C'_{M0}\alpha \tag{4.49}$$

式中　C_{M0}——风攻角 $\alpha = 0$ 时的主梁扭矩系数;

　　　　C'_{M0}——风攻角 $\alpha = 0$ 时的主梁扭矩系数的斜率,宜通过风洞试验或数值模拟技术得到。

式(4.49)代入式(4.48)得:

$$M_\alpha \ddot{\alpha} + c\dot{\alpha} + K_\alpha \alpha = \frac{1}{2}\rho U^2 B^2 \left[C_{M0} + C'_{M0}\alpha \right] \tag{4.50}$$

将式(4.50)右边的线性项移至左边后,可得:

$$M_\alpha \ddot{\alpha} + c\dot{\alpha} + \left(K_\alpha - \frac{1}{2}\rho U^2 B^2 C'_{M0}\right)\alpha = \frac{1}{2}\rho U^2 B^2 C_{M0} \qquad (4.51)$$

扭转发散的条件是系统有效刚度等于零,于是有:

$$K_\alpha - \frac{1}{2}\rho U^2 B^2 C'_{M0} = 0 \qquad (4.52)$$

解得扭转发散临界风速为:

$$U_{cr} = \sqrt{\frac{2K_\alpha}{\rho B^2 C'_{M0}}} \qquad (4.53)$$

从上式可知,结构扭转刚度越小,主梁截面的气动扭矩系数的斜率越大,桥梁扭转发散的临界风速越低。

4.7.3　静力风荷载计算

作用于桥梁上的风力可能来自任一方向,其中横桥向水平风力最为危险,是主要计算对象。当计算桥梁的强度和稳定时,《公路桥规》规定风荷载标准值应按现行《公路桥梁抗风设计规范》(JTG/T D60—01—2004)(以下简称《桥梁抗风规范》)的规定计算,而《桥梁抗风规范》仅给出了横桥向的风荷载,未给出顺桥向和扭转力矩的表达式。作用在大跨桥梁断面上的竖向力(升力)和扭转力矩一般由平均风作用下的静力和抖振惯性力组成,且惯性力部分是主要的,只能通过风洞试验和详细的抖振响应分析得到。

1)风速计算

(1)基本风速

当桥梁所在地区的气象台站具有足够的连续风速观测数据时,可采用当地气象台站年最大风速的概率分布类型,由 10 min 平均年最大风速推算 100 年重现期的数学期望值作为基本风速。当桥梁所在地区缺乏风速观测资料时,基本风速可由《桥梁抗风规范》中附录 A 的全国基本风速分布图(见本书附图 4)或附表 A"全国各气象台站的基本风速值"选取。

(2)设计基准风速

工程上普遍采用对数律或指数律公式来描述风速沿高度的变化,出于使用方便,目前大部分国家的规范均倾向于采用指数律来描述风速度剖面。

风速沿竖直高度方向的分布可按下述公式计算:

$$V_{Z2} = \left(\frac{Z_2}{Z_1}\right)^\alpha \cdot V_{Z1} \qquad (4.54)$$

式中　V_{Z2}——地面以上高度 Z_2 处的风速,m/s;

V_{Z1}——地面以上高度 Z_1 处的风速,m/s;

α——地表粗糙度系数,可按图 4.28 和表 4.18 取用。

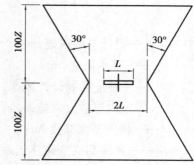

图 4.28　确定地表粗糙度系数的影响范围

表 4.18　地表分类及相关参数指标

地表类别	地表状况	地表粗糙度系数 α	粗糙高度 Z_0/m
A	海面、海岸、开阔水面、沙漠	0.12	0.01
B	田野、乡村、丛林、平坦开阔地及低层建筑物稀少地区	0.16	0.05
C	树木及低层建筑物等密集地区、中高层建筑物稀少地区、平缓的丘陵地	0.22	0.3
D	中高层建筑物密集地区、起伏较大的丘陵地	0.30	1.0

当所考虑范围内存在两种粗糙度相差较大的地表类别时,地表粗糙度系数可取两者的平均值;当所考虑范围内存在两种相近类别时,可按较小者取用;当桥梁上下游侧地表类别不同时,可按较小一侧取值。

表 4.19　基准高度

基准高度/m ＼ 桥型		悬索桥、斜拉桥	其他桥型
Z	主梁	主跨桥面距水面或地表面或海面的平均高度(河流以平均水位,即一年中有半年不低于该水位的水面为基准面,海面以平均海面或平均潮位为基准面)	取下列两条中的较大值: ①支点平均高度+(桥面最大标高−支点平均标高)×0.8; ②桥梁设计高度
	吊杆、索、缆	跨中主梁底面到塔顶的平均高度处	
	桥塔(墩)	水面或地面以上塔(墩)高65%高度处	

①基准高度。桥梁各构件基准高度可按表 4.19 取用。

②基准风速。桥梁构件基准高度处的设计基准风速可按下述公式计算:

$$V_d = K_1 V_{10} \tag{4.55}$$

或

$$V_d = V_{s10} \left(\frac{Z}{10} \right)^{\alpha} \tag{4.56}$$

式中　V_d——设计基准风速,m/s;

　　　　V_{10}——基本风速,m/s;

　　　　V_{s10}——桥址处的设计风速,即地面或水面以上 10 m 高度处,100 年重现期的 10 min 平均年最大风速,m/s;

　　　　Z——构件基准高度,m;

　　　　K_1——风速高度变化修正系数,可按下列公式计算,或按表 4.20 规定取用。

$$K_{1A} = 1.174 \left(\frac{Z}{10} \right)^{0.12} \tag{4.57}$$

$$K_{1B} = 1.0 \left(\frac{Z}{10}\right)^{0.16} \qquad (4.58)$$

$$K_{1C} = 0.785 \left(\frac{Z}{10}\right)^{0.22} \qquad (4.59)$$

$$K_{1D} = 0.564 \left(\frac{Z}{10}\right)^{0.30} \qquad (4.60)$$

表 4.20 风速高度变化修正系数 K_1

离地面或水面高度 /m	地表类别			
	A	B	C	D
5	1.08	1.00	0.86	0.79
10	1.17	1.00	0.86	0.79
15	1.23	1.07	0.86	0.79
20	1.28	1.12	0.92	0.79
30	1.34	1.19	1.00	0.85
40	1.39	1.25	1.06	0.85
50	1.42	1.29	1.12	0.91
60	1.46	1.33	1.16	0.96
70	1.48	1.36	1.20	1.01
80	1.51	1.40	1.24	1.05
90	1.53	1.42	1.27	1.09
100	1.55	1.45	1.30	1.13
150	1.62	1.54	1.42	1.27
200	1.73	1.62	1.52	1.39
250	1.73	1.67	1.59	1.48
300	1.77	1.72	1.66	1.57
350	1.77	1.77	1.71	1.64
400	1.77	1.77	1.77	1.71
≥450	1.77	1.77	1.77	1.77

　　当桥址处风速观测数据不充分或当桥址所在地区的气象台站与桥址相距较远且与附近气象台站的地形地貌相差较大时,宜设立桥址风速观测站,并可利用桥位处与附近气象台站的风速观测数据的相关性推算桥址处的设计风速 V_{s10},再由式(4.56)计算设计基准风速 V_d。

　　当桥梁跨越较窄的海峡或峡谷等不易确定地表类别的特殊地形时,可通过模拟地形的风洞试验、实地风速观测、数值风洞方法或其他可靠方法确定桥梁设计基准风速。

　　(3)施工阶段的设计风速

　　施工阶段的设计风速可按下式计算:

$$V_{sd} = \eta V_d \qquad (4.61)$$

式中　V_{sd}——不同重现期下的设计风速,m/s;

　　　　η——风速重现期系数,可按表 4.21 选用。

表 4.21　风速重现期系数

重现期/年	5	10	20	30	50	100
η	0.78	0.84	0.88	0.92	0.95	1

当桥梁地表以上结构的施工期少于 3 年时,可采用不低于 5 年重现期的风速;当施工期多于 3 年或桥梁位于台风多发地区时,可根据实际情况适度提高风速重现期系数值。

2)主梁上的静阵风荷载

（1）横桥向风荷载

桥梁的横桥向风荷载是指风垂直于桥轴线作用时的风荷载,在横桥向风作用下主梁单位长度上的横向静阵风荷载可按下列公式计算:

$$F_{H} = \frac{1}{2}\rho V_{g}^{2} C_{H} H \tag{4.62}$$

式中　F_{H}——作用在主梁单位长度上的静阵风荷载,N/m;

　　　　ρ——空气密度,kg/m³,取为 1.25;

　　　　V_{g}——静阵风风速,m/s;

　　　　C_{H}——主梁的阻力系数;

　　　　H——主梁投影高度,m,宜计入栏杆或防撞护栏以及其他桥梁附属物的实体高度。

①静阵风风速。静阵风风速 V_g 可按下式计算:

$$V_{g} = G_{V} V_{Z} \tag{4.63}$$

式中　V_{g}——静阵风风速,m/s;

　　　　G_{V}——静阵风系数,可按表 4.22 取值;

　　　　V_{Z}——基准高度 Z 处的风速,m/s。

表 4.22　静阵风系数 G_V

地表类别＼水平加载长度/m	<20	60	100	200	300	400	500	650	800	1 000	1 200	>1 500
A	1.29	1.28	1.26	1.24	1.23	1.22	1.21	1.20	1.19	1.18	1.17	1.16
B	1.35	1.33	1.31	1.29	1.27	1.26	1.25	1.24	1.23	1.22	1.21	1.20
C	1.49	1.48	1.45	1.41	1.39	1.37	1.36	1.34	1.33	1.31	1.30	1.29
D	1.56	1.54	1.51	1.47	1.44	1.42	1.41	1.39	1.37	1.35	1.34	1.32

注:①成桥状态下,水平加载长度为主桥全长。

　　②桥塔自立阶段的静阵风系数按水平加载长度小于 20 m 选取。

　　③悬臂施工中的桥梁的静阵风系数按水平加载长度为该施工状态已拼装主梁的长度选取。

②阻力系数。风载阻力系数是指作用在桥梁表面实际平均压力与来流风压之比,表示结构

物或构件表面在稳定风压下的静力分布规律,该系数与桥梁体型、构件断面形成等因素有关。根据理论分析和风洞试验的结果,主梁阻力系数 C_H 可按下列规定确定:

a."工"形、"Ⅱ"形或箱形截面主梁的阻力系数 C_H 可按下式计算:

$$C_H = \begin{cases} 2.1 - 0.1\left(\dfrac{B}{H}\right) & 1 \leqslant \dfrac{B}{H} < 8 \\ 1.3 & 8 \leqslant \dfrac{B}{H} \end{cases} \qquad (4.64)$$

式中 B——主梁断面全宽,m。

b.当桥梁的主梁截面带有斜腹板时,式(4.64)中的阻力系数 C_H 可以竖直方向为基准每倾斜 $1°$ 折减 0.5%,最多可折减 30%。斜腹板的倾斜角计算见图4.29。

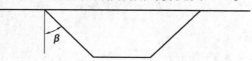

图 4.29   斜腹板的倾斜角计算

c.桁架桥上部结构的风载阻力系数 C_H 规定于表4.23。上部结构为两片或两片以上桁架时,所有迎风桁架的风载阻力系数均取 ηC_H,η 为遮挡系数,可按表4.24采用;桥面系构造的风载阻力系数取 $C_H = 1.3$。

表 4.23   桁架的风载阻力系数 C_H

实面积比	矩形与 H 形截面构件	圆柱形构件(D 为圆柱直径)	
		$DV_0 < 6 \text{ m/s}^2$	$DV_0 \geqslant 6 \text{ m/s}^2$
0.1	1.9	1.2	0.7
0.2	1.8	1.2	0.8
0.3	1.7	1.2	0.8
0.4	1.7	1.1	0.8
0.5	1.6	1.1	0.8

注:实面积比=桁架净面积/桁架轮廓面积。

表 4.24   桁架遮挡系数 η

间距比	实面积比				
	0.1	0.2	0.3	0.4	0.5
≤1	1.0	0.90	0.80	0.60	0.45
2	1.0	0.90	0.80	0.65	0.50
3	1.0	0.95	0.80	0.70	0.55
4	1.0	0.95	0.80	0.70	0.60
5	1.0	0.95	0.85	0.75	0.65
6	1.0	0.95	0.90	0.80	0.70

注:间距比=两桁架中心距/迎风桁架高度。

d.断面形状复杂的主梁的空气静力系数宜结合风洞试验综合确定。

（2）顺桥向风荷载

顺桥向风荷载是指风沿桥轴线方向作用时的风荷载。

①对于跨径小于 200 m 的桥梁，其主梁上顺桥向单位长度的风荷载可按以下两种情况选取：

a.对实体桥梁截面，取其横桥向风荷载的 0.25 倍；

b.对桁架桥梁截面，取其横桥向风荷载的 0.50 倍。

②对于跨径等于或大于 200 m 的桥梁，当主梁为非桁架断面时，其顺桥向单位长度上的风荷载可按风和主梁上下表面之间产生的摩擦力计算：

$$F_{fr} = \frac{1}{2}\rho V_g^2 c_f s \tag{4.65}$$

式中　　F_{fr}——摩擦力，N/m；

　　　　c_f——摩擦系数，按表 4.25 选取；

　　　　s——主梁周长，m。

表 4.25　摩擦系数 c_f 的取值

桥梁主梁上下表面情况	摩擦系数 c_f	桥梁主梁上下表面情况	摩擦系数 c_f
光滑表面（光滑混凝土、钢）	0.01	非常粗糙表面（加肋）	0.04
粗糙表面（混凝土表面）	0.02		

3）墩、塔、吊杆、斜拉索和主缆上的风荷载

除主梁以外的桥梁其他构件上的风荷载一般仅考虑风作用方向上的阻力作用。桥墩、桥塔、吊杆上的风荷载、横桥向风作用下的斜拉桥斜拉索和悬索桥主缆上的静风荷载可按下式计算：

$$F_H = \frac{1}{2}\rho V_g^2 C_H A_n \tag{4.66}$$

式中　　C_H——桥梁各构件的阻力系数；

　　　　A_n——桥梁各构件顺风向投影面积，m²。对吊杆、斜拉索和悬索桥的主缆，取为其直径乘以其投影高度。

计算时按下列规定取值：

①桥墩或桥塔的阻力系数 C_H 可参照表 4.26 选取。断面形状复杂的桥墩、桥塔可通过风洞试验测定或数值模拟方法计算其阻力系数。

表 4.26　桥墩或桥塔的阻力系数 C_H

截面形状	t/b	桥墩或桥塔的高宽比						
		1	2	4	6	10	20	40
风向 $\square\,b$ t	≤1/4	1.3	1.4	1.5	1.6	1.7	1.9	2.1
风向 $\square\,b$ t	1/3,1/2	1.3	1.4	1.5	1.6	1.8	2.0	2.2

截面形状	t/b	桥墩或桥塔的高宽比						
		1	2	4	6	10	20	40
风向 → □ t b	2/3	1.3	1.4	1.5	1.6	1.8	2.0	2.2
风向 → □ t b	1	1.2	1.3	1.4	1.5	1.6	1.8	2.0
风向 → ▭ t b	3/2	1.0	1.1	1.2	1.3	1.4	1.5	1.7
风向 → ▭ t b	2	0.8	0.9	1.0	1.1	1.2	1.3	1.4
风向 → ▭ t b	3	0.8	0.8	0.8	0.9	0.9	1.0	1.2
风向 → ▭ t b	≥4	0.8	0.8	0.8	0.8	0.8	0.9	1.1
→ ◇ 正方形 或八角形 ⬡		1.0	1.1	1.1	1.2	1.2	1.3	1.4
○ 12边形		0.7	0.8	0.9	0.9	1.0	1.1	1.3
光滑表面圆形 若 $DV_0 \geqslant 6$ m²/s		0.5	0.5	0.5	0.5	0.5	0.6	0.6
1.光滑表面圆形 若 $DV_0 < 6$ m²/s 2.有粗糙面或带凸起的圆形		0.7	0.7	0.8	0.8	0.9	1.0	1.2

注:①上部结构架设后,应根据高宽比为 40 计算 C_H。

②对于带圆弧角的矩形桥墩,其 C_H 值应由上表查出后再乘以(1~1.5 r/b)或 0.5,取二者中的较大值,r 为圆弧角的半径。

③对于带三角尖端的桥墩,其 C_H 值应按能包括该桥墩外边缘的矩形截面计算。

④对随高度有锥度变化的桥墩,C_H 值应按桥墩高度分段计算。在推算 t/b 时,每段的 t 和 b 应按其平均值计,高宽比值应以桥墩总高度对每段的平均宽度计。

②作用于桥墩或桥塔上的风荷载可按地面或水面以上 0.65 倍墩高或塔高处的风速值确定。

③当悬索桥主缆的中心间距为直径 4 倍及以上时,每根缆索的风荷载宜独立考虑,单根主缆的阻力系数可取 0.7;当主缆中心距不到直径的 4 倍以上时,可按一根主缆计算,其阻力系数宜取 1.0。当悬索桥吊杆的中心距离为直径的 4 倍及以上时,每根吊杆的阻力系数可取 0.7。

④斜拉桥斜拉索的阻力系数在考虑与活载组合时,可取为 1.0;在设计基准风速下可取 0.8。

对于斜拉索,其在顺桥向风作用下单位长度上的风荷载按下式计算:

$$F_H = \frac{1}{2}\rho V_g^2 C_H D \sin^2\alpha \tag{4.67}$$

式中　C_H——斜拉索的阻力系数;

　　　α——斜拉索的倾角,(°);

D——斜拉索的直径,m。

4)施工阶段的风荷载

悬臂施工的桥梁,除了对称加载外,还应考虑不对称加载工况(图4.30),不对称系数可取0.5。

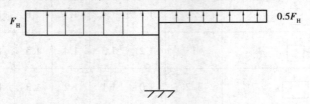

图4.30 不对称加载工况

对于悬臂施工中的大跨斜拉桥和连续刚构桥,应对其最大双悬臂状态和最大单悬臂状态进行详细的风荷载分析,必要时可通过风洞试验测定其风荷载。

本章小结

1.大气边界层内风的流动速度与地貌环境有关,并随离地面高度不同而变化。基本风压值是在空旷平坦的地面上,离地面高 10 m,重现期为 50 年的 10 min 平均最大风速。风速 v 和风压 w 之间的关系可由伯努利方程得到,通常按下式转换:

$$w = \frac{v^2}{1\ 600}$$

基本风压是在规定的标准条件下得到的,当实测风速高度、时距、重现期不符合标准条件时可进行换算。

2.大气边界层内平均风速沿高度变化的规律与地面粗糙度有关,只有在离地表 300~550 m 以上的高度,风才不受地面粗糙层的影响,能够以梯度风速度流动。梯度风流动的起点高度称为梯度风高度,不同地面粗糙度的梯度风高度是不同的。《荷载规范》将地面粗糙度分为 A、B、C、D 四类,给出了四类地区的地面粗糙度指数 α 和梯度风高度 H_T。平均风速沿高度的变化规律可用指数函数描述:

$$\frac{v}{v_0} = \left(\frac{z}{z_0}\right)^{\alpha}$$

据此,可制出风压高度变化系数 μ_z 的表格,供设计时查用。

3.建筑物处于风流场中,风力在建筑物表面上的分布是不均匀的,取决于建筑物的形状和尺寸。在风的作用下,迎风面由于气流受阻产生风压力,侧风面和背风面由于旋涡作用引起风吸力。目前要完全从理论上确定受风力作用在任意形状物体上的压力分布尚做不到,一般均通过风洞试验确定风载体型系数,《荷载规范》给出了 38 种不同类型的建筑物和构筑物的风荷载体型系数,设计时可参考采用。

4.高层建筑群房屋相互间距较近时,由于尾流作用,引起风压相互干扰,对建筑物产生动力增大效应,使得房屋局部风压显著增大,设计时可将单体建筑物的体型系数 μ_s 乘以相互干扰增大系数加以考虑。

风载体型系数是根据结构物受风面上各测点风压平均值计算得到的,不适合计算局部范围风压。在建筑物的角隅、边棱处和檐口、阳台等突出部位，局部风压会超过受风面平均风压。当计算局部围护构件及其连接强度时，应考虑风压分布不均匀，乘以局部风压体型系数。

5. 结构顺向的风作用可分解为平均风和脉动风，平均风的作用可通过基压风压反映，而脉动风的作用需要采用随机振动理论分析。对于高耸构筑物和高层建筑等柔性结构，风压脉动引起的动力反应较为明显，结构的风振影响必须加以考虑。结构风振影响可通过风振系数加以考虑，结构在 z 高度处的风振系数 β_z 可按下式计算：

$$\beta_z = 1 + 2gI_{10}B_z\sqrt{1 + R^2}$$

式中：峰值因子 g 可取 2.5；10 m 高名义湍流强度 I_{10} 对应 A、B、C 和 D 类地面粗糙度，分别取为 0.12，0.14，0.23 和 0.39；脉动风荷载的共振分量因子 R 可由随机振动理论导出，可采用达文波特（Davenport）建议的风速谱密度经验公式计算；脉动风荷载的背景分量因子 B_z 同样可由随机振动理论导出，考虑脉动风荷载水平和竖直方向相关性进行计算。

6. 对于围护结构，脉动引起的振动影响很小，可不考虑风振影响，但应考虑脉动风压的分布，应在平均风的基础上乘以阵风系数。阵风系数可利用公式计算，也可根据地面粗糙度类别和计算位置离地高度查表获取。

7. 建筑物或构筑物受到风力作用时，横风向也能发生风振。横风向风振是由不稳定的空气动力作用造成的，它与结构截面形状和雷诺数有关。对于圆形截面，当雷诺数在某一范围内时，流体从圆柱体后分离的旋涡将交替脱落，形成卡门涡列，若旋涡脱落频率接近结构横向自振频率时会引起结构涡激共振。

8. 结构发生涡激共振后，结构的自振频率就控制了旋涡脱落频率，旋涡脱落频率不再随风速变化，而是维持不变，与结构的自振频率保持一致，这一现象称为锁定。只有当风速大于结构共振风速的 1.3 倍时，旋涡脱落才重新按新的频率激振。由风速随高度变化的指数规律和斯脱罗哈数 St 可导出共振起点高度和终点高度，从而确定共振区范围。

9. 旋涡脱落振动可根据雷诺数 Re 的大小分为 3 个临界范围。亚临界范围的涡激共振，由于风速较小，不会对结构安全造成严重影响，设计时只需采用适当构造措施控制结构顶部风速 v_H 不超过临界风速 v_{cr}。超临界范围内，由于旋涡脱落没有明显周期，结构的横向振动呈随机特征，不会产生共振影响，工程上一般不做考虑。跨临界范围的涡激共振，由于强风作用，结构将发生强烈共振，有可能导致结构的损伤，设计时必须进行横向风振验算。

10. 风对桥梁的作用可分为静力作用和动力作用。对于静力作用，可采用一组无量纲的三分力系数来描述桥梁静力风荷载。计算桥梁强度和稳定时，《桥梁抗风规范》给出了主梁上的静阵风荷载以及墩、塔、吊杆、斜拉索和主缆上的风荷载计算方法。大跨度桥梁有可能发生因气动力矩过大而引起扭转发散，或因风阻力荷载过大而导致横向屈曲的静力失稳现象，设计时应避免。

11. 对于大跨度桥梁结构，除了考虑风的静力作用外，还必须考虑结构的风致振动。桥梁结构风致振动大致可分为两类：一类是自激发散振动，例如颤振和驰振，振动结构可以不断从气流中获取能量，抵消阻尼对振动的衰减作用，从而使振幅不断加大，导致结构风毁，这实际上是一种空气动力失稳现象，对桥梁危害最大。另一类是限幅振动，例如涡激振动和抖振，涡激振动是由结构尾流中产生的周期性交替脱落的旋涡引起，当一个结构物处于另一个结构物的涡列之中，还会激发出不规则的强迫振动，即抖振。涡振和抖振均可在低风速下发生，虽不具破坏性，但会对杆件接头等连接部位造成疲劳破坏，设计时可通过构造措施解决。

思 考 题

4.1 基本风压是如何定义的？影响风压的主要因素有哪些？

4.2 试述风速和风压之间的关系。

4.3 山区及海洋风速各有什么特点？应当如何考虑？

4.4 试述我国基本风压分布的特点。

4.5 什么叫梯度风？什么叫梯度风高度？

4.6 影响大气边界层以下气流流动的因素有哪些？

4.7 《荷载规范》是如何划分和度量地面粗糙度的？

4.8 试述风压高度变化系数的导出方法。

4.9 简述矩形平面的单体建筑物风流走向和风压分布。

4.10 什么是风载体型系数？它是如何确定的？

4.11 高层建筑为什么要考虑群体间风压相互干扰？如何考虑？

4.12 计算顺风向风效应时，为什么要区分平均风和脉动风？

4.13 工程设计中如何考虑脉动风对结构的影响？

4.14 结构横向风振产生的原因是什么？

4.15 什么叫锁定现象？

4.16 什么情况下要考虑结构横风向风振效应？如何进行横风向风振验算？

4.17 什么是桥梁静力风荷载的三分力系数？

4.18 桥梁风振有哪些振动形式？它们对结构会产生怎样的影响？

4.19 《桥梁抗风规范》中是如何考虑桥梁横桥向风力作用的？

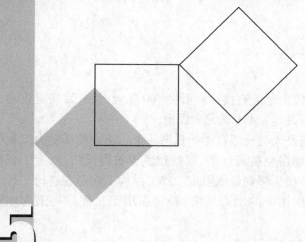

5 地震作用

本章导读：

　　本章阐述了地震类型、构造地震成因、地震活动与地震分布，建筑结构抗震设防要求和抗震设计准则；介绍了计算单质点体系水平地震作用的反应谱理论和设计用反应谱，导出了计算多质体系水平地震作用的振型分解反应谱法和底部剪力法，讨论了结构扭转地震效应和竖向地震作用；叙述了公路桥梁抗震设防目标、公路桥梁设计反应谱，给出了桥墩基本振型与周期的确定以及桥墩、桥台、支座水平地震作用的计算方法和地震动水压力确定途径。

5.1　地震基础知识

5.1.1　概述

　　地震是一种灾害性自然现象。全世界每年发生大约 500 万次地震，其中绝大多数地震是人感觉不到的微小地震，只有灵敏的仪器才能测量到它们的活动。人能够感觉到的有感地震每年发生约 5 万次，其中 5 级以上破坏性地震约有 1 000 余次，能够造成严重破坏的强烈地震平均每年发生约 18 次。我国是世界上多地震国家之一，20 世纪共发生破坏性地震 3 000 余次，其中 6 级以上地震近 800 次，8 级以上特大地震 9 次。

　　地震给人类带来惨重的人员伤亡。1920 年 12 月 16 日宁夏海源地震死亡近 20 万人，地震发生时正值北方隆冬，由于震后得不到及时救援，死亡人数中有许多是冻饿交加致死。1976 年 7 月 28 日河北唐山地震发生在凌晨时分，人们处于熟睡之中猝不及防，死亡 24 万人，受伤 36 万人，是近代地震史上死伤人数最多的一次地震。2008 年 5 月 12 日汶川地震死亡和失踪人员8.7

万人,受伤 37.5 万人。

地震还给人类带来巨大的经济损失。唐山地震直接经济损失 100 亿元人民币,恢复重建又花费 100 亿元人民币;汶川地震直接经济损失达 8 451 亿元人民币。

地震给人类带来巨大的灾难,抗御地震是人类征服自然的长期斗争。地震破坏多为工程结构破坏、房屋倒塌引起,因此研究和提高各类房屋抗震性能,对新建工程抗震设防,已有工程抗震加固,可以将地震造成的人员伤亡和经济损失降到最低限度。作为结构工程师在进行工程结构抗震设计时,首先应当了解结构在地震作用下的动力反应,确定作用于工程结构上的地震作用。

5.1.2 地球构造与地震成因

1) 地球构造

地球是一个略呈椭圆的球体,它的平均半径约为 6 400 km。研究表明,地球是由性质不同的三个层次构成:最外层是薄薄的地壳,中间层是很厚的地幔,最里层是地核(图 5.1)。

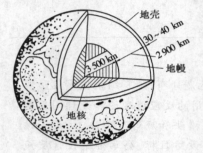

图 5.1　地球的构造

地壳是由各种结构不均匀厚薄不一的岩层组成。在陆地上,除表面的沉积层外,陆地地壳主要有两大层(上部花岗岩层和下部玄武岩层),平均厚度为 30 ~ 40 km。在海洋中,海洋地壳一般只有玄武岩层,平均厚度为 5 ~ 8 km。地球上绝大部分地震都发生在这一层薄薄的地壳内。

地幔主要是由质地非常坚硬、结构比较均匀的橄榄岩组成。地壳与地幔的分界面称为莫霍面,莫霍面以下 40 ~ 70 km 是一层岩石层,它与地壳共同组成岩石圈。岩石层以下存在一个厚度几百千米的软流层,该层物质呈塑性状态并具有黏弹性质。岩石层与软流层合称上地幔。上地幔之下为下地幔,其物质成分与结构和上地幔差别不大,但物质密度增大。

地核是半径为 3 500 km 的球体,可分为外核和内核。地核的成分和状态目前尚不清楚,据推测,外核厚度约为 2 100 km,处于液态;内核半径约为 1 400 km,处于固态。地核构成物质主要是镍和铁。

到目前为止,人类所观察到的地震深度最深为 700 km,仅占地球半径的 1/10,可见地震仅发生于地球的表面部分——地壳内和地幔上部。

2) 地震类型与成因

地震按照其成因可分为三种主要类型:火山地震、塌陷地震和构造地震。

伴随火山喷发或由于地下岩浆迅猛冲出地面引起的地面运动称为火山地震。这类地震一般强度不大,影响范围和造成的破坏程度均比较小,主要分布于环太平洋、地中海以及东非等地带,其数量占全球地震的 7% 左右。

地表或地下岩层由于某种原因陷落和崩塌引起的地面运动称为塌陷地震。这类地震的发生主要由重力引起,地震释放的能量与波及的范围均很小,主要发生在具有地下溶洞或古旧矿坑地质条件的地区,其数量占全球地震的 3% 左右。

由于地壳构造运动,造成地下岩层断裂或错动引起的地面振动称为构造地震。这类地震破坏性大、影响面广,而且发生频繁,几乎所有的强震均属构造地震。构造地震为数最多,占全球地震的90%以上。构造地震一直是人们的主要研究对象,下面主要介绍构造地震的产生原因。

构造地震成因的局部机制可以用地壳构造运动来说明,地球内部处于不断运动之中,地幔物质发生对流释放能量,使得地壳岩石层处在强大的地应力作用之下。在漫长的地质年代中,原始水平状的岩层在地应力作用下发生形变;当地应力只能使岩层产生弯曲而未丧失其连续性时,岩层发生褶皱;当岩层变形积累的应力超过岩层本身强度极限时,岩层就会发生突然断裂和猛烈错动,岩层中原先积累的应变能全部释放,并以弹性波的形式传到地面,地面随之振动,形成地震(图5.2)。

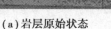

(a)岩层原始状态　　　　(b)褶皱变形　　　　(c)断裂错动

图5.2　构造运动与地震形成示意图

构造地震成因的宏观背景可以借助板块构造学说来解释。板块构造学说认为,地壳和地幔顶部厚70~100 km的岩石组成了全球岩石圈,岩石圈由大大小小的板块组成,类似一个破裂后仍连在一起的蛋壳,板块下面是塑性物质构成的软流层。软流层中的地幔物质以岩浆活动的形式涌出海岭,推动软流层上的大洋板块在水平方向移动,并在海沟附近向大陆板块之下俯冲,返回软流层。这样在海岭和海沟之间便形成地幔对流,海岭形成于对流上升区,海沟形成于对流下降区(图5.3)。全球岩石圈可以分为6大板块,即亚欧板块、太平洋板块、美洲板块、非洲板块、印度洋板块和南极板块(图5.4)。各板块由于地幔对流而互相挤压、碰撞,地球上的主要地震带就分布在这些大板块的交界地区。据统计,全球85%左右的地震发生在板块边缘及附近,仅有15%左右发生于板块内部。

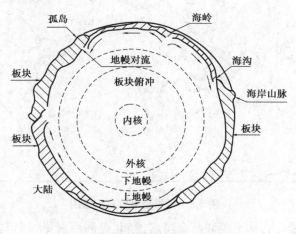

图5.3　板块运动

火山　▨▨▨▨▨ 地震带　————— 板块边界　—— 板块运动方向

图5.4　全球大板块划分示意图

5.1.3　地震活动与地震分布

1）世界地震活动

地震是一种随机现象,但从统计的角度,地震的时空分布呈现某种规律性。在地理位置上,地震震中呈带状分布,集中于一定的区域;在时间过程上,地震活动疏密交替,能够区分出相对活跃期和相对平静期。根据历史地震的分布特征和产生地震的地质背景,可以编绘出世界地震震中分布图(图5.5)。由图可看出地球上的地震活动集中分布在两个主要地震带和其他几个次要地震带。世界上的两个主要地震带是:

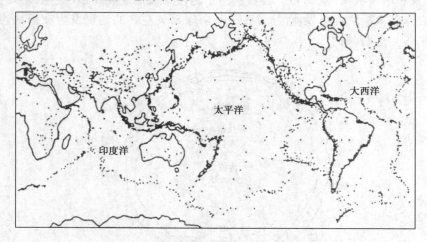

图5.5　世界震中分布示意图

①环太平洋地震带。它从南美洲西海岸起,经北美洲西海岸、阿留申群岛转向西南至日本列岛;然后分成东西两支,西支经我国台湾省、菲律宾至印尼,东支经马里亚纳群岛至新几内亚;

两支汇合后,经所罗门群岛至汤加,再向南转向新西兰。该地震带的地震活动最强,全球地震总数的 75%左右发生于此。

②欧亚地震带。它又称地中海南亚地震带,西起大西洋的亚速岛,经意大利、土耳其、伊朗、印度北部,再经我国西部和西南地区,由缅甸至印尼与环太平洋地震带相衔接。全球地震总数的 22%左右发生于此地震带内。

除了上述两条主要地震带以外,在大西洋、太平洋、印度洋中也有一些洋脊地震带,沿着洋底隆起的山脉延伸。这些地震带与人类活动关系不大,地震发生的次数在地震总数中占的比例亦不高。

对比一下板块划分图可知,上述地震带大多数位于板块边缘,或者邻近板块边缘。

2)我国地震活动

我国地处环太平洋地震带和欧亚地震带之间,是一个多地震国家。从地震地质背景看,我国存在发生频繁地震的复杂地质条件,因此,我国境内地震活动频度较高,强度较大。根据我国历史上震级大于 5 级的地震活动分布可知我国地震活动呈带状分布,可以归分 10 个地震区:台湾地震区、南海地震区、华南地震区、华北地震区、东北地震区、青藏高原南部地震区、青藏高原中部地震区、青藏高原北部地震区、新疆中部地震区和新疆北部地震区。

上述地震区中,台湾地震区、南海地震区和华南地震区中的一部分,属环太平洋地震带,是由太平洋板块与亚欧板块挤压引起的。其中台湾东部是我国地震活动最强、频率最高的地区。青藏高原南、中、北部地震区和新疆中、北部地震区,属亚欧地震带,其活动与印度洋板块俯冲亚欧板块的运动有密切关系,除青藏高原北部地震区外,均属地震活动程度强烈地区。华北地震区主要是古生代褶皱系统,由一系列大断裂带组成,是典型的板块内部地震区,近期活动较为活跃。

5.1.4 地震强度度量

1)地震波

地震引起的振动以波的形式从震源向各个方面传播并释放能量,这就是地震波。地震波是一种弹性波,它包括在地球内部传播的体波和在地面附近传播的面波。

体波可分为两种形式,即纵波(P 波)和横波(S 波)。

纵波在传播过程中,其介质质点的振动方向与波的前进方向一致。纵波又称压缩波,其特点是周期较短,振幅较小[图 5.6(a)]。

横波在传播过程中,其介质质点的振动方向与波的前进方向垂直。横波又称剪切波,其特点是周期较长,振幅较大[图 5.6(b)]。

根据弹性波动理论,纵波和横波的传播速度可分别用下列公式计算:

$$v_P = \sqrt{\frac{E(1-\nu)}{\rho(1+\nu)(1-2\nu)}} \tag{5.1}$$

$$v_S = \sqrt{\frac{E}{2\rho(1+\nu)}} = \sqrt{\frac{G}{\rho}} \tag{5.2}$$

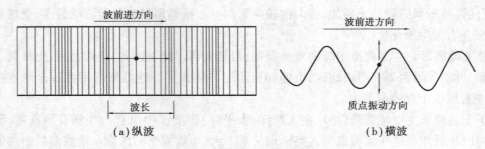

（a）纵波　　　　　　　　　　　　　　（b）横波

图 5.6　体波质点振动形式

式中　v_P——纵波波速；

v_S——横波波速；

E——介质弹性模量；

G——介质剪切模量；

ρ——介质密度；

ν——介质的泊松比。

在一般情况下，取 $\nu = 0.25$ 时

$$v_P = \sqrt{3}\, v_S \tag{5.3}$$

由此可知，纵波的传播速度比横波的传播速度要快。所以当某地发生地震时，在地震仪上首先记录到的地震波是纵波，随后记录到的才是横波。先到的波通常称为初波（Primary wave），或 P 波；后到的波通常称为次波（Secondary wave），或 S 波。地表以下地层为多层介质，体波经过分层介质界面时，要产生反射与折射现象，经过多次反射与折射，地震波向上传播时逐渐转向垂直入射于地面（图 5.7）。

面波是体波经地层界面多次反射形成的次生波，它包括两种形式，即瑞雷波（R 波）和乐甫波（L 波）。瑞雷波传播时，质点在波的前进方向与地表面法向组成的平面内［图 5.8（a）］做逆向椭圆运动；乐甫波传播时，质点在与波的前进方向垂直的水平方向［图 5.8（b）］做蛇行运动。与体波相比，面波周期长，振幅大，衰减慢，能传播到很远的地方。

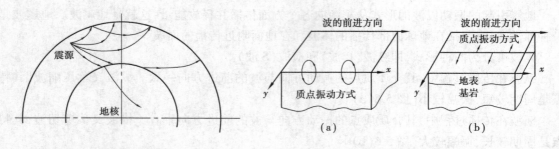

（a）　　　　　　　　　　　　（b）

图 5.7　体波传播途径示意图　　　　　　图 5.8　面波质点振动示意图

地震波的传播速度，以纵波最快，横波次之，面波最慢。纵波使建筑物产生上下颠簸，横波使建筑物产生水平摇晃，而面波使建筑物既产生上下颠动又产生水平晃动，当横波和面波都到达时振动最为强烈。一般情况下，横波产生的水平振动是导致建筑物破坏的主要因素；在强震震中区，纵波产生的竖向振动造成的影响也不容忽视。

2）震级

地震震级是表示地震本身大小的等级,它以地震释放的能量为尺度,根据地震仪记录到的地震波或者断层错位和破裂面积来确定。

（1）里氏震级

里氏震级 M_S（Richter magnitude scale）是由美国地震学家里克特（Charles Francis Richter）于1935年提出的一种震级标度,是目前国际通用的地震震级标准。它是根据离震中一定距离所观测到的地震波幅度和周期,并且考虑从震源到观测点的地震波衰减,计算出的震源处地震的大小。

里克特给出了震级的原始定义:用标准地震仪（周期为 0.8 s,阻尼系数为 0.8,放大倍数为2 800倍的地震仪）在距震中 100 km 处记录到的最大水平地面位移（单振幅,以 μm 计）的常用对数值。表达式为

$$M_S = \lg A \tag{5.4}$$

式中　M_S——震级,即里氏震级;

　　　A——地震仪记录到的最大振幅。

例如,某次地震在距震中 100 km 处地震仪记录到的振幅为 10 mm（即 10 000 μm）,取其对数等于 4,根据震级定义,这次地震就是 4 级。实际上地震发生时距震中 100 km 处不一定有地震仪,现在也都不用上述的标准的地震仪,需要根据震中距和使用的仪器对式(5.4)确定的震级进行修正。

震级 M_S 与震源释放的能量 E（单位尔格,Erg,1 Erg $= 10^{-7}$ J）之间有如下对应关系。

$$\lg E = 11.8 + 1.5 M_S \tag{5.5}$$

由上式可看出,震级每增加一级,地震释放的能量增大约 32 倍。

（2）矩震级

里氏震级是一种面波震级,在地震强到一定程度的时候,尽管地表出现更长的破裂,显示出地震有更大的规模,但测定的面波震级 M_S 值却很难增加上去了,出现所谓震级饱和问题。1977 年,美国学者汉克斯和金森（Hanks and Kanamori）从反映地震断层错动的力学量地震矩 M_0 出发,提出新的震级标度,用地震矩测定的震级称矩震级 M_W（Moment magnitude scale）。

为测定地震矩,可用宏观的方法测量断层的平均位错和破裂长度,从等震线的衰减或余震推断震源深度,从而估计断层面积。也可用微观的方法,由地震波记录反演计算这些量。地震矩 M_0 由下式计算:

$$M_0 = \mu D S \tag{5.6}$$

式中　M_0——地震矩,N·m;

　　　μ——剪切模量;

　　　D——震源断裂面积上的平均位错量;

　　　S——断裂面积。

矩震级 M_W 定义为:

$$M_W = \frac{2}{3} \lg M_0 - 6.06 \tag{5.7}$$

目前,矩震级已经成为世界地震学家估算大规模地震时最常用的标度,但对于规模小于3.5

级的地震一般不使用矩震级。

一般地说，小于 2 级的地震，人感觉不到，称为微震；2—4 级地震，震中附近有感，称为有感地震；5 级以上地震，能引起不同程度的破坏，称为破坏地震；7 级以上的地震，称为强烈地震或大地震；8 级以上地震叫作特大地震。到目前为止，世界上记录到的最大的一次地震是 1960 年 5 月 22 日发生在智利的 8.5 级地震（矩震级 9.5 级）。

3）地震烈度

地震烈度是指某地区地面和各类建筑物遭受一次地震影响的强弱程度，它是按地震造成的后果分类的。相对震源来说，烈度是地震场的强度。一次地震中表示地震大小的震级只有一个，但同一次地震对不同地点的影响是不一样的，因而烈度随地点的变化而有差异。一般来说，距震中越远，地震影响越小，烈度越低；距震中越近，地震影响越大，烈度越高。震中区的烈度称为震中烈度，震中烈度往往最高。

为了评定地震烈度，需要制定一个标准，目前我国和世界上绝大多数国家都采用 12 等级划分的地震烈度表。我国 2008 年修订的地震烈度表见表 5.1，它是根据地震时人的感觉、器物的反应、建筑物破坏和地表现象划分的。上述烈度标准只是地震现象的宏观描述，缺乏定量指标。从工程抗震角度，需要具体的物理量作为建筑抗震设计的量化依据，各国地震工作者已进行了不少研究，试图把烈度宏观现象描述和地面运动物理量对应起来，赋予烈度定量指标。表 5.1 把地面运动最大加速度和最大速度作为参考物理指标，给出了对应于不同烈度（5—10 度）的具体数值。地震烈度既是地震后果的一种评价，又是地面运动的一种度量，它是联系宏观震害现象和地面运动强弱的纽带。需要指出的是，地震造成的破坏是多因素综合影响的结果，把地震烈度孤立地与某项物理指标联系起来的观念是片面的、不适当的。

表 5.1　中国地震烈度表（2008）

地震烈度	人的感觉	房屋震害			其他震害现象	水平向地震动参数	
		类型	震害程度	平均震害指数		峰值加速度 /$(m \cdot s^{-2})$	峰值速度 /$(m \cdot s^{-1})$
1	无感	—	—	—	—	—	—
2	室内个别静止中的人有感觉	—	—	—	—	—	—
3	室内少数静止中的人有感觉	—	门、窗轻微作响	—	悬挂物微动	—	—
4	室内多数人、室外少数人有感觉，少数人梦中惊醒	—	门、窗作响	—	悬挂物明显摆动，器皿作响	—	—

地震烈度	人的感觉	房屋震害			其他震害现象	水平向地震动参数	
		类型	震害程度	平均震害指数		峰值加速度 /(m·s⁻²)	峰值速度 /(m·s⁻¹)
5	室内绝大多数、室外多数人有感觉，多数人梦中惊醒	—	门窗、屋顶、屋架颤动作响，灰土掉落，个别房屋墙体抹灰出现细微烈缝，个别屋顶烟囱掉砖	—	悬挂物大幅度晃动，不稳定器物摇动或翻倒	0.31 (0.22~0.44)	0.03 (0.02~0.04)
6	多数人站立不稳，少数人惊逃户外	A	少数中等破坏，多数轻微破坏和/或基本完好	0.00~0.11	家具和物品移动；河岸和松软土出现裂缝，饱和砂层出现喷砂冒水；个别独立砖烟囱轻度裂缝	0.63 (0.45~0.89)	0.06 (0.05~0.09)
		B	个别中等破坏，少数轻微破坏，多数基本完好				
		C	个别轻微破坏，大多数基本完好	0.00~0.08			
7	大多数人惊逃户外，骑自行车的人有感觉，行驶中的汽车驾乘人员有感觉	A	少数毁坏和/或严重破坏，多数中等破坏和/或轻微破坏	0.09~0.31	物体从架子上掉落；河岸出现塌方，饱和砂层常见喷水冒砂，松软土地上地裂缝较多；大多数独立砖烟囱中等破坏	1.25 (0.90~1.77)	0.13 (0.10~0.18)
		B	少数中等破坏，多数轻微破坏和/或基本完好				
		C	少数中等和/或轻微破坏，多数基本完好	0.07~0.22			
8	多数人摇晃颠簸，行走困难	A	少数毁坏，多数严重和/或中等破坏	0.29~0.51	干硬土上也出现裂缝，饱和砂层绝大多数喷砂冒水；大多数独立砖烟囱严重破坏	2.50 (1.78~3.53)	0.25 (0.19~0.35)
		B	个别毁坏，少数严重破坏，多数中等和/或轻微破坏				
		C	少数严重和/或中等破坏，多数轻微破坏	0.20~0.40			
9	行动的人摔倒	A	多数严重破坏或/和毁坏	0.49~0.71	干硬土上多处出现裂缝，可见基岩裂缝、错动，滑坡塌方常见；独立砖烟囱多数倒塌	5.00 (3.54~7.07)	0.50 (0.36~0.71)
		B	少数毁坏，多数严重和/或中等破坏				
		C	少数毁坏和/或严重破坏，多数中等和/或轻微破坏	0.38~0.60			

续表

地震烈度	人的感觉	房屋震害			其他震害现象	水平向地震动参数	
		类型	震害程度	平均震害指数		峰值加速度 $/(\mathrm{m \cdot s^{-2}})$	峰值速度 $/(\mathrm{m \cdot s^{-1}})$
10	骑自行车的人会摔倒,处不稳状态的人会摔离原地,有抛起感	A	绝大多数毁坏	0.69~0.91	山崩和地震断裂出现,基岩上拱桥破坏;大多数独立砖烟囱从根部破坏或倒毁	10.00 (7.08~14.14)	1.00 (0.72~1.41)
		B	大多数毁坏				
		C	多数毁坏和/或严重破坏	0.58~0.80			
11	—	A	绝大多数毁坏	0.89~1.00	地震断裂延续很长;大量山崩滑坡	—	—
		B					
		C		0.78~1.00			
12	—	A	几乎全部毁坏	1.00	地面剧烈变化,山河改观	—	—
		B					
		C					

注:①表中给出的"峰值加速度"和"峰值速度"是参考值,括弧内给出的是变动范围。

②用于评定烈度的房屋,包括以下三种类型:A类:木构架和土、石、砖墙建造的旧式房屋;B类:未经抗震设防的单层或多层砖砌体房屋;C类:按照7度抗震设防的单层或多层砖砌体房屋。

③震害指数 d 是表示房屋震害程度的定量指标,以0.00到1.00之间的数字表示由轻到重的震害程度。房屋破坏等级分为基本完好($0.00 \leq d < 0.10$)、轻微破坏($0.10 \leq d < 0.30$)、中等破坏($0.30 \leq d < 0.55$)、严重破坏($0.55 \leq d < 0.85$)和毁坏($0.85 \leq d < 1.00$)五类。

4)震级与震中烈度关系

地震震级与地震烈度是两个不同的概念,震级表示一次地震释放能量的大小,烈度表示某地区遭受地震影响的强弱程度。两者关系可用炸弹爆炸来解释,震级好比是炸弹的装药量,烈度则是炸弹爆炸后造成的破坏程度。震级和烈度只在特定条件下存在大致对应关系。对于浅源地震(震源深度在10~30 km)震中烈度 I_0 与震级 M 之间有如下对照关系(表5.2)。

表5.2 震中烈度 I_0 与震级 M 之间对照关系

震级 M	2	3	4	5	6	7	8	8以上
震中烈度 I_0	1~2	3	4~5	6~7	7~8	9~10	11	12

上面对应关系也可用经验公式形式给出

$$M = 0.58I_0 + 1.5 \tag{5.8}$$

5.2　地震区划与地震作用

5.2.1　地震烈度区划

工程抗震的目标是减轻工程结构的地震破坏,降低地震灾害造成的损失。减轻震害的有效措施是对已有工程进行抗震加固和对新建工程进行抗震设防。在采取抗震措施之前,必须知道哪些地方存在地震危险性,其危害程度如何。地震的发生在地点、时间和强度上都具有不确定性,为适应这个特点,目前采用的方法是基于概率含义的地震预测。该方法将地震的发生及其影响视作随机现象,根据区域性地质构造、地震活动性和历史地震资料,划分潜在震源区,分析震源地震活动性,确定地震衰减规律,利用概率方法评价某一地区未来一定期限内遭受不同强度地震影响的可能性,给出以概率形式表达的地震烈度区划或其他地震动参数。

基于上述方法编制的《中国地震烈度区划图(1990)》(图 5.9),经国务院批准,已由国家地震局和住建部于 1992 年 6 月颁布实施。该图用基本烈度表示地震危险性,把全国划分为基本烈度不同的 5 个地区。基本烈度是指:50 年期限内,一般场地条件下,可能遭受超越概率为 10% 的烈度值。我国目前以地震烈度区划图上给出的基本烈度作为抗震设防的依据。在 1990 版第三代地震烈度区划图上,我国抗震设防的国土面积占全国国土面积的 59%。

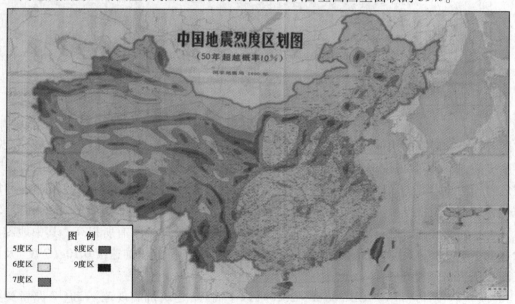

图 5.9　中国地震烈度区划图(1990)

1990 年的区划图编制采用地震烈度作为编图参数,但工程结构抗震设计早已进入反应谱阶段,其基本依据是场地的相关地震反应谱。用单一的烈度参数难以构成设计反应谱,目前许多国家采用地震动峰值加速和反应谱特征周期双参数进行地震区划,可以较容易地形成抗震设计反应谱。

　　近年来随着我国地震研究的不断深入,对 1990 年的地震烈度区划图进行了修订,已于 2001 年 8 月颁布了《中国地震动参数区划图》(GB 18306—2001)。该区划图根据地震危险性分析方法,提供了 Ⅱ 类场地上,50 年超越概率为 10% 的地震动参数,给出了地震动峰值加速度分区图和地震动反应谱特征周期分区图。加速度分区图分为 7 个区(图 5.10),与中国地震烈度区划图相比,多出了加速度值为 0.15 g 和 0.30 g 的两个分区。反应谱特征周期分区图分为 3 个区,1 区特征周期为 0.35 s,2 区为 0.40 s,3 区为 0.45 s,特征周期分区图描绘了地震反应谱的形状。在 2001 版第四代地震烈度区划图上,考虑我国社会发展和城乡建设需要,对局部地区设防烈度作了变更,抗震设防地区面积有所增加,我国抗震设防的国土面积达全国国土面积的 79%。

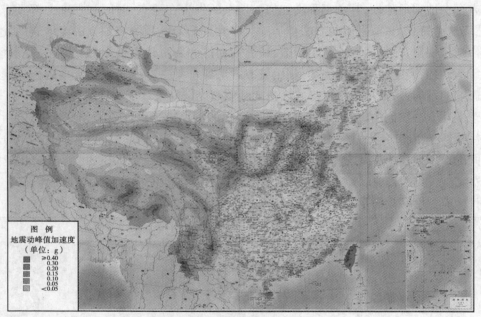

图例
地震动峰值加速度
(单位: g)
≥0.40
0.30
0.20
0.15
0.10
0.05
<0.05

图 5.10　中国地震动峰值加速度区划示意图(2001)

　　随着社会和经济的快速发展与国家地震安全政策的变化,考虑到人民群众对地震安全需求的不断提高,吸取了我国汶川地震等国内外地震灾害的经验教训,结合近年来我国在强震机理、强震危险预测技术等方面研究取得的新进展,2015 年 5 月国家质量监督检验检疫总局和国家标准化管理委员会批准发布了《中国地震动参数区划图》(GB 18306—2015)。该标准于 2016 年 6 月 1 日开始实施。修订后的第五代区划图,对全国抗震设防要求有所提高。其中地震动峰值加速度小于 $0.05g$(6 度)的不设防地区全部取消,基本地震动峰值加速度 $0.10g$(7 度)及以上地区面积从 49% 增至 58%。

　　《建筑抗震设计规范)》(GB 50011—2010)(以下简称《建筑抗震规范》)和《公路桥梁抗震设计细则》(JTG/T B02—01—2008)(以下简称《桥梁抗震细则》)规定,一般情况下可采用《中国地震动参数区划图》的地震基本烈度或设计地震动参数作为抗震设防依据。

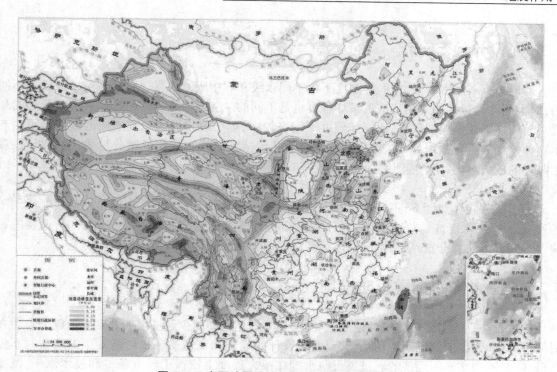

图 5.11　中国地震动峰值加速度区划图（2015）

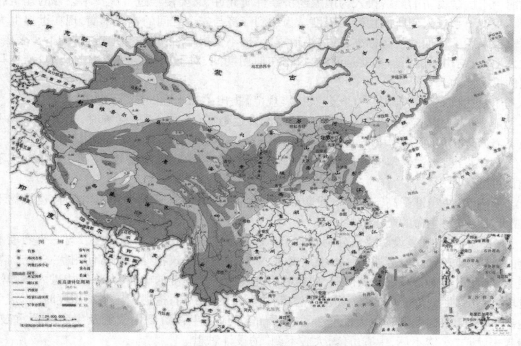

图 5.12　中国地震动反应谱特征周期区划图（2015）

5.2.2　设计地震分组

理论分析和震害表明，在同样烈度下由不同震级和震中距的地震引起的地震动特征是不同的，对不同动力特性的结构造成的破坏程度也是不同的。一般说来，震级较大、震中距较远的地震对长周期柔性结构的破坏，比同样烈度下震级较小、震中距较近的地震造成的破坏要重。产生这种差异的主要原因是地震波中的高频分量随传播距离的衰减比低频分量要快，震级大、震中距远的地震波，其主导频率为低频分量，与长周期的高柔结构自振周期接近，存在"共振效应"所致。

为了反映同样烈度下，不同震级和震中距的地震对建筑物的影响，补充和完善烈度区划图的烈度划分，《建筑抗震规范》将建筑工程的设计地震划分为 3 组，近似反映近、中、远震的影响。不同设计地震分组，采用不同的设计特征周期和设计基本地震加速度值。

5.2.3　三水准的抗震设防准则

抗震设防是为了减轻建筑的地震破坏，避免人员伤亡和减少经济损失。鉴于地震的发生在时间、空间和强度上都不能确切预测，要使所设计的建筑物在遭受未来可能发生的地震时不发生破坏，是不现实和不经济的。抗震设防水准在很大程度上依赖于经济条件和技术水平，既要使震前用于抗震设防的经费投入为国家经济条件所允许，又要使经过抗震技术设计的建筑震后的破坏程度不超过人们所能接受的限度。为达到经济与安全之间的合理平衡，现在世界上大多数国家都采用了下面的设防标准：抵抗小地震，结构不受损坏；抵抗中等地震，结构不显著破坏；抵抗大地震，结构不倒塌。也就是说，建筑物在使用期间，对不同强度和频率的地震，结构具有不同的抗震能力。

基于上述抗震设计准则，我国《建筑抗震规范》提出了三水准的抗震设防要求。

①第一水准：当遭受低于本地区设防烈度的多遇地震（或称小震）影响时，建筑物一般不损坏或不需修理仍可继续使用。

②第二水准：当遭受本地区设防烈度的地震影响时，建筑物可能损坏，经过一般修理或不需修理仍可继续使用。

③第三水准：当遭受高于本地区设防烈度的预估罕遇地震（或称大震）影响时，建筑物不倒塌，或不发生危及生命的严重破坏。

上述三水准的抗震设防要求分别对应于多遇烈度、基本烈度和罕遇烈度。与三个烈度水准相应的抗震设防目标是：遭遇第一水准烈度时，一般情况下建筑物处于正常使用状态，结构处于弹性工作阶段；遭遇第二水准烈度时，建筑物可能发生一定程度的破坏，允许结构进入非弹性工作阶段，但非弹性变形造成的结构损坏应控制在可修复范围内；遭遇第三水准烈度时，建筑可以产生严重破坏，结构可以有较大的非弹性变形，但不应发生建筑倒塌或危及生命的严重破坏。概括起来就是"小震不坏，中震可修，大震不倒"的设计思想。

5.2.4　大震与小震

从概率意义上说，小震应是发生机会较多的地震，大震应是发生机会极小的地震。根据我国华北、西北和西南地区的地震烈度统计分析,认为我国地震烈度的概率分布符合极值Ⅲ型,概率密度曲线上峰值对应的烈度(即发震频率最高的烈度)为众值烈度。当设计基准期为50年时,50年内众值烈度的超越概率为63.2%,《建筑抗震规范》取为第一水准的烈度,即小震对应的烈度;50年内超越概率为10%的烈度相当于地震区划图规定的基本烈度,《建筑抗震规范》取为第二水准的烈度;50年内超越概率为2%~3%的烈度称为罕遇烈度,《建筑抗震规范》取为第三水准的烈度,即大震对应的烈度。由烈度概率分布图5.13可知,基本烈度与众值烈度相差1.55度,而基本烈度与罕遇烈度相差约为1度。例如,当基本烈度为8度时,其众值烈度(小震烈度)为6.45度左右,罕遇烈度(大震烈度)为9度左右。

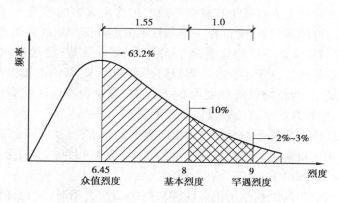

图5.13　3种烈度关系示意图

5.2.5　二阶段设计方法

为使三水准设防要求在抗震分析中具体化,《建筑抗震规范》采用二阶段设计方法实现三水准的抗震设防要求。

第一阶段设计是多遇地震下承载力验算和弹性变形计算。取第一水准的地震动参数,用弹性方法计算结构的弹性地震作用,然后将地震作用效应和其他荷载效应进行组合,对构件截面进行承载力验算,保证必要的强度可靠度,满足第一水准"不坏"的要求;对有些结构(如钢筋混凝土结构)还要进行弹性变形计算,控制侧向变形不要过大,防止结构构件和非结构构件出现较多损坏,满足第二水准"可修"的要求;再通过合理的结构布置和抗震构造措施,增加结构的耗能能力和变形能力,即认为满足第三水准"不倒"的要求。对于大多数结构,可只进行第一阶段设计,不必进行第二阶段设计。

第二阶段设计是罕遇地震下弹塑性变形验算。对于特别重要的结构或抗侧能力较弱的结构,除进行第一阶段设计外,还要取第三水准的地震动参数进行薄弱层(部位)的弹塑性变形验算,如不满足要求,则应修改设计或采取相应构造措施来满足第三水准的设防要求。

5.2.6　建筑结构的分类与设防标准

抗震设计中,根据建筑遭受地震破坏后可能产生的经济损失、社会影响及其在抗震救灾中的作用,将建筑物按重要性分为特殊设防类、重点设防类、标准设防类、适度设防类四类。对于不同重要性的建筑,采取不同的抗震设防标准。《建筑抗震设防分类标准》(GB 50223—2008)规定,建筑抗震设防类别的划分应符合下列要求:

①特殊设防类:指使用上有特殊设施,涉及国家公共安全的重大建筑工程和地震时可能发生严重次生灾害等特别重大灾害后果,需要进行特殊设防的建筑,简称甲类。

②重点设防类:指地震时使用功能不能中断或需尽快恢复的生命线相关建筑,以及地震时可能导致大量人员伤亡等重大灾害后果,需要提高设防标准的建筑,简称乙类。

③标准设防类:指大量的一般性建筑,除甲、乙、丁类以外按标准要求进行设防的建筑,简称丙类。

④适度设防类:指使用上人员稀少且震损不致产生次生灾害的建筑,一般为储存物品价值低、人员活动少的单层仓库等建筑,允许在一定条件下适度降低要求的建筑,简称丁类。

对不同类别的建筑应采取不同的抗震设防标准,《建筑抗震规范》规定如下:

①甲类建筑:地震作用应高于本地区抗震设防烈度的要求,其值应按批准的地震安全性评价结果确定;抗震措施上,当抗震设防烈度为6~8度时,应符合本地区抗震设防烈度提高一度的要求,当为9度时,应符合比9度抗震设防更高的要求。

②乙类建筑:地震作用应符合本地区抗震设防烈度的要求;抗震措施上,当抗震设防烈度为6~8度时,应符合本地区抗震设防烈度提高一度的要求,当为9度时,应符合比9度抗震设防更高的要求;地基基础的抗震措施,应符合有关规定。

对较小的乙类建筑,当其结构改用抗震性能较好的结构类型时,应允许仍按本地区抗震设防烈度的要求采取抗震措施。

③丙类建筑:地震作用和抗震措施均应符合本地区抗震设防烈度的要求。

④丁类建筑:一般情况下,地震作用仍应符合本地区抗震的要求;抗震措施允许比本地区抗震设防烈度的要求适当降低,但抗震设防烈度为6度时不应降低。

抗震设防烈度为6度时,除《建筑抗震规范》有具体规定外,对乙、丙、丁类建筑可不进行地震作用计算。

5.3 单质点体系水平地震作用

5.3.1 地震作用的性质

地震释放的能量以地震波的形式传到地面,引起结构振动。结构由地震引起的振动称为结构的地震反应,振动过程中作用在结构上的惯性力就是"地震荷载",它使结构产生内力,发生变形。抗震设计时,结构所承受的"地震荷载"实际上是地震动输入结构后产生的动态作用。按照现行国家标准规定,荷载仅指直接作用,地震对结构施加的影响属间接作用,应把结构承受的"地震荷载"称为地震作用。

地震作用是建筑抗震设计的基本依据,其数值大小不仅取决于地面运动的强弱程度,而且与结构的动力特性有关,即与结构的自振周期、阻尼等直接相关。而一般荷载无此相关性,可以独立确定,如屋面的雪荷载决定于当地气候条件,楼面使用荷载决定于房屋的使用功能。由于地震作用的这一性质,使得地震作用的确定比一般荷载要复杂得多。

5.3.2 地震作用确定方法

目前我国和世界上许多国家的抗震规范中,均把反应谱理论作为确定地震作用的主要手段,从而使反应谱理论成为现阶段抗震设计的根本理论。谱的概念源于物理学,它的意思是把一种复杂事件分解成若干独立分量,并按一定次序排列起来形成的图形。地震反应谱就是把不同地震反应按周期次序排起来形成的图形。例如,加速度反应谱就是在给定地面运动作用下,不同周期的单质点弹性体系的最大反应加速度按体系自振周期次序排列起来形成的曲线(图5.14),在结构进行抗震设计时,如果已知体系自振周期,利用加速度反应谱线就可以方便地确定体系的反应加速度,进而求出地震作用。反应谱理论不仅能应用于单质点体系地震反应计算,而且在一定条件下还能推广应用于多质点体系的地震反应计算。

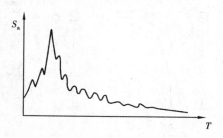

图 5.14 加速度反应谱

5.3.3 单质点体系计算简图

各类建筑物均为连续体,质量沿结构高度是连续分布的。为了便于分析,需要作出某些假定进行离散化处理,以减少计算工作量。目前结构抗震分析中应用最为广泛的要算集中质量法。

集中质量法就是把结构的全部质量假想地集中到若干质点,结构杆件本身则看成是无重弹性直杆。例如水塔,大部分质量集中于塔的顶部,可将其化为质量全部集中于塔顶的单质点体系[图5.15(a)],使计算得到简化,并能够较好地反映它的动力性能。又如等高单层厂房,大部分质量集中于屋盖,可把质点位置定在柱顶,并把墙、柱等质量全部折算到柱顶标高处,厂房柱刚度合并,看作是无重弹性直杆支承于地面,亦可简化成单质点体系[图5.15(b)]进行动力计算。

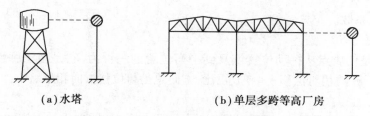

(a)水塔　　　　　　　　　　(b)单层多跨等高厂房

图 5.15 单质点体系计算简图

结构动力学中,一般将确定一个振动体系弹性位移的独立参数的个数称为该体系的自由度,如果只需要一个独立参数就可确定其弹性变形位置,该体系即为单自由度体系。在结构抗震分析中,水塔、单层厂房通常只考虑质点作单向水平振动,因而可以看作单自由度弹性体系。

5.3.4 单自由度体系在地震作用下的运动方程

地震释放出来的能量以地震波的形式传到地面,引起地面运动,并带动基础和上部结构一起运动。地震时一般假定地基不发生转动,而把地基运动分解为一个竖向分量和两个水平分

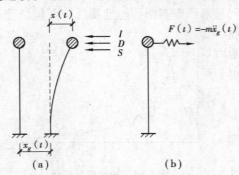

量,然后分别计算这些分量对结构的影响。由于竖向分量只相当于结构自重的增减,而结构在竖向的强度贮备一般较大,大多不予考虑。地震的破坏主要是由水平晃动引起的,下面主要讨论在水平运动分量的作用下,单自由度弹性体系的动力反应。

图 5.16(a)为单质点体系在地震作用下的计算简图。图示的单自由度弹性体系在地面水平运动分量的作用下产生振动,$x_g(t)$ 表示地面水平位移,它的变化规律可通过地震时地面运动实测记录得到;$x(t)$ 表示质点相对于地面的位移反应,是待求的未知量。为了建立运动方程,取质点 m 为隔离体,

图 5.16 单自由度弹性体系在水平地震作用下的运动

由结构动力学可知,作用在质点上的力有惯性力,阻尼力和弹性恢复力。

(1)惯性力 I

在地震作用下,由原静力平衡位置起算的绝对位移为 $x(t)+x_g(t)$,质点所产生的绝对加速度为 $\ddot{x}(t)+\ddot{x}_g(t)$,惯性力的大小等于质点的质量和绝对加速度的乘积,方向与加速度方向相反。

$$I = - m\left[\ddot{x}(t) + \ddot{x}_g(t) \right] \tag{5.9}$$

(2)阻尼力 D

阻尼力是使结构振动衰减的力,在结构振动过程中由于材料内摩擦,地基能量耗散,外部介质阻力等原因,振动能量逐渐损耗,结构振动不断衰减。阻尼力有几种不同的理论,工程中常采用黏滞阻尼理论,即假定阻尼力与速度成正比。阻尼力是阻止质点运动的,它的方向与运动方向相反。

$$D = - c\dot{x}(t) \tag{5.10}$$

式中 c——阻尼系数。

(3)弹性恢复力 S

弹性恢复力是使质点从振动位置恢复到平衡位置的一种力,它是由于弹性杆变形而产生的,其大小与质点 m 的相对位移 $x(t)$ 成正比,方向总是与位移方向相反。

$$S = - kx(t) \tag{5.11}$$

式中 k——弹性支承杆的刚度,即质点发生单位水平位移时,需在质点上施加的力。

根据达朗贝尔原理,质点在运动的任一瞬间处于动力平衡状态,作用于质点上的诸力互相平衡,得

$$- m\left[\ddot{x}_g(t) + \ddot{x}(t) \right] - c\dot{x}(t) - kx(t) = 0 \tag{5.12}$$

整理后可得

$$m\ddot{x}(t) + c\dot{x}(t) + kx(t) = - m\ddot{x}_g(t) \tag{5.13}$$

式(5.13)就是地震作用下质点的运动方程,将其与结构动力学中质点作用一扰力的强迫振动的

运动方程

$$m\ddot{x}(t) + c\dot{x}(t) + kx(t) = P(t) \tag{5.14}$$

进行比较,可以发现地面运动对质点的影响相当于在质点上加一个"扰力",其值等于 $m\ddot{x}(t)$,指向与质点运动的加速度方向相反(图5.17(b))。因此计算结构的地震反应,实际相当于把地面运动加速度 $\ddot{x}_g(t)$ 引起的惯性力 $-m\ddot{x}(t)$ 视作外加荷载求解运动方程。

为使方程进一步简化,设

$$\omega = \sqrt{k/m} \qquad \zeta = \frac{c}{2\omega m} = \frac{c}{c_r}$$

式中 ω——无阻尼自振圆频率,简称自振频率;

ζ——阻尼系数 c 与临界阻尼系数 c_r 的比值,简称阻尼比。

将 ω,ζ 表达式代入式(5.13),可得

$$\ddot{x}(t) + 2\zeta\omega\dot{x}(t) + \omega^2 x(t) = -\ddot{x}_g(t) \tag{5.15}$$

式(5.15)即为单自由度弹性体系在地震作用下的运动微分方程,这是一个常系数二阶非齐次微分方程,直接求解可得单自由度体系的地震反应。

5.3.5 运动方程的解

由常微分方程理论可知式(5.15)的解包含两部分:一个是微分方程对应的齐次方程的通解;另一个是微分方程的特解。由动力学理论可知前者代表自由振动,后者代表强迫振动。下面分别讨论齐次和非齐次方程的解。

1)齐次方程的解

式(5.15)对应的齐次方程即为单质点弹性体系自由振动方程

$$\ddot{x}(t) + 2\zeta\omega\dot{x}(t) + \omega^2 x(t) = 0 \tag{5.16}$$

对于一般结构,通常阻尼较小,当 $\zeta<1$ 时,其解为

$$x(t) = e^{-\zeta\omega t}\left[x(0)\cos\omega' t + \frac{\dot{x}(0) + x(0)\zeta\omega}{\omega'}\sin\omega' t\right] \tag{5.17}$$

式中 $x(0)$、$\dot{x}(0)$ 分别为 $t=0$ 时体系的初始位移和初始速度,$\omega' = \omega\sqrt{1-\zeta^2}$ 为有阻尼体系的自振频率。对于一般结构,其阻尼比 ζ 小于 0.1,因此,有阻尼自振频率 ω' 和无阻尼自振频率 ω 很接近,即 $\omega' = \omega$。也就是说,在计算体系的自振频率时,可不考虑阻尼影响。

当无阻尼时,式(5.17)中 $\zeta=0$,可得无阻尼的单自由度体系自由振动方程 $\ddot{x}(t)+\omega^2(t)=0$ 的解

$$x(t) = x(0)\cos\omega t + \frac{\dot{x}(0)}{\omega}\sin\omega t \tag{5.18}$$

图5.17为不同阻尼比的自由振动曲线。比较各曲线可知,无阻尼时,振幅始终不变;有阻尼时,振幅逐渐衰减;阻尼比越大,振幅衰减越快。

2)非齐次方程的解

进一步考察运动方程

$$\ddot{x}(t) + 2\zeta\omega\dot{x}(t) + \omega^2 x(t) = -\ddot{x}_g(t) \tag{5.19}$$

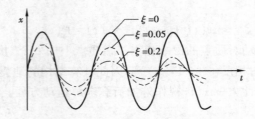

图 5.17　不同阻尼比自由振动曲线

该方程与单位质量的弹性体系在扰力作用下的运动方程(5.12)相似,区别仅在于等号右端为地面运动加速度$-\ddot{x}_g(t)$。在方程求解时,可将$-\ddot{x}_g(t)$看作是随时间变化的单位质量的"扰力",即认为:$P(t)=-m\ddot{x}_g(t)$,而$m=1$,则$P(t)=-\ddot{x}_g(t)$。

为了便于求出方程(5.19)的特解,可将"扰力"$-\ddot{x}_g(t)$看作无数连续作用的微分脉冲。在讨论微分脉冲的作用之前,先回顾一下瞬时冲量的概念。

(1)瞬时冲量的概念

设一荷载P作用于单自由度体系,作用时间为Δt,两者乘积$P\Delta t$称为冲量。当作用时间很短,为瞬时dt时,则称为瞬时冲量[图 5.18(a)]。根据动量定律,冲量等于动量的改变量,即

$$Pdt = mv - mv_0 \tag{5.20}$$

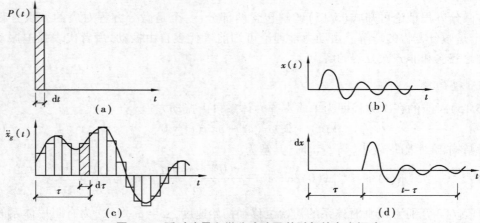

图 5.18　瞬时冲量和微分脉冲及其引起的自由振动

在冲击荷载作用之前,初速度$v_0=0$,初位移也等于零;在冲击荷载完毕瞬间,体系在瞬时冲量作用下获得速度$v=Pdt/m$,此时体系位移是二阶微量,在荷载作用期间dt内可认为位移为零。这样原来静止的体系在瞬时冲量作用之后,将以初位移为零,初速度为Pdt/m作自由振动。由自由振动的解式(5.17),令其中的初位移$x(0)=0$,初速度$\dot{x}(0)=Pdt/m$,得

$$x(t) = e^{-\zeta\omega t}\frac{Pdt}{m\omega'}\sin\omega't \tag{5.21}$$

(2)杜哈曼(Duhamel)积分

上述瞬时冲量的概念,同样适用于微分脉冲的情况,把$\ddot{x}_g(t)$看成是作用于单位质量上的动力荷载,将这一不规则的荷载化为无数个连续作用的微分脉冲。在τ时刻,瞬时荷载为$-\ddot{x}(\tau)$,微分脉冲为$-\ddot{x}(\tau)d\tau$[图 5.18(c)],微分脉冲完毕后,体系发生自由振动。在式(5.21)中取

$Pdt = -\ddot{x}_g(\tau)d\tau$，$m = 1$；同时考虑到自由振动不是发生在 $t = 0$ 时刻，而是发生在 $t = \tau$ 时刻，将 t 改为 $(t-\tau)$，可得体系 τ 时刻作用的微分脉冲，在任一时刻 t 的位移反应

$$dx(t) = -e^{-\zeta\omega(t-\tau)}\frac{\ddot{x}_g(\tau)}{\omega'}\sin\omega'(t-\tau)d\tau \tag{5.22}$$

以上是一个微分脉冲引起的位移反应，体系的总位移反应可以看作是时间 $\tau = 0$ 到 $\tau = t$ 所有微分脉冲作用效果叠加，对上式从 0 到 t 进行积分，得

$$x(t) = \int_0^t dx(t) = -\frac{1}{\omega'}\int_0^t \ddot{x}_g(\tau)e^{-\zeta\omega(t-\tau)}\sin\omega'(t-\tau)d\tau \tag{5.23}$$

上式称为杜哈曼积分，即为非齐次方程的特解，它与齐次方程的解（式（5.17））构成方程的通解。由于体系在地震波作用之前处于静止状态，其初始条件 $x(0) = \dot{x}(0) = 0$，齐次解为零，所以式（5.23）就是方程的通解。

利用杜哈曼积分可计算单自由度体系对任何给定加载过程的反应，由于在推导过程中采用了迭加原理，杜哈曼积分只能用于弹性体系；地面运动加速度 $\ddot{x}(t)$ 是一个不规则函数，难以用解析式表达，杜哈曼积分只能通过数值积分求解。

5.3.6 水平地震作用基本公式

由结构动力学可知，作用在质点上的惯性力等于质量 m 乘以质点的绝对加速度，即

$$F(t) = -m[\ddot{x}(t) + \ddot{x}_g(t)] \tag{5.24}$$

由式（5.12）可得：

$$-m[\ddot{x}(t) + \ddot{x}_g(t)] = kx(t) + c\dot{x}(t) \tag{5.25}$$

相对于 $kx(t)$ 来说，$c\dot{x}(t)$ 很小，可以略去得到：

$$F(t) = kx(t) = m\omega^2 x(t) \tag{5.26}$$

由此可知，单自由度弹性体系在地震作用下质点产生的相对位移 $x(t)$ 与惯性力 $F(t)$ 成正比，某瞬间结构所受地震作用可以看成是该瞬间结构自身质量产生的惯性力的等效力。这种力虽然不是直接作用于质点上，但它对结构体系的作用和地震对结构体系的作用相当。利用等效力对结构进行抗震设计，可使抗震计算这一动力问题转化为静力问题进行处理。

利用杜哈曼积分，将式（5.23）代入式（5.26），并忽略阻尼对频率影响，取 $\omega' = \omega$ 得

$$F(t) = -m\omega\int_0^t \ddot{x}_g(\tau)e^{-\zeta\omega(t-\tau)}\sin\omega(t-\tau)d\tau \tag{5.27}$$

由上式可见，水平地震作用是时间 t 的函数，它的大小随时间 t 而变化。在结构抗震设计中，一般并不需要求出整个地震反应过程的所有变动值，而只要求出其中的最大绝对值。设 F 表示水平地震作用的最大绝对值，有

$$F = m\omega\left|\int_0^t \ddot{x}_g(\tau)e^{-\zeta\omega(t-\tau)}\sin\omega(t-\tau)d\tau\right|_{max} \tag{5.28}$$

把上式看作最大绝对加速度和质量的乘积，最大绝对加速度以 S_a 表示，则

$$F = mS_a \tag{5.29}$$

式中

$$S_a = \omega\left|\int_0^t \ddot{x}_g(\tau)e^{-\zeta\omega(t-\tau)}\sin\omega(t-\tau)d\tau\right|_{max}$$

$$= \frac{2\pi}{T} \left| \int_0^t \ddot{x}_g(\tau) e^{-\zeta \frac{2\pi}{T}(t-\tau)} \sin \frac{2\pi}{T}(t-\tau) d\tau \right|_{max} \tag{5.30}$$

S_a 取决于地面运动加速度 $\ddot{x}_g(\tau)$、结构自振频率 ω 或自振周期 T，并与阻尼比 ζ 有关。S_a 可通过反应谱理论确定，S_a 确定之后即可求出水平地震作用。

5.3.7　地震系数与动力系数

《建筑抗震规范》不是直接通过 S_a 确定地震作用，而是利用间接手段分别确定地震系数 k 和动力系数 β，进而求出作用在质点上的水平地震作用。将式(5.26)改写成下列形式

$$F = mS_a = mg \left(\frac{|\ddot{x}_g|_{max}}{g} \right) \left(\frac{S_a}{|\ddot{x}_g|_{max}} \right) = Gk\beta \tag{5.31}$$

式中　$|\ddot{x}_g|_{max}$——地震时地面运动最大加速度；

　　　G——结构质量，$G = mg$。

在式(5.31)中，只要确定了地震系数 k 和动力系数 β，就能求出作用在质点上的水平地震作用 F。下面分别讨论 k 和 β 的确定方法。

1) 地震系数

地震系数 k 是地面运动最大加速度与重力加速度的比值，即

$$k = \frac{|\ddot{x}_g|_{max}}{g} \tag{5.32}$$

地震系数 k 反映了地面运动的强弱程度，地面加速度越大，地震系数 k 也就越大。前面曾介绍了另一个反映地面运动强烈程度的物理参数——地震烈度，这两个参数均可表示地面运动的强弱程度，两者之间一定存在某种联系。假如在同一次地震中，某处有强震加速度记录，由其最大值可确定 k 值；同时根据该处宏观破坏现象又可评定地震烈度 I，这就找到了对应关系。我国《建筑抗震规范》根据大量资料，经过统计分析，并作适当调整，给出了 I-k 的对应数值（表5.3）。由表可见，地震烈度每增加一度，k 值增加一倍。

需要指出，烈度是通过宏观震害调查判断的，而 k 值中的 $|\ddot{x}_g|_{max}$ 是从地震记录中获得的物理量，宏观调查结果和实测物理量之间既有联系又有区别。由于地震是一种复杂地质现象，造成结构破坏的因素不仅取决于地面运动最大加速度，还取决于地震动的频谱特征和持续时间，有时会出现 $|\ddot{x}_g|_{max}$ 值较大，但由于持续时间很短，烈度不高震害不重的现象。表5.3反映的关系是具有统计特征的总趋势。

表 5.3　地震烈度 I 与地震烈度 k 的关系

地震烈度 I	6	7	8	9
地震系数 k	0.05	0.10	0.20	0.40

2) 动力系数

动力系数 β 是单自由度体系在地震作用下最大反应加速度与地面运动加速度的比值，也就

是质点最大加速度比地面最大加速度的放大倍数,有

$$\beta = \frac{S_a}{|\ddot{x}_g|_{\max}} \tag{5.33}$$

将式(5.30)代入上式,β 的表达式可写成

$$\beta = \frac{2\pi}{T} \frac{1}{|\ddot{x}_g|_{\max}} \int_0^t \ddot{x}_g(\tau) e^{-\zeta \frac{2\pi}{T}(t-\tau)} \sin \frac{2\pi}{T}(t-\tau) d\tau \bigg|_{\max} \tag{5.34}$$

动力系数 β 与地面运动加速度记录、结构自振周期 T 和结构阻尼 ζ 有关。选取一条地震加速度记录,$\ddot{x}_g(\tau)$ 是已知的,再给定一个阻尼比 ζ,对于不同周期的单质点体系,利用式(5.34)能够算出相应的动力系数 β,把 β 按周期大小的次序排序起来,得到 β-T 关系曲线,这就是动力系数反应谱。因为动力系数是单自由度体系质点的最大反应加速度 S_a 与地面最大运动加速度 $|\ddot{x}_g|_{\max}$ 的比值,所以 β-T 曲线实质上是加速度反应谱曲线。

图 5.19 为根据 1940 年埃尔森特罗(El-Centro)地震地面加速度记录作出的 β-T 曲线。由图可见,当 T 小于某一数值 T_g 时,曲线随 T 的增大波动增长;当 $T=T_g$ 时 β 到达峰值;当 T 大于 T_g 时,曲线波动下降。这里的 T_g 是对应反应谱曲线峰值的结构自振周期,当此周期与场地卓越周期(土的自振周期)相近时,结构地震反应最大。在抗震设计中,应使结构自振周期避开场地卓越周期,以免发生类共振现象。

由图 5.19 进一步分析 β-T 谱曲线两端处结构自振周期与反应谱的关系。从理论角度,若单自由度体系的自振周期等于零,则表示该体系为绝对刚体(图 5.20(a)),质点与地面之间无相对运动,质点的绝对最大加速度 S_a 等于地面运动的最大加速度 $|\ddot{x}_g|_{\max}$,此时 $\beta=1$。若单自由度体系的自振周期很大,则表示该体系的质点和地面之间的弹性联系很弱(图 5.20(b)),质点基本处于静止状态,质点的绝对加速度 S_a 趋于零,β 也趋于零。

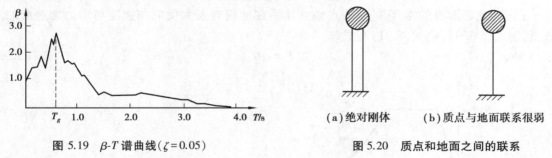

图 5.19 β-T 谱曲线($\zeta=0.05$)   图 5.20 质点和地面之间的联系

3)影响反应谱形状的因素

反应谱曲线形状受多种因素影响,其中场地条件影响最大。场地土质松软,长周期结构反应较大,β 谱曲线峰值右移;场地土质坚硬,短周期结构反应较大,β 谱曲线峰值左移。图5.21(a)给出了不同土质条件对 β 谱曲线的影响,为反映这种影响可按场地条件分别绘出它们的反应谱曲线。

另外,震级和震中距对反应谱曲线也有影响,在烈度相同的情况下,震中距较远时,加速度反应谱的峰点偏向较长周期,曲线峰值右移;震中距较近时,峰点偏向较短周期,曲线峰值左移(图5.21(b))。为反映这种影响,应根据设计地震分组的不同分别给出反应谱参数。

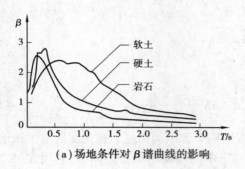
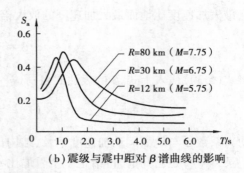

（a）场地条件对 β 谱曲线的影响　　　　（b）震级与震中距对 β 谱曲线的影响

图 5.21　影响反应谱的因素

5.3.8　设计用反应谱

上述 β 谱曲线是根据一次地震时地面运动加速度记录绘制的，不同的地震记录有不同的反应谱曲线，虽然它们具有某些共同特征，但仍存在较大差别。在抗震设计中，采用一次地震记录绘制的反应谱曲线来确定地震作用是没有意义的，应根据大量强震记录并按场地类别及震中距远近分别作出反应谱曲线，从中找出有代表性的平均曲线作为抗震设计的依据。《建筑抗震规范》按下述方法给出了设计用反应谱。

地震系数 k 和动力系数 β 分别是表示地面振动强烈程度和结构地震反应大小的两个参数，为了简便起见把它们的乘积用一个系数表示，取

$$\alpha = k\beta = \frac{S_a}{g} \tag{5.35}$$

α 称为地震影响系数，它是单质点弹性体系在地震时最大反应加速度与重力加速度的比值，利用式（5.35）可将式（5.31）写成

$$F = \alpha G \tag{5.36}$$

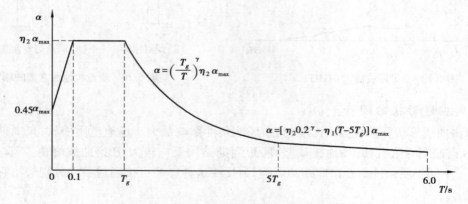

图 5.22　设计用反应谱

地震影响系数 α 也可理解为作用在单质点上的水平地震作用与结构自重 G 的比值。《建筑抗震规范》以地震影响系数 α 作为参数，给出 α 谱曲线作为设计用反应谱。谱曲线由 4 部分组成，在 $T<0.1$ 区段内，α 取为向上倾斜的直线；在 $0.1<T<T_g$ 区段内，α 采用水平线；在 $T_g<T<$

$5T_g$ 区段内，α 按下降的曲线规律变化：

$$\alpha = \left(\frac{T_g}{T}\right)^{\gamma} \eta_2 \alpha_{\max} \tag{5.37}$$

在 $5T_g < T < 6.0\ \text{s}$ 区段内，α 为下降直线：

$$\alpha = \left[\eta_2 0.2^{\gamma} - \eta_1(T - 5T_g)\right]\alpha_{\max} \tag{5.38}$$

式中　α——地震影响系数；

$\quad\quad \alpha_{\max}$——地震影响系数最大值；

$\quad\quad \gamma$——衰减指数；

$\quad\quad \eta_1$——直线下降段的下降斜率调整系数；

$\quad\quad \eta_2$——阻尼调整系数；

$\quad\quad T$——结构自振周期，s；

$\quad\quad T_g$——特征周期。

（1）特征周期 T_g

表 5.4 按场地类别和设计地震分组给出了特征周期数值。由表可见，随场地类别增大，场地条件变差，特征周期是逐渐增大的，反映了土质软、覆盖层厚峰值右移的特征。另外表中第三组特征周期最长，说明远震时长周期结构反应大，峰值也是向右移动的。

表 5.4　特征周期 T_g 单位：s

设计地震分组	场地类别				
	I_0	I_1	II	III	IV
第一组	0.20	0.25	0.35	0.45	0.65
第二组	0.25	0.30	0.40	0.55	0.75
第三组	0.30	0.35	0.45	0.65	0.90

（2）地震影响系数最大值 $\alpha_{\max}$

由式（5.35）可得 $\alpha_{\max} = k\beta_{\max}$，表 5.3 中给出了基本烈度对应的 k 值，只要确定 $\beta_{\max}$ 就能确定 $\alpha_{\max}$。统计结果表明，动力系数最大值 $\beta_{\max}$ 受场地条件、地震烈度、震中距的影响不大，《建筑抗震规范》取 $\beta_{\max} = 2.25$。将 $\beta_{\max} = 2.25$ 乘上表 5.3 中对应的 k 值，得到不同基本烈度下的 $\alpha_{\max}$ 值。考虑到多遇烈度对应的 $\alpha_{\max}$ 值约为基本烈度的 35%，罕遇烈度对应的 $\alpha_{\max}$ 值设为基本烈度的 2 倍，按此取值之后的 $\alpha_{\max}$ 值列于表 5.5。

表 5.5　水平地震影响系数最大值 $\alpha_{\max}$

地震影响	烈　度			
	6 度	7 度	8 度	9 度
多遇地震	0.04	0.08(0.12)	0.16(0.24)	0.32
罕遇地震	0.28	0.50(0.72)	0.90(1.20)	1.40

注：括号中数值分别用于设计基本地震加速度为 $0.15g$ 和 $0.30g$ 的地区。

当 $T=0$ 时，结构为刚体，其质点加速度与地面加速度相等，$\beta = 1$，此时 $\alpha = k = \dfrac{k\beta_{\max}}{\beta_{\max}} = \dfrac{\alpha_{\max}}{2.25} =$

$0.45\alpha_{max}$,当 T 很大时,理论上 α 是趋于减小的。为保证长周期结构的安全,当 $T>6.0$ s 时,α 的取值应作专门研究。

(3)衰减指数 γ

曲线下降段衰减指数按下式确定:

$$\gamma = 0.9 + \frac{0.05 - \zeta}{0.3 + 6\zeta} \tag{5.39}$$

一般情况下,上式中的阻尼比取为 $\zeta=0.05$,此时 $\gamma=0.9$。由于在抗震结构中阻尼器应用日趋广泛,会出现阻尼比大于 0.05 的情况下,另外钢结构的阻尼比通常都小于 0.05。上式给出了不同阻尼比的反应谱调整方法,以适应不同结构材料和结构类型。

(4)直线下降的下降斜率调整系数 η_1

考虑阻尼比不同对直线下降段斜率进行修正,调整系数 η_1 按下式确定:

$$\eta_1 = 0.02 + \frac{0.05 - \zeta}{4 + 32\zeta} \tag{5.40}$$

η_1 小于 0 时,取 $\eta_1=0$。

(5)阻尼调整系数 η_2

阻尼调整系数 η_2 按下式确定:

$$\eta_2 = 1 + \frac{0.05 - \zeta}{0.08 + 1.6\zeta} \tag{5.41}$$

当 $\eta_2<0.55$ 时,取 $\eta_2=0.55$。

【例5.1】某钢筋混凝土排架[图5.23(a)],集中于柱顶标高处的结构质量 $G=500$ kN,柱子刚度 $EI=26.25\times10^4$ kN·m²,横梁刚度 $EI=\infty$,柱高 $h=5$ m,7度设防,第一组,Ⅱ类场地,阻尼比 $\zeta=0.05$。计算该结构所受地震作用和地震作用效应。

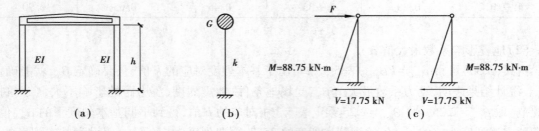

图 5.23　例 5.1 图示

【解】把结构简化为单质点体系[图5.23(b)],体系抗侧刚度 k 为各柱抗侧刚度之和:

$$k = \frac{3(EI \times 2)}{h^3} = \frac{3(26.25 \times 10^4 \times 2)}{5^3} \text{ kN/m} = 1.26 \times 10^4 \text{ kN/m}$$

体系自振周期:

$$T = 2\pi\sqrt{\frac{m}{k}} = 2\pi\sqrt{\frac{500}{9.8 \times 1.26 \times 10^4}} \text{ s} = 0.40 \text{ s}$$

7 度设防,$\alpha_{max}=0.08$,第一组,Ⅱ类场地,$T_g=0.35$ s

$$\alpha = \left(\frac{T_g}{T}\right)^{0.9} \alpha_{max} = \left(\frac{0.35}{0.40}\right)^{0.9} \times 0.08 = 0.071$$

$$F = \alpha G = 0.071 \times 500 \text{ kN} = 35.50 \text{ kN}$$

该结构柱顶处水平地震作用 $F = 35.50$ kN

柱顶剪力：$V = 17.75$ kN

柱底弯矩：$M = 17.75 \times 5$ kN·m $= 88.75$ kN·m

5.4 多质点体系水平地震作用

5.4.1 多质点体系计算简图

前面运用集中质量法确定了单质点体系的计算简图。在实际工程中,有很多结构,例如多高层房屋、不等高厂房、烟囱等,应将其质量相对集中于若干高度处,简化成多质点体系进行计算,才能得到切合实际的解答。

对于如图 5.24(a)所示的多层房屋,通常是将每一层楼面或楼盖的质量及上下各一半的楼层结构质量集中到楼面或楼盖标高处,作为一个质点,并假定由无重的弹性直杆支承于地面,把整个结构简化成一个多质点弹性体系。一般地说,n 层的房屋应简化成 n 个质点的弹性体系。

对于如图 5.24(b)所示的多跨不等高单层厂房,大部分质量集中于屋盖,可把厂房质量分别集中到高跨柱顶和低跨屋盖与柱的连接处,简化成两个质点的体系。如沿柱身具有较大质量的吊车,确定地震作用时,应把它当成单独质点处理。

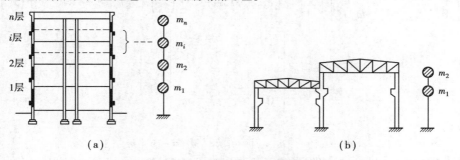

图 5.24　多质点体系计算简图

5.4.2 多自由度体系在地震作用下的运动方程

图 5.25 表示一多自由度弹性体系在水平地震作用下发生振动的情况。图中 $x_g(t)$ 表示地震水平位移,$x_i(t)$ 表示第 i 质点相对于地面的位移。为了建立运动方程,取第 i 质点为隔离体,作用在质点 i 上的力有：

惯性力
$$I_i = -m_i(\ddot{x}_g + \ddot{x}_i) \tag{5.42}$$

阻尼力
$$D_i = -(c_{i1}\dot{x}_1 + c_{i2}\dot{x}_2 + \cdots + c_{in}\dot{x}_n)$$

$$= -\sum_{r=1}^{n} c_{ir}\dot{x}_r \tag{5.43}$$

弹性恢复力
$$S_i = -(k_{i1}x_1 + k_{i2}x_2 + \cdots + k_{in}x_n)$$

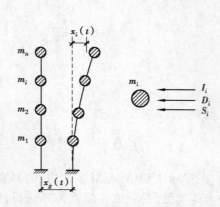

图 5.25　多自由度体系水平地震作用

$$= -\sum_{r=1}^{n} k_{ir} x_r \qquad (5.44)$$

式中　　c_{ir}——第 r 质点产生单位速度，其余点速度为零，在 i 质点产生的阻尼力；

　　　　k_{ir}——第 r 质点产生单位位移，其余质点不动，在 i 质点上产生的弹性反力。

根据达朗贝尔原理，得第 i 质点动力平衡方程：

$$m_i(\ddot{x}_g + \ddot{x}_i) = -\sum_{r=1}^{n} c_{ir} \dot{x}_r - \sum_{r=1}^{n} k_{ir} x_r \qquad (5.45)$$

将上式整理，并推广到 n 个质点，得多自由度弹性体系在地震作用下的运动方程：

$$m_i \ddot{x}_i + \sum_{r=1}^{n} c_{ir} \dot{x}_r + \sum_{r=1}^{n} k_{ir} x_r = -m_i \ddot{x}_g \quad (i = 1, 2, \cdots, n) \qquad (5.46)$$

写成矩阵形式

$$\begin{bmatrix} m_1 & & & 0 \\ & m_2 & & \\ & & \ddots & \\ 0 & & & m_n \end{bmatrix} \begin{Bmatrix} \ddot{x}_1 \\ \vdots \\ \ddot{x}_n \end{Bmatrix} + \begin{bmatrix} c_{11} & \cdots & c_{1n} \\ \vdots & & \vdots \\ c_{n1} & \cdots & c_{nn} \end{bmatrix} \begin{Bmatrix} \dot{x}_1 \\ \vdots \\ \dot{x}_n \end{Bmatrix} + \begin{bmatrix} k_{11} & \cdots & k_{1n} \\ \vdots & & \vdots \\ k_{n1} & \cdots & k_{nn} \end{bmatrix} \begin{Bmatrix} x_1 \\ \vdots \\ x_n \end{Bmatrix}$$

$$= -\ddot{x}_g \begin{bmatrix} m_1 & & & 0 \\ & m_2 & & \\ & & \ddots & \\ 0 & & & m_n \end{bmatrix} \begin{Bmatrix} 1 \\ \vdots \\ 1 \end{Bmatrix} \qquad (5.47)$$

或简写为：

$$[m]\{\ddot{x}\} + [c]\{\dot{x}\} + [k]\{x\} = -\ddot{x}_g[m]\{1\} \qquad (5.48)$$

上式以质点位移 $x_i(t)$ 为坐标，展开后得 n 个运动微分方程，在每一个方程中均包含所有未知的质点位移，这 n 个方程是联立的，即耦合的，一般常用振型分解法求解。

5.4.3　振型分解法

式(5.48)中，质点位移 $x_i(t)$ 是以几何坐标描述的，如果采用以振型为基底的广义坐标描述质点位移，就可以利用振型的正交性使联立的运动方程解耦，转化为各自独立的方程，从而使多自由度体系的地震反应分析大为简化。

1）振型矩阵

对于 n 个自由度的振动体系，可求得 n 个主振型向量，如图 5.26 所示。将这些振型向量从左到右依次排列可成一个 n 阶方阵，方阵中每列的主振型向量是彼此正交的，这个方阵称为振型矩阵，用 $[X]$ 表示，并按列形成分块矩阵，得：

$$[\boldsymbol{X}] = \begin{bmatrix} X_{11} & \cdots & X_{n1} \\ \vdots & & \vdots \\ X_{1n} & \cdots & X_{nn} \end{bmatrix} = \begin{bmatrix} \{\boldsymbol{X}\}_1 \cdots \{\boldsymbol{X}\}_n \end{bmatrix} \tag{5.49}$$

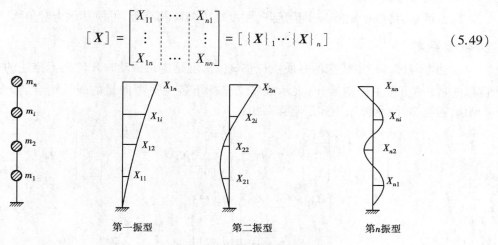

图 5.26　n 个自由度体系振型曲线

将振型矩阵$[\boldsymbol{X}]$转置,并按行形成分块矩阵,有

$$[\boldsymbol{X}]^{\mathrm{T}} = \begin{bmatrix} X_{11} & \cdots & X_{1n} \\ \hdashline \vdots & & \vdots \\ \hdashline X_{n1} & \cdots & X_{nn} \end{bmatrix} = \begin{bmatrix} \{\boldsymbol{X}\}_1^{\mathrm{T}} \\ \vdots \\ \{\boldsymbol{X}\}_n^{\mathrm{T}} \end{bmatrix} \tag{5.50}$$

将振型矩阵与质量矩阵两边相乘,得

$$[\boldsymbol{X}]^{\mathrm{T}}[\boldsymbol{m}][\boldsymbol{X}] = \begin{bmatrix} \{\boldsymbol{X}\}_1^{\mathrm{T}} \\ \vdots \\ \{\boldsymbol{X}\}_n^{\mathrm{T}} \end{bmatrix} [\boldsymbol{m}] \begin{bmatrix} \{\boldsymbol{X}\}_1 \cdots \{\boldsymbol{X}\}_n \end{bmatrix}$$

$$= \begin{bmatrix} \{\boldsymbol{X}\}_1^{\mathrm{T}}[\boldsymbol{m}]\{\boldsymbol{X}\}_1 & \cdots & \{\boldsymbol{X}\}_1^{\mathrm{T}}[\boldsymbol{m}]\{\boldsymbol{X}\}_n \\ \vdots & & \vdots \\ \{\boldsymbol{X}\}_n^{\mathrm{T}}[\boldsymbol{m}]\{\boldsymbol{X}\}_1 & \cdots & \{\boldsymbol{X}\}_n^{\mathrm{T}}[\boldsymbol{m}]\{\boldsymbol{X}\}_n \end{bmatrix} \tag{5.51}$$

利用正交性,上式中非对角线项均为零,主对角线项为第j振型的广义质量,式(5.51)可写成

$$[\boldsymbol{X}]^{\mathrm{T}}[\boldsymbol{m}][\boldsymbol{X}] = \begin{bmatrix} M_1 & & & 0 \\ & \ddots & & \\ & & M_j & \\ 0 & & & M_n \end{bmatrix} = [\boldsymbol{M}] \tag{5.52}$$

式中　M_j——第j振型的广义质量。

同理可得:

$$[\boldsymbol{X}]^{\mathrm{T}}[\boldsymbol{k}][\boldsymbol{X}] = \begin{bmatrix} K_1 & & & 0 \\ & \ddots & & \\ & & K_j & \\ 0 & & & K_n \end{bmatrix} = [\boldsymbol{K}] \tag{5.53}$$

式中　K_j——第j振型的广义刚度。

综上可知,将振型矩阵与质量矩阵,刚度矩阵两两相乘后,可使其化为对角阵。

2)振型分解

运动方程(5.48)中待求的各质点位移 $x_i(t)$,就是体系振动时几何坐标描述的位移向量,此位移向量 $\{x\}$ 可按主振型展开,表示成广义坐标下各主振型向量的线性组合,如图 5.27 所示。为明确起见,对图示体系用式子直接写出:

$$\begin{Bmatrix} x_1(t) \\ \vdots \\ x_n(t) \end{Bmatrix} = \begin{Bmatrix} X_{11} \\ \vdots \\ X_{1n} \end{Bmatrix} \times q_1(t) + \begin{Bmatrix} X_{21} \\ \vdots \\ X_{2n} \end{Bmatrix} \times q_2(t) + \cdots + \begin{Bmatrix} X_{n1} \\ \vdots \\ X_{nn} \end{Bmatrix} \times q_n(t)$$

$$= \begin{bmatrix} X_{11} & \cdots & X_{n1} \\ \vdots & & \vdots \\ X_{1n} & \cdots & X_{nn} \end{bmatrix} \begin{Bmatrix} q_1(t) \\ \vdots \\ q_n(t) \end{Bmatrix} \tag{5.54}$$

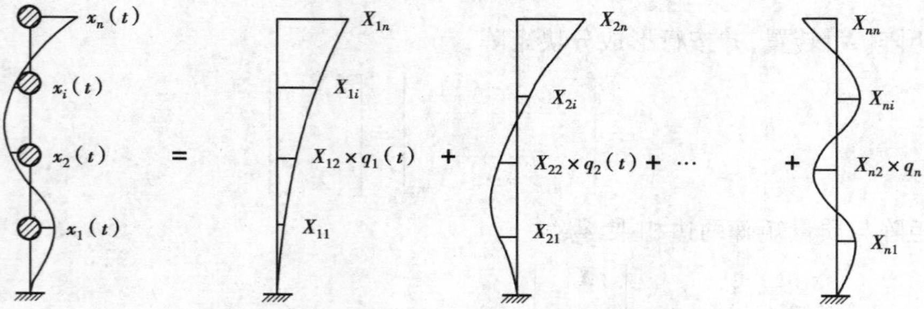

图 5.27　位移向量可表示为各主振型的线性组合

式中第 i 质点任一时刻的位移为

$$x_i(t) = \sum_{j=1}^{n} q_j(t) X_{ji} \tag{5.55}$$

式(5.54)写成矩阵形式

$$\{x\} = [X]\{q\} \tag{5.56}$$

式中　$\{x\}$——以几何坐标描述的多质点体系的质点位移;

　　　$[X]$——振型矩阵;

　　　$\{q\}$——以体系振型作为基底的广义坐标。

利用振型矩阵进行坐标变换,能把运动方程中描述质点位移的几何坐标 $x_i(t)$,转换为新的广义坐标 $q_j(t)$。后面将会看到,这样做的目的是使互相耦联的运动方程变为独立方程。

3)阻尼矩阵

方程(5.48)中,阻尼系数 c 很难用实验方法确定,在实际计算时,对于有阻尼体系,通常把阻尼矩阵取为质量矩阵和刚度矩阵的线性组合。这样做的目的有二:一是消除阻尼系数,避免麻烦;二是使阻尼矩阵满足正交条件,便于解耦。取

$$[c] = \alpha_1[m] + \alpha_2[k] \tag{5.57}$$

式中,α_1 和 α_2 为两个比例常数,根据第一、第二振型频率及阻尼比确定。

$$\alpha_1 = \frac{2\omega_1\omega_2(\zeta_1\omega_2 - \zeta_2\omega_1)}{\omega_2^2 - \omega_1^2}$$
$$\alpha_2 = \frac{2(\zeta_2\omega_2 - \zeta_1\omega_1)}{\omega_2^2 - \omega_1^2}$$

$$(5.58)$$

式中 ω_1, ω_2——体系第一和第二自振频率；

ζ_1, ζ_2——与 ω_1, ω_2 相对应的振型阻尼比，其值由试验确定。

4）方程解耦

为了给方程解耦，进行坐标变换，令

$$\{x\} = [X]\{q\}$$
$$\{\dot{x}\} = [X]\{\dot{q}\}$$
$$\{\ddot{x}\} = [X]\{\ddot{q}\}$$

$$(5.59)$$

将式(5.59)及式(5.57)代入方程(5.48)，再以 $[X]^{\mathrm{T}}$ 左乘各项，得

$$[X]^{\mathrm{T}}[m][X]\{\ddot{q}\} + [X]^{\mathrm{T}}(\alpha_1[m] + \alpha_2[k][X]\{\dot{q}\} + [X]^{\mathrm{T}}[k][X]\{q\})$$
$$= -[X]^{\mathrm{T}}[m]\{1\}\ddot{x}_g \qquad (5.60)$$

利用振型正交性，将式(5.52)和式(5.53)代入上式，得

$$[M]\{\ddot{q}\} + (\alpha_1[M] + \alpha_2[K]\{\dot{q}\} + [K]\{q\}) = -[X]^{\mathrm{T}}[m]\{1\}\ddot{x}_g \qquad (5.61)$$

或展开为：

$$\begin{bmatrix} M_1 & & & 0 \\ & M_2 & & \\ & & \ddots & \\ 0 & & & M_n \end{bmatrix}\begin{Bmatrix} \ddot{q}_1 \\ \vdots \\ \ddot{q}_n \end{Bmatrix} + \left(\alpha_1\begin{bmatrix} M_1 & & & 0 \\ & M_2 & & \\ & & \ddots & \\ 0 & & & M_n \end{bmatrix} + \alpha_2\begin{bmatrix} K_1 & & & 0 \\ & K_2 & & \\ & & \ddots & \\ 0 & & & K_n \end{bmatrix}\right)\begin{Bmatrix} \dot{q}_1 \\ \vdots \\ \dot{q}_n \end{Bmatrix} + $$

$$\begin{bmatrix} K_1 & & & 0 \\ & K_2 & & \\ & & \ddots & \\ 0 & & & K_n \end{bmatrix}\begin{Bmatrix} q_1 \\ \vdots \\ q_n \end{Bmatrix} = -\begin{bmatrix} X_{11} & \cdots & X_{1n} \\ \vdots & & \vdots \\ X_{n1} & \cdots & X_{nn} \end{bmatrix}\begin{bmatrix} m_1 & & & 0 \\ & m_2 & & \\ & & \ddots & \\ 0 & & & m_n \end{bmatrix}\begin{Bmatrix} 1 \\ \vdots \\ 1 \end{Bmatrix}\ddot{x}_g \qquad (5.62)$$

把上式展开便得到以 q_j 为未知量的 n 个独立方程

$$M_j\ddot{q}_j + (\alpha_1 M_j + \alpha_2 K_j)\dot{q}_j + K_j q_j = -\ddot{x}_g \sum_{i=1}^{n} m_i X_{ji} \quad (j = 1,2,\cdots,n) \qquad (5.63)$$

以广义质量 M_j 除各项，令 $K_j/M_j = \omega_j^2$，上式可写成

$$\ddot{q}_j + (\alpha_1 + \alpha_2\omega_j^2)\dot{q}_j + \omega_j^2 q_j = -\frac{\ddot{x}_g}{M_j} \sum_{i=1}^{n} m_1 X_{ji} \quad (j = 1,2,\cdots,n) \qquad (5.64)$$

令 $\qquad 2\zeta_j\omega_j = (\alpha_1 + \alpha_2\omega_j^2) \quad (j = 1,2,\cdots,n) \qquad (5.65)$

此处 ζ_j 为对应 j 振型的阻尼比，如取第一、第二振型的阻尼比和频率代入上式，即可解出式(5.58)给出的 α_1 及 α_2。

把第 j 振型广义质量展开，写成

$$M_j = \{X\}_j^{\mathrm{T}} [m] \{X\}_j = \sum_{i=1}^{n} m_i X_{ji}^2 \tag{5.66}$$

再令

$$\gamma_j = \frac{\sum\limits_{i=1}^{n} m_i X_{ji}}{\sum\limits_{i=1}^{n} m_i X_{ji}^2} \quad (j = 1, 2, \cdots, n) \tag{5.67}$$

式中 γ_j——振型参与系数。

将关系式(5.65)、式(5.66)和式(5.67)代入运动方程(5.64),得

$$\ddot{q}_j + 2\zeta_j \omega_j \dot{q}_j + \omega_j^2 q_j = -\gamma_j \ddot{x}_g \quad (j = 1, 2, \cdots, n) \tag{5.68}$$

可以看出,式(5.68)的每一个方程中仅含有一个未知数 q_j。至此,原来联立的微分方程组分解为 n 个独立的微分方程式。

5) 方程的解

方程解耦后,得到 n 个独立的微分方程,这些方程与单自由度体系在地震作用下的运动微分方程形式基本一样,所不同的仅在于方程(5.19)的 ζ 换为 ζ_j,ω 换为 ω_j,使等号右边多了一个系数 γ_j,比照式(5.19)的解(5.23),可写出

$$q_i(t) = -\frac{\gamma_j}{\omega_j} \int_0^t \ddot{x}_g(\tau) \mathrm{e}^{-\zeta_j \omega_j(t-\tau)} \sin \omega_j(t - \tau) \mathrm{d}\tau \tag{5.69}$$

或者

$$q_j(t) = \gamma_j \Delta_j(t) \tag{5.70}$$

式中

$$\Delta_j(t) = -\frac{1}{\omega_j} \int_0^t \ddot{x}_g(\tau) \mathrm{e}^{-\zeta_j \omega_j(t-\tau)} \sin \omega_j(t - \tau) \mathrm{d}\tau \tag{5.71}$$

$\Delta_j(t)$ 相当于阻尼比为 ζ_j,自振频率为 ω_j 的单自由度弹性体系在地震作用下的位移反应。这个单质点体系称作 j 振型的相应振子。

各振型的广义坐标 $q_j(t)$ 求得后,进行坐标变换,把式(5.70)代入式(5.55),即可求出原坐标表示的第 i 质点的位移。

$$x_i(t) = \sum_{j=1}^{n} q_j(t) X_{ji} = \sum_{j=1}^{n} \gamma_j \Delta_j(t) X_{ji} \tag{5.72}$$

式中 $\Delta_j(t)$——时间 t 的函数;

X_{ji}——质点位置的函数。

上式表明多质点弹性体系任一质点的相对位移反应等于 n 个相应单自由度体系相对位移反应与相应振型的线性组合。该式表示一个有限项和,只要知道 n 个振型和振型反应 $\Delta_j(t)$,按式(5.72)求得的结果是精确的,振型数目取得不够的,结果则是近似的。

6) 振型参与系数 γ_j

γ_j 为体系在地震反应中第 j 振型的振型参与系数,γ_j 可看作多质点体系各质点均发生单位位移时的广义坐标 q_j 值,现证明如下。

设一多自由度体系,各质点均发生单位位移,位移向量为单位向量 $\{1\}$。因为任一位移向量均可以表示成各主振型的线性组合,单位位移向量 $\{1\}$ 也能表示成各主振型的线性组合。对

于 i 质点,由式(5.55),得

$$1 = \sum_{j=1}^{n} q_j X_{ji} \tag{5.73}$$

对于整个体系,有(为了方便起见,将下标 j 换为 s)

$$\{1\} = \sum_{s=1}^{n} q_s \{X\}_s \tag{5.74}$$

用 $\{X\}_j^T[m]$ 左乘上式各项,得

$$\{X\}_j^T[m]\{1\} = \{X\}_j^T[m] \sum_{s=1}^{n} q_s \{X\}_s \tag{5.75}$$

由主振型正交条件,上式等号右边,凡 $s \neq j$ 项均为零,只剩下 $s = j$ 项,得

$$\{X\}_j^T[m]\{1\} = q_j \{X\}_j^T[m]\{X\}_j \tag{5.76}$$

$$q_j = \frac{\{X\}_j^T[m]\{1\}}{\{X\}_j^T[m]\{X\}_j} = \frac{\sum_{i=1}^{n} m_j X_{ji}}{\sum_{i=1}^{n} m_j X_{ji}^2} \tag{5.77}$$

对比式(5.67)和式(5.77)可知,上式的 q_j 就是 γ_j。

5.4.4　计算多质点体系水平地震作用的振型分解反应谱法

1)第 i 质点水平地震作用基本公式

多自由度弹性体系在地震作用下,第 i 质点上的地震作用就是第 i 质点所受的惯性力,该惯性力是由地面运动和质点相对运动引起的。根据达朗贝尔原理,第 i 质点上的地震作用为

$$F_i(t) = -m_i[\ddot{x}_g(t) + \ddot{x}_i(t)] \tag{5.78}$$

式中　m_i——质点 i 的质量;

$\ddot{x}_i(t)$——质点 i 的相对加速度;

$\ddot{x}_g(t)$——地面运动加速度。

由式(5.72)得

$$\ddot{x}_i(t) = \sum_{j=1}^{n} \gamma_j \ddot{\Delta}_j(t) X_{ji} \tag{5.79}$$

再由式(5.73),因 $\sum_{j=1}^{n} \gamma_j X_{ji} = 1$,故 $\ddot{x}_g(t)$ 可写成

$$\ddot{x}_g(t) = \sum_{j=1}^{n} \gamma_j \ddot{x}_g(t) X_{ji} \tag{5.80}$$

将式(5.79)、式(5.80)代入式(5.78)得

$$F_i(t) = -m_i \sum_{j=1}^{n} \gamma_j X_{ji}[\ddot{x}_g(t) + \ddot{\Delta}_j(t)] \tag{5.81}$$

式中 $[\ddot{x}_g(t) + \ddot{\Delta}_j(t)]$ 为 j 振型相应振子的绝对加速度。

2)振型最大地震作用

由式(5.81),j 振型 i 质点上的地震作用绝对最大值可写成

$$F_{ji} = m_i \gamma_j X_{ji} [\ddot{x}_g(t) + \ddot{\Delta}_j(t)]_{\max} \tag{5.82}$$

取 $G_i = m_i g$，再令

$$\alpha_j = \frac{[\ddot{x}_g(t) + \ddot{\Delta}_j(t)]_{\max}}{g} \tag{5.83}$$

式(5.82)可写成

$$F_{ji} = \alpha_j \gamma_j X_{ji} G_i \tag{5.84}$$

式中　F_{ji}——相应于 j 振型 i 质点的水平地震作用最大值；

　　　α_j——相应于 j 振型自振周期的水平地震影响系数，参照图5.27反应谱确定；

　　　X_{ji}——j 振型 i 质点的振型位移；

　　　γ_j——j 振型的振型参与系数；

　　　G_i——集中于质点 i 的重力荷载代表值。

式(5.84)就是 j 振型 i 质点上的地震作用的理论公式，也是《建筑抗震规范》给出的水平地震作用计算公式。

3）振型组合

利用振型分解反应谱法可以确定多自由度体系各质点相应于每一振型的最大地震作用，但是，相应于各振型的最大地震作用不会在同一时刻出现，这就产出了振型组合问题。《建筑抗震规范》假定地震时地面运动为平稳随机过程，各振型反应之间相互独立，给出了"平方之和再开方"的组合公式，即按下式确定水平地震作用效应：

$$S_{\mathrm{Ek}} = \sqrt{\sum S_j^2} \tag{5.85}$$

式中　S_{Ek}——水平地震作用标准值的效应（内力或变形）；

　　　S_j——由 j 振型水平地震作用标准值产生的作用效应。

一般来说，各振型在总地震反应中所作出的贡献，总是以频率较低的前几个振型为大，高振型的影响随着频率的增加而迅速减小，最低几个振型控制着结构最大反应。进行地震反应分析时，即使自由度再多，只要考虑前几个振型，便能得到良好的近似，从而减小了计算工作量。《建筑抗震规范》规定，利用式(5.85)进行组合时，可只取前 2~3 个振型，当基本自振周期大于1.5 s 或房屋高宽比大于5时，振型个数可适当增加。

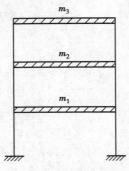

图 5.28　例 5.2 图示

【例5.2】某三层框架结构（图5.28），各层质量分别为 $m_1 = 360$ t，$m_2 = 360$ t，$m_3 = 260$ t；设防烈度为8度，第一组，Ⅱ类场地，阻尼比 $\zeta = 0.05$。用振型分解反应谱法计算该框架层间地震力，已求得该结构的主振型及自振周期如下：

$$\begin{Bmatrix} X_{11} \\ X_{12} \\ X_{13} \end{Bmatrix} = \begin{Bmatrix} 0.324 \\ 0.653 \\ 1.000 \end{Bmatrix} \quad \begin{Bmatrix} X_{21} \\ X_{22} \\ X_{23} \end{Bmatrix} = \begin{Bmatrix} 0.729 \\ 0.762 \\ -1.000 \end{Bmatrix} \quad \begin{Bmatrix} X_{31} \\ X_{32} \\ X_{33} \end{Bmatrix} = \begin{Bmatrix} 4.416 \\ -3.281 \\ 1.000 \end{Bmatrix}$$

$$T_1 = 0.533 \text{ s} \qquad T_2 = 0.203 \text{ s} \qquad T_3 = 0.130 \text{ s}$$

【解】(1)各振型的地震影响系数：

由表 5.4 查得：Ⅱ类场地，第一组，$T_g = 0.35$ s

由表 5.5 查得：8 度多遇地震 $\alpha_{\max} = 0.16$

第一振型 $T_1 = 0.533$ s, $T_g < T_1 < 5T_g$

$$\alpha_1 = \left(\frac{T_g}{T_1}\right)^{0.9} \alpha_{\max} = \left(\frac{0.30}{0.533}\right)^{0.9} \times 0.16 = 0.110$$

第二振型 $T_2 = 0.203$ s, 0.1 s $< T_2 < T_g$, $\alpha_2 = \alpha_{\max} = 0.16$

第三振型 $T_3 = 0.130$ s, 0.1 s $< T_3 < T_g$, $\alpha_3 = \alpha_{\max} = 0.16$

（2）各振型的振型参与系数：

$$\gamma_1 = \frac{\sum\limits_{i=1}^{3} m_i X_{1i}}{\sum\limits_{i=1}^{3} m_i X_{1i}^2} = \frac{360 \times 0.324 + 360 \times 0.653 + 260 \times 1.000}{360 \times 0.324^2 + 360 \times 0.653^2 + 260 \times 1.000^2} = 1.355$$

$$\gamma_2 = \frac{\sum\limits_{i=1}^{3} m_i X_{2i}}{\sum\limits_{i=1}^{3} m_i X_{2i}^2} = \frac{360 \times 0.729 + 360 \times 0.762 + 260 \times (-1.000)}{360 \times 0.729^2 + 360 \times 0.762^2 + 260 \times (-1.000)^2} = 0.419$$

$$\gamma_3 = \frac{\sum\limits_{i=1}^{3} m_i X_{3i}}{\sum\limits_{i=1}^{3} m_i X_{3i}^2} = \frac{360 \times 4.416 + 360 \times (-3.218) + 260 \times 1.000}{360 \times 4.416^2 + 360 \times (-3.218)^2 + 260 \times 1.000^2} = 0.063$$

（3）相应于不同振型的各楼层水平地震作用：

第 j 振型第 i 楼层的水平地震作用可由下式确定：

$$F_{ji} = \alpha_j \gamma_j X_{ji} G_i$$

第一振型

$$F_{11} = 0.110 \times 1.355 \times 0.324 \times 360 \times 9.8 \text{ kN} = 170.4 \text{ kN}$$

$$F_{12} = 0.110 \times 1.355 \times 0.653 \times 360 \times 9.8 \text{ kN} = 343.4 \text{ kN}$$

$$F_{13} = 0.110 \times 1.355 \times 1.000 \times 260 \times 9.8 \text{ kN} = 379.8 \text{ kN}$$

第二振型

$$F_{21} = 0.16 \times 0.419 \times 0.729 \times 360 \times 9.8 \text{ kN} = 172.4 \text{ kN}$$

$$F_{22} = 0.16 \times 0.419 \times 0.762 \times 360 \times 9.8 \text{ kN} = 180.2 \text{ kN}$$

$$F_{23} = 0.16 \times 0.419 \times (-1.000) \times 260 \times 9.8 \text{ kN} = -170.8 \text{ kN}$$

第三振型

$$F_{31} = 0.16 \times 0.063 \times 4.416 \times 360 \times 9.8 \text{ kN} = 157.0 \text{ kN}$$

$$F_{32} = 0.16 \times 0.063 \times (-3.281) \times 360 \times 9.8 \text{ kN} = -116.7 \text{ kN}$$

$$F_{33} = 0.16 \times 0.063 \times 1.000 \times 260 \times 9.8 \text{ kN} = 25.7 \text{ kN}$$

（4）各振型层间剪力：

相应于各振型的水平地震作用及地震剪力示于图5.29。

（5）各层层间剪力：

按式（5.82）进行组合，可求得各层层间地震剪力

$$V_1 = \sqrt{896.3^2 + 181.8^2 + 66^2} \text{ kN} = 914.3 \text{ kN}$$

$$V_2 = \sqrt{723.2^2 + 9.4^2 + (-91)^2} \text{ kN} = 729.0 \text{ kN}$$

$$V_3 = \sqrt{379.6^2 + (-170.8)^2 + 25.7^2} \text{ kN} = 417.2 \text{ kN}$$

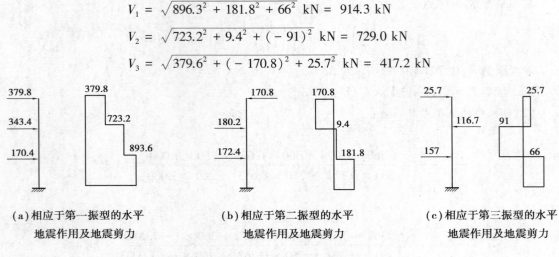

(a) 相应于第一振型的水平　　　　(b) 相应于第二振型的水平　　　　(c) 相应于第三振型的水平
　　地震作用及地震剪力　　　　　　　地震作用及地震剪力　　　　　　　地震作用及地震剪力

图 5.29　各振型的地震作用及地震剪力(kN)

5.4.5　计算水平地震作用的底部剪力法

多自由度体系按振型分解法求解地震反应能够取得比较精确的结果,但需要计算结构体系的自振频率和振型,运算过程十分冗繁。为了简化计算,《建筑抗震规范》规定,对于高度不超过 40 m,以剪切变形为主且质量和刚度沿高度分布比较均匀的结构,可采用底部剪力法计算水平地震作用。理论分析表明,在满足上述条件的前提下,多层结构在地震作用下的振动以基本振型为主,基本振型接近一条斜直线[图 5.30(b)]。这样就可以仅考虑基本振型先算出作用于结构的总水平地震作用,即作用于结构底部的剪力,然后将此总水平地震作用按某一规律分配给各个质点。

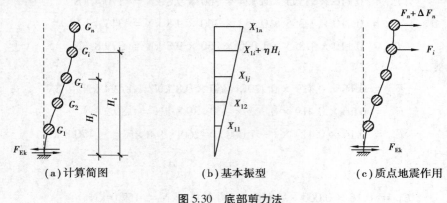

(a) 计算简图　　　　　　(b) 基本振型　　　　　　(c) 质点地震作用

图 5.30　底部剪力法

1) 结构底部剪力

由式(5.84)可知,j 振型 i 质点水平地震作用为

$$F_{ji} = \alpha_j \gamma_j X_{ji} G_i$$

j 振型结构底部剪力 V_j 等于各质点水平地震作用之和,即

$$V_j = \sum_{i=1}^{n} F_{ji} = \sum_{i=1}^{n} \alpha_j \gamma_j X_{ji} G_i \qquad (5.86)$$

将上式改写成

$$V_j = \alpha_1 G \sum_{i=1}^{n} \frac{\alpha_j}{\alpha_1} \gamma_j X_{ji} \frac{G_i}{G} \qquad (5.87)$$

结构的总水平地震作用即结构底部剪力 F_{Ek}，由式(5.85)可得

$$F_{Ek} = \sqrt{\sum_{j=1}^{n} V_j^2} = \alpha_1 G \sqrt{\sum_{i=1}^{n} \left(\sum_{i=1}^{n} \frac{\alpha_j}{\alpha_1} \gamma_j X_{ji} \frac{G_i}{G} \right)^2} \qquad (5.88)$$

令 $C = \sqrt{\sum_{i=1}^{n} \left(\sum_{i=1}^{n} \frac{\alpha_j}{\alpha_1} \gamma_j X_{ji} \frac{G_i}{G} \right)^2}$，$G_{eq} = CG$，则上式可写成

$$F_{Ek} = \alpha_1 G_{eq} \qquad (5.89)$$

式中　C——等效总重力荷载换算系数，根据底部剪力相等原则，把多质点体系用一个与其基本周期相同的单质点体系来代替。对于单质点体系 $C=1$；对于无穷多质点体系 $C=0.75$；对于一般多质点体系，《建筑抗震规范》取 $C=0.85$。

G——结构总重力荷载代表值，$G = \sum G_i$，G_i 为质点 i 的重力荷载代表值。

G_{eq}——结构等效总重力荷载代表值，对于多质点体系 $G_{eq} = 0.85 \sum G_i$。

F_{Ek}——结构总水平地震作用标准值，即结构底部剪力标准值。

α_1——相应于结构基本周期的水平地震影响系数，按图 5.22 确定。

2）质点的地震作用

求得结构的总水平地震作用后，可将它分配到各个质点，以求出各质点的地震作用。结构振动仅考虑基本振型，基本振型取为倒三角形（图 5.30(b)），质点相对位移 X_{1i} 与质点高度 H_i 成正比，设 η 为比例常数，则 $X_{1i} = \eta H_i$，代入式(5.84)，得

$$F_i = F_{1i} = \alpha_1 \gamma_1 X_{1i} G_i = \alpha_1 \gamma_1 \eta H_i G_i \qquad (5.90)$$

结构底部剪力等于各质点水平地震作用之和。

$$F_{Ek} = \sum_{j=1}^{n} F_i = \alpha_1 \gamma_1 \eta \sum_{j=1}^{n} H_j G_j \qquad (5.91)$$

此处 i 以 j 替之，j 表示质点，变换上式可得

$$\alpha_1 \gamma_1 \eta = \frac{F_{Ek}}{\sum_{j=1}^{n} H_j G_j} \qquad (5.92)$$

将式(5.92)代入式(5.90)，得

$$F_i = \frac{G_i H_i}{\sum_{j=1}^{n} G_j H_j} F_{Ek} \qquad (5.93)$$

式(5.93)仅适用于基本周期 $T_1 \le 1.4 T_g$ 的结构，当 $T_1 > 1.4 T_g$ 时，由于高振型的影响，按上式计算出的结构顶部地震作用偏小，需要调整。《建筑抗震规范》给出的方法是将结构总地震作用中的一部分作为集中力作用于结构顶部，再将余下部分按倒三角形规律分配给各质点。顶部附加集中水平地震作用可表示为

$$\Delta F_n = \delta_n F_{Ek} \tag{5.94}$$

式中　ΔF_n——顶部附加水平地震作用；

　　δ_n——顶部附加水平地震作用系数，对于多层钢筋混凝土房屋，可按特征周期 T_g 及结构基本周期 T_1 由表5.6确定；多层内框架砖房可取 $\delta_n = 0.2$。

表5.6　顶部附加地震作用系数

T_g/s	$T_1 > 1.4T_g$	$T_1 \leqslant T_g$
$\leqslant 0.35$	$0.08T_1 + 0.07$	
$<0.35 \sim 0.55$	$0.08T_1 + 0.01$	0.0
$\geqslant 0.55$	$0.08T_1 - 0.02$	

余下部分按下式分配给各质点

$$F_i = \frac{G_i H_i}{\sum\limits_{j=1}^{n} G_j H_j} F_{Ek}(1 - \delta_n) \tag{5.95}$$

此时，结构顶部的水平地震作用为按式(5.95)计算的 F_n 与 ΔF_n 两项之和[图5.30(c)]。

3）突出屋面地震作用放大

历次震害表明，地震作用下，突出建筑物屋面的附属小建筑物，如电梯间、女儿墙、附墙烟囱等，都将遭到严重破坏。这类小建筑物由重量和刚度突然变小，高振型影响较大，会产生鞭端效应。

结构按底部剪力法计算时，只考虑了第一振型的影响，突出屋面的小建筑物在地震中相当于受到从屋面传来的放大了的地面加速度。根据顶部与底部不同质量比，不同刚度比的结构分析表明，采用基底剪力法计算这类小建筑的地震作用效应时应乘以3作为放大系数。

注意：放大系数是针对突出屋面的小建筑物强度验算采用的，在验算建筑本身的抗震强度时仍采用底部剪力法的结果进行计算，也就是说屋面突出物的局部放大作用不往下传。

【例5.3】试用底部剪力法求解某三层框架结构的层间地震剪力。已知结构基本自振周期 $T_1 = 0.533$，其他条件同例5.2。

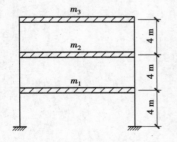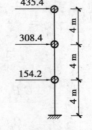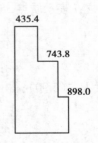

| (a)计算简图 | (b)楼层水平地震作用(单位：kN) | (c)层间地震剪力(单位：kN) |

图5.31　例5.3图示

【解】(1)结构总水平地震作用：

由式(5.89),结构总水平地震作用为

$$F_{Ek} = \alpha_1 G_{eq}$$

由例 5.2 已算出水平地震影响系数 $\alpha_1 = 0.110$,有

$$G_{eq} = 0.85 \sum_{i=1}^{n} m_i g = 0.85 \times (360 + 360 + 260) \times 9.8 \text{ kN} = 8\,163.4 \text{ kN}$$

故

$$F_{Ek} = 0.11 \times 8\,163.4 \text{ kN} = 898.0 \text{ kN}$$

(2)各楼层地震作用:

$T_g = 0.35 \text{ s}, T_1 = 0.533 \text{ s} > 1.4 T_g = 0.49 \text{ s}$ 由表 5.6 可查得:

$$\delta_n = 0.08 T_1 + 0.01 = 0.08 \times 0.533 + 0.07 = 0.112\,6$$

$$\Delta F_n = \delta_n F_{Ek} = 0.112\,6 \times 898.0 \text{ kN} = 101.2 \text{ kN}$$

$$F_1 = \frac{9.80 \times 360 \times 4}{9.8 \times 360 \times 4 + 9.8 \times 360 \times 8 + 9.8 \times 260 \times 12} \times 898.0 \times (1 - 0.112\,6) \text{kN} = 154.2 \text{ kN}$$

$$F_2 = \frac{9.80 \times 360 \times 8}{9.8 \times 360 \times 4 + 9.8 \times 360 \times 8 + 9.8 \times 260 \times 12} \times 898.0 \times (1 - 0.112\,6) \text{kN} = 308.4 \text{ kN}$$

$$F_3 = \frac{9.80 \times 260 \times 12}{9.8 \times 360 \times 4 + 9.8 \times 360 \times 8 + 9.8 \times 260 \times 12} \times 898.0 \times (1 - 0.112\,6) \text{kN} + 101.2 \text{ kN}$$

$$= 435.4 \text{ kN}$$

求得的层间地震剪力如图 5.31(c)所示,上述计算结果与例 5.2 采用振型分解反谱法的计算结果基本一致。可见,只要建筑物满足使用底部剪力法的限制条件,采用底部剪力法可以得到令人满意的结果。

5.5 结构的扭转地震效应

体型复杂的结构,质量和刚度分布明显不均匀、不对称的结构,在地震作用下除了发生平移振动外,还会发生扭转振动。引起扭转振动的主要原因是结构质量中心与刚度中心不重合,在水平地震作用下惯性力的合力通过结构的质心,而结构抗侧力的合力通过结构的刚心,质心和刚心的偏离使得结构除产生平移振动外,还围绕刚心作扭转振动,形成平扭耦联振动(图 5.32)。扭转作用会加重结构的震害,有时还会成为导致结构破坏的主要原因。《建筑抗震规范》规定,对质量和刚度明显不均匀、不对称结构应考虑水平地震作用的扭转效应。

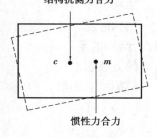

图 5.32 扭转地震效应

5.5.1 刚心与质心

图 5.33 为框架结构,其纵、横框架为结构的抗侧力构件。假定该房屋的楼盖在自身平面内为绝对刚性,则当楼盖沿 y 方向平移单位距离时,会在每个横向抗侧力构件中引起恢复力,恢复力的大小与横向框架的侧移刚度成正比。由每个横向抗侧力构件恢复力对原点 O 的力矩之和等于这些恢复力的合力对原点 O 的力矩,可得

$$x_c = \frac{\sum\limits_{j=1}^{n} k_{yi} x_j}{\sum\limits_{j=1}^{n} k_{yi}} \tag{5.96}$$

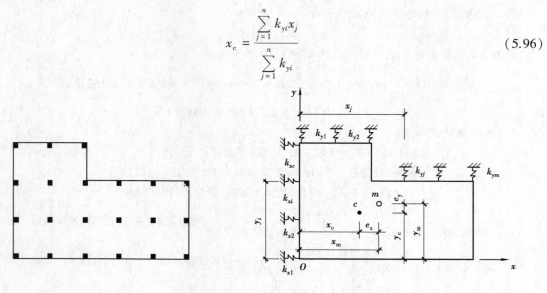

图 5.33　质心与刚心

同理,当楼盖沿 x 方向平移单位距离时,有

$$y_c = \frac{\sum\limits_{i=1}^{n} k_{xi} y_i}{\sum\limits_{i=1}^{n} k_{xi}} \tag{5.97}$$

式中　k_{yi}——平行于 y 轴的第 j 片抗侧力构件的侧移刚度;

　　　k_{xi}——平行于 x 轴的第 i 片抗侧力构件的侧移刚度;

　　　y_i——坐标原点至第 i 片抗侧力构件的垂直距离;

　　　x_j——坐标原点至第 j 片抗侧力构件的垂直距离。

坐标 x_c 及 y_c 确定的点,就是结构抗侧力构件恢复力合力的作用点,即结构的刚心。

结构的质心是地震惯性力合力作用点的位置,惯性力合力通过结构所有重力荷载的中心,因而,结构的质心就是结构的重心。如设结构质心的坐标为 x_m, y_m,其位置可通过材料力学求重心的方法求出。

结构刚心到质心的距离称为偏心距,楼盖沿 x 及 y 方向的偏心距分别为

$$\left. \begin{array}{l} e_x = x_m - x_c \\ e_y = y_m - y_c \end{array} \right\} \tag{5.98}$$

5.5.2　单层偏心结构的振动

1)运动方程

对于单层结构,将全部质量(包括墙、柱质量)集中于屋盖处,屋盖视作刚体,如图 5.34 所示。该结构在 x 及 y 方向上分别受到地面运动 u_{ox} 及 u_{oy} 作用,取质心 m 为坐标原点,令质心在 x 方向的位移为 u_x,在 y 方向的位移为 u_y,屋盖绕通过质心的竖轴转动的转角为 φ(逆时针为正),则第 i 个纵向抗侧力构件沿 x 方向的位移为:

$$u_{xi} = u_x - y_i \varphi \tag{5.99}$$

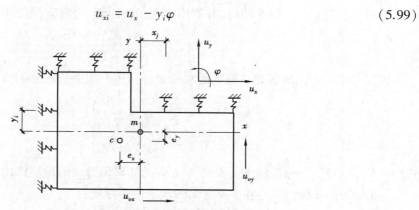

图 5.34 单层偏心结构计算简图

式中,地震惯性力与结构抗侧力构成的一对力矩产生顺时针转动,故 φ 取负值,$y_i\varphi$ 为屋盖转动在 x 方向引起的位移。

同理,第 j 个横向抗侧力构件沿 y 方向的位移为

$$u_{yi} = u_y + x_j \varphi \tag{5.100}$$

式中,地震惯性力与结构抗侧力构成的一对力矩产生逆时针转动,故 φ 取正值,$x_j\varphi$ 为屋盖转动在 y 方向引起的位移。

上述结构有 u_x,u_y 和 φ 三个自由度,刚性屋盖上作用有恢复力、恢复扭矩、惯性力和惯性扭矩,忽略阻尼影响,由惯性力和恢复力的动力平衡条件,可得

$$\left. \begin{aligned} \sum_i k_{xi}(u_x - y_i\varphi) &= - m(\ddot{u}_{ox} + \ddot{u}_x) \\ \sum_j k_{yi}(u_y - x_j\varphi) &= - m(\ddot{u}_{oy} + \ddot{u}_y) \end{aligned} \right\} \tag{5.101}$$

由惯性扭矩和恢复扭矩的动力平衡条件,可得

$$J\ddot{\varphi} - \sum_i k_{xi}(u_x - y_i\varphi)y_i + \sum_j k_{yi}(u_y + x_j\varphi)x_j = 0 \tag{5.102}$$

$J\ddot{\varphi}$ 为转动惯量乘以角加速度,不考虑地面扭转运动影响,故等式右边为 0。

上面三式经整理,写成矩阵形式,得

$$\begin{bmatrix} m & & 0 \\ & m & \\ 0 & & J \end{bmatrix} \begin{Bmatrix} \ddot{u}_x \\ \ddot{u}_y \\ \ddot{\varphi} \end{Bmatrix} + \begin{bmatrix} k_{xx} & 0 & k_{x\varphi} \\ 0 & k_{yy} & k_{y\varphi} \\ k_{\varphi x} & k_{\varphi y} & k_{\varphi\varphi} \end{bmatrix} \begin{Bmatrix} u_x \\ u_y \\ \varphi \end{Bmatrix} = - \begin{bmatrix} m & & 0 \\ & m & \\ 0 & & J \end{bmatrix} \begin{Bmatrix} \ddot{u}_{ox} \\ \ddot{u}_{oy} \\ 0 \end{Bmatrix} \tag{5.103}$$

或写成

$$[\boldsymbol{m}]\{\ddot{u}\} + [\boldsymbol{k}]\{u\} = - [\boldsymbol{m}]\{\ddot{u}_0\} \tag{5.104}$$

2) 考虑扭转影响的水平地震作用

对于考虑扭转影响的运动方程式(5.101),可采用振型分解反应谱法确定其地震作用,求得体系的自振周期和振型后,将位移向量 $\{u\}$ 按振型分解为

$$\{u\} = [A]\{q\} \tag{5.105}$$

式中　$[A]$——振型矩阵;

　　$\{q\}$——广义坐标。

将式（5.102）代入式（5.101），并利用振型正交原理，可将方程（5.101）分解为

$$\ddot{q}_j + \omega_j^2 q_j = -\frac{mX_j\ddot{u}_{ox} + mY_j\ddot{u}_{oy}}{mX_j^2 + mY_j^2 + J\varphi_j^2} \qquad (5.106)$$

当仅考虑 x 方向地震时，j 振型的水平地震作用及地震扭矩分别为

$$\left.\begin{array}{l} F_{xj} = \alpha_j\gamma_{xj}X_jG \\ F_{yj} = \alpha_j\gamma_{xj}Y_jG \\ F_{tj} = \alpha_j\gamma_{xj}r^2\varphi_jG \end{array}\right\} \qquad (5.107)$$

式中　F_{xj}, F_{yj}, F_{tj}——j 振型的 x 方向、y 方向的和转角方向的地震作用标准值；

　　　X_j, Y_j——j 振型质心在 x, y 方向的水平位移幅值；

　　　φ_j——j 振型的相对转角；

　　　r——转动半径，$r = J/m$；

　　　γ_{xj}——考虑扭转的 j 振型参与系数。

$$\gamma_{xj} = \frac{X_j}{X_j^2 + Y_j^2 + r^2\varphi_j^2} \qquad (5.108)$$

当仅考虑 y 方向地震时，只需将上列各式中 X 换为 Y，下标 x 换为下标 y，即可得相应地震作用。

5.5.3　多层偏心结构的振动

1）运动方程

多层房屋结构，考虑平扭耦联振动时，可将每层楼盖视为一个刚片，各楼层质心取为坐标原点，此时竖向坐标轴为一个折线（图5.35）。每层楼盖有两个正交方向的位移和一个转角，具有 3 个自由度，当房屋为 n 层时，体系将具有 $3n$ 个自由度。对于 n 个楼盖的 $3n$ 个运动方程可用矩阵表达如下：

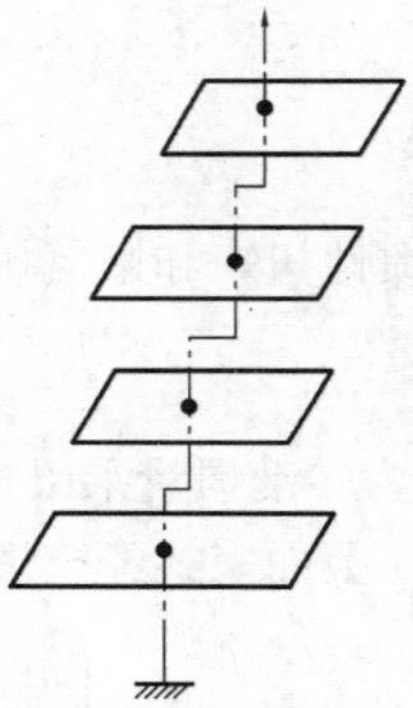

$$[M]\{\ddot{U}\} + [K][U] = -[M]\{\ddot{U}_o\} \qquad (5.109)$$

式中　$[M]$——广义质量矩阵，由楼层质量 m_i 和楼层质量对质心的转动惯量 J_i 构成；

图 5.35　多层偏心
结构计算简图

　　　$[K]$——广义刚度矩阵，考虑了楼层平动刚度和平扭耦联刚度；

　　　$[U]$——广义位移向量，包括楼层在 x, y 方向水平位移和在楼板平面内转角；

　　　$[\ddot{U}_o]$——地面运动水平加速度。

2）水平地震作用

采用振型分解法，经过与单层偏心结构振动类似的运算，可以得到考虑扭转地震效应时水平地震作用标准值的计算公式：

$$\left.\begin{aligned} F_{xji} &= \alpha_j \gamma_{tj} X_{ji} G_i \\ F_{xji} &= \alpha_j \gamma_{tj} X_{ji} G_i \\ F_{tji} &= \alpha_j \gamma_{tj} r_i^2 \varphi_{ji} G_i \end{aligned}\right\} \quad (i = 1, 2, \cdots, n; j = 1, 2, \cdots, m) \tag{5.110}$$

式中　$F_{xji}, F_{yji}, F_{tji}$——$j$ 振型 i 层的 x 方向、y 方向和转角方向的地震作用标准值;

　　　　X_{ji}, Y_{ji}——j 振型 i 层质心在 x, y 方向的水平相对位移;

　　　　φ_{ji}——j 振型 i 层的相对转角;

　　　　r_i——i 层转动半径,可取 i 层绕质心的转动惯量除以该层质量的商的正二次方根;

　　　　γ_{tj}——考虑扭转的 j 振型参与系数,可按下列公式确定:

当仅考虑 x 方向地震时

$$\gamma_{tj} = \frac{\displaystyle\sum_{i=1}^{n} X_{ji} G_i}{\displaystyle\sum_{i=1}^{n} (X_{ji}^2 + Y_{ji}^2 + \varphi_{ji}^2 r_i^2) G_i} \tag{5.111}$$

当仅考虑 y 方向地震时

$$\gamma_{tj} = \frac{\displaystyle\sum_{i=1}^{n} Y_{ji} G_i}{\displaystyle\sum_{i=1}^{n} (X_{ji}^2 + Y_{ji}^2 + \varphi_{ji}^2 r_i^2) G_i} \tag{5.112}$$

5.5.4　考虑扭转作用时的振型组合

　　对于仅考虑平移振动的多质点体系,各振型之间频率间隔较大,可假定各振型反应相互独立,采用平方和开方的方法进行组合;并且,各振型的贡献随着频率的增高而减弱,一般只需组合前几个振型就能得到较为精确的结果。对于考虑平扭耦联振动的多质点体系,体系自由度数目增至 $3n$(n 为质点数),各振型的频率间隔大为缩短,相邻较高振型的频率可能非常接近;另外,扭转作用影响并不一定随频率增高而减弱,有时较高振型影响有可能大于较低振型的影响。因此,进行各振型作用效应组合时,应考虑相近频率振型间的相关性,并增加参加作用效应组合的振型数量。《建筑抗震规范》规定,考虑扭转的地震作用效应,应按下列公式确定:

$$S_{Ek} = \sqrt{\sum_{j=1}^{m} \sum_{k=1}^{m} \rho_{jk} S_j S_k} \tag{5.113}$$

$$\rho_{jk} = \frac{8\sqrt{\zeta_j \zeta_k}(\zeta_j + \lambda_T \zeta_k)\lambda_T^{1.5}}{(1 - \lambda_T^2)^2 + 4\zeta_j \zeta_k(1 + \lambda_T^2)\lambda_T + 4(\zeta_j^2 + \zeta_k^2)\lambda_T^2} \tag{5.114}$$

式中　S_{Ek}——地震作用标准值的扭转效应;

　　　　S_j, S_k——j, k 振型地震作用标准值的效应,可取前 9~15 个振型;

　　　　ζ_j, ζ_k——j, k 振型的阻尼比;

　　　　ρ_{jk}——j 振型与 k 振型的耦联系数;

　　　　λ_T——k 振型与 j 振型的自振周期比。

从表 5.7 可看出,当取阻尼比 $\zeta = 0.05$ 时,ρ_{jk} 是 λ_T 函数,它随两个相关振型周期比 λ_T 的减小迅速衰减。当 $\lambda_T = 1$ 时,振型自相关($j = k$),耦联系数 $\rho_{jk} = 1$;当 $\lambda_T = 0.85 \sim 0.95$ 时,$\rho_{jk} = 0.273 \sim 0.791$,应考虑不同振型之间的相关性;当 λ_T 很小时,ρ_{jk} 值接近于零,表示低振型与较高振型之间相关性很小,可以忽略不计。

表 5.7 ρ_{jk} 与 λ_T 关系值表

λ_T	≤0.40	0.50	0.60	0.70	0.80	0.85	0.90	0.95	1.00
ρ_{jk}	≤0.010	0.019	0.035	0.079	0.166	0.273	0.473	0.792	1.000

5.6 竖向地震作用

地震宏观现象及理论分析均表明,在高烈度区,竖向地面运动的影响是明显的。震害调查常常发现,地震时人及物体被向上抛起,某些建筑在原位叠合塌落。地震记录充分显示,地面竖向运动是可观的,1979 年美国帝谷地震中记录到的最大竖向加速度 a_v 为 $1.7g$,1976 年苏联格里兹地震记录到的竖向最大加速度 a_v 与水平最大加速度 a_H 的比值达 1.63。在烈度较高的震中地区,竖向地面运动加速度达到了较大的数值,必须在抗震设计中加以重视。

在一般的抗震设计中,人们对竖向地震作用的影响往往不予考虑,理由是竖向地震作用相当于竖向荷载的增减,结构物在竖向具有良好的承载能力和一定的安全储备,其潜力足以承受竖向地震力,对设计不起控制作用,因此不再考虑这一情况。研究表明,竖向地震作用对结构物的影响至少在以下几方面应予以考虑:

①高耸结构、高层建筑和对竖向运动敏感的结构物;

②以竖向地震作用为主要地震作用的结构物,如大跨度结构、水平悬臂结构;

③位于大震震中区的结构物,特别是有迹象表明竖向地震动分量可能很大的地区的结构物。

5.6.1 高耸结构及高层建筑的竖向地震作用

结构竖向地震反应的分析方法与水平地震反应的分析方法无原则上的不同,仍然是将高耸结构或高层建筑离散为具有几个质点的体系,根据动力平衡条件建立竖向振动方程,可以采用时程分析法或振型分解反应谱法等较为精确的方法进行分析,也可采用类似于底部剪力法的简化方法进行计算。下面主要介绍《建筑抗震规范》给出的竖向地震作用计算的底部轴力法。

1)竖向振动周期及竖向反应谱

采用反应谱理论计算竖向地震作用时,需确定竖向振动振型及竖向地震反应谱。竖向振动振型的确定相当于求解一端固定一端自由的杆件纵向振动问题,不同于水平振动,求解过程较为复杂,计算结果表明,高耸结构和高层建筑竖向振动周期较短,其基本周期在 $0.1 \sim 0.2$ s,小于场地竖向反应谱的特征周期 T_g。

为了获得竖向地震反应谱,根据收集到的 257 组竖向和水平强震加速度记录,按场地类别分类,分别统计给出平均反应谱。图 5.36 中给出了 Ⅰ 类场地的动力系数 β 谱,图中虚线为竖向

β_v 谱，实线为水平 β_H 谱。对比可见两者形态相差不大，β_v 可近似取与 β_H 相同的谱曲线。考虑到加速度比值 α_v/α_H 在 $1/2\sim2/3$，故竖向地震影响系数 α_v 可取水平地震影响系数 α 的 2/3 左右，《建筑抗震规范》取

$$\alpha_v = 0.65\alpha \qquad (5.115)$$

2)竖向地震作用计算

采用时程分析法和振型分解反应谱法对烟囱、电视塔等高耸结构和框架、剪力墙等高层建筑进行竖向地震作用计算，计算结果表明，竖向地震作用效应与重力荷载效应的比值沿高度方向由下往上逐渐增大，具有明显的规律性。第一振型在结构竖向地震反应中起主要作用，仅取第一振型计算的地震内力，接近于取前 5 个振型按平方和开方组合的地震内力。第一振型各质点位移 Y_{1i} 上大下小，若将 Y_{1i} 转 90° 表示，振型呈倒三角形分布，如图 5.37 所示。由振型分解法，各质点的竖向地震作用为

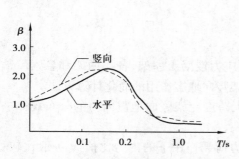

图 5.36　竖向反应谱与水平反应谱比较

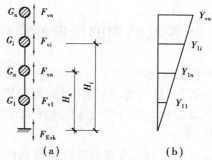

图 5.37　竖向地震作用计算简图

$$F_{vi} = \gamma_1 \alpha_{v1} Y_{1i} G_i \qquad (5.116)$$

质点位移 Y_{1i} 与质点高度 H_i 成正比，$Y_{1i}=\eta H_i$，式(5.116)可写成

$$F_{vi} = \gamma_1 \alpha_{v1} \eta H_i G_i \qquad (5.117)$$

式中　F_{vi}——i 质点的竖向地震作用标准值；

　　　α_{vi}——相应于结构基本周期的竖向地震影响系数；

　　　Y_{1i}——第一振型质点 i 的相对竖向位移；

　　　G_i——i 质点重力荷载代表值；

　　　γ_1——第一振型参与系数，按下式计算：

$$\gamma_1 = \frac{\displaystyle\sum_{i=1}^{n} G_i Y_{1i}}{\displaystyle\sum_{i=1}^{n} G_i Y_{1i}^2} = \frac{\displaystyle\sum_{i=1}^{n} G_i H_i}{\eta \displaystyle\sum_{i=1}^{n} G_i H_i^2} \qquad (5.118)$$

结构总竖向地震作用标准值，即基底总轴力为：

$$F_{Evk} = \sum_{i=1}^{n} F_{vi} = \gamma_1 \alpha_{v1} \eta \sum_{i=1}^{n} G_i H_i \qquad (5.119)$$

将式(5.118)代入式(5.119)，得：

$$F_{Evk} = \alpha_{v1} \frac{\left(\displaystyle\sum_{i=1}^{n} G_i H_i\right)^2}{\displaystyle\sum_{i=1}^{n} G_i H_i^2} = \alpha_{v1} G_{eq} \qquad (5.120)$$

式中　　G_{eq}——结构等效重力荷载,经优化计算分析,可取为结构总重力荷载的75%,即

$$G_{eq} = 0.75 \sum_{i=1}^{n} G_i \, ;$$

　　　　α_{v1}——由于高耸结构和高层建筑竖向基本周期较短,小于场地特征周期 T_g,故可不必计算结构竖向自振周期而直接取 $\alpha_{v1} = \alpha_{vmax} = 0.65\alpha_{max}$。

综上可得

$$F_{Evk} = \alpha_{vmax} G_{eq} \tag{5.121}$$

竖向地震作用沿高度的分布,与水平地震作用的底部剪力法类似,取倒三角形分布,即

$$F_{vi} = \frac{G_i H_i}{\sum_{j=1}^{n} G_j H_j} F_{Evk} \tag{5.122}$$

5.6.2　大跨度结构的竖向地震作用

大跨度结构通常包括大于 24 m 的钢屋架和预应力混凝土屋架,各类网架和悬索屋盖。这里仅讨论《建筑抗震规范》给出的屋架和平板型网架竖向地震作用的简化计算方法。

采用反应谱法和时程分析法对平板型网架和大跨度屋架竖向地震内力的分布规律进行研究,研究结果表明:

①上述结构各主要杆件的竖向地震内力与重力荷载作用下的内力比值 λ_v 一般比较稳定。对于平板网架,竖向地震内力对跨中杆件影响大于边缘杆件;对于大跨度屋架,腹杆受到的竖向地震影响大于弦杆。各杆件 λ_v 值彼此相差不大,可取其最大值作为设计依据。

②当跨度增大使竖向自振周期 T_1 大于场地特征周期 T_g 时,λ_v 值随跨度的增大而减小,但在常用跨度范围内,λ_v 值减小不多,可以忽略跨度增大时 λ_v 的降低,这样做是偏于安全的。

③比值 λ_v 与设防烈度和场地类别有关。

基于上面的分析,《建筑抗震规范》规定,平板型网架屋盖和跨度大于 24 m 屋架的竖向地震作用标准值 F_{Evk},可取其重力荷载代表值 G_E 和竖向地震作用系数 λ_v 的乘积来计算,其公式为

$$F_{Evk} = \lambda_v G_E \tag{5.123}$$

竖向地震作用系数 λ_v 可按表 5.8 采用。

表 5.8　竖向地震作用系数 λ_v

结构类型	烈　度	场地类别		
		Ⅰ	Ⅱ	Ⅲ、Ⅳ
平板型网架、钢屋架	8	可不计算(0.10)	0.08(0.12)	0.10(0.15)
	9	0.15	0.15	0.20
钢筋混凝土屋架	8	0.10(0.15)	0.13(0.19)	0.13(0.19)
	9	0.20	0.25	0.25

注:括号中数值分别用于设计基本地震加速度为 $0.15g$ 和 $0.30g$ 的地区。

　　大跨度空间结构的竖向地震作用,尚可按竖向振型分解反应谱方法计算。其竖向地震影响系数可采用本章表5.5规定的水平地震影响系数最大值的65%,特征周期可均按设计第一组采用。

5.6.3　悬臂结构的竖向地震作用

　　现阶段一般悬臂结构仍采用静力法估算其竖向地震作用。《建筑抗震规范》规定,长悬臂和其他大跨度结构的竖向地震作用标准值,8度和9度可分别取该结构、构件重力荷载代表值的10%和20%。设计基本地震加速度为0.30g时,可取该结构、构件重力荷载代表值的15%。

5.7　地震作用及计算方法

　　地震在时间、空间和强度上都有很大的随机性,地震作用作为一种间接作用,也比直接作用要复杂得多。一般认为,地震时地面会发生水平运动和竖向运动,从而引起结构的水平振动和竖向振动;当结构体型复杂,质心和刚心不重合时,地面水平运动还会引起结构扭转振动。

5.7.1　地震作用的考虑

　　在抗震设计中,各类建筑结构的地震作用,应按下列原则考虑:
　　①通常认为地面运动水平分量较大,而结构抗侧能力有限,一般情况下,水平地震作用对结构起控制作用,可在建筑结构的两个主轴方向分别计算水平地震作用并进行抗震验算,各方向的水平地震作用全部由该方向抗侧力构件承担。
　　②有斜交抗侧力构件的结构,当相交角度大于15°时,应考虑与各抗侧力构件平行的方向上的水平地震作用。
　　③对于质量和刚度在同一平面内或者沿高度方向明显不均匀、不对称的结构,应考虑水平地震作用引起的扭转影响,或采用调整地震作用效应的方法计入扭转影响。
　　④8度和9度区的大跨度结构、长悬臂结构、高耸结构及9度区的高层结构,应考虑竖向地震作用。

5.7.2　抗震计算方法

　　现行的抗震计算方法主要有3种:基于反应谱理论的振型分解法和底部剪力法,以及直接输入地震波求解方法的时程分析法。《建筑抗震规范》对上述3种方法的适用范围作了如下规定:
　　①高度不超过40 m,以剪切变形为主且质量和刚度沿高度分布比较均匀的结构,以及近似于单质点体系的结构,可采用底部剪力法等简化方法。
　　②除上述以外的建筑结构,宜采用振型分解反应谱法。
　　③特别不规则的建筑、甲类建筑和表5.9所列高度范围内的高层建筑,应采用时程分析法进行多遇地震下的补充计算,加速度时程的最大值可按表5.10采用。当取3组加速度时程曲

线输入时,计算结果宜取时程法的包络值和振型分解反应谱法的较大值;当取 7 组及 7 组以上的时程曲线时,计算结果可取时程法的平均值和振型分解反应谱法的较大值。

表 5.9　采用时程分析的房屋高度范围

烈度、场地类别	8 度 I、II 类场地和 7 度	8 度 III、IV 类场地	9 度
房屋高度范围/m	>100	>80	>60

表 5.10　时程分析所用地震加速度时程的最大值/$(\mathrm{cm \cdot s^{-2}})$

地震影响	6 度	7 度	8 度	9 度
多遇地震	18	35(55)	70(110)	140
罕遇地震	125	220(310)	400(510)	620

注:括号内数值分别用于设计基本地震加速度为 0.15g 和 0.30g 的地区。

5.7.3　重力荷载代表值

荷载代表值是设计时考虑荷载的变异性所赋予的一个规定的量值。建筑结构设计时,不同的荷载应采取不同的代表值。永久荷载可采用标准值为代表值;可变荷载可根据设计要求,采用标准值、准永久值或组合值作为代表值。

《建筑抗震规范》取结构或构件永久荷载标准值与有关可变荷载的组合值之和为抗震设计的重力荷载代表值。可变荷载根据地震时的遇合概率取用不同的组合系数,如表 5.11 所示。重力荷载代表值适用于计算地震作用以及与地震作用相遇的其他重力荷载。

表 5.11　组合值系数

可变荷载种类		组合值系数
雪荷载		0.5
屋顶积灰荷载		0.5
屋面活荷载		不计入
按实际情况考虑的楼面活荷载		1.0
按等效均布荷载考虑的楼面活荷载	藏书库、档案库	0.8
	其他民用建筑	0.5
吊车悬吊物重力	硬钩吊车	0.3
	软钩吊车	不计入

5.8　公路桥梁地震作用

桥梁跨越河流、山谷及其他障碍,为车辆和行人提供通道。桥梁种类繁多,按结构形式可分为梁桥、拱桥、悬索桥、斜拉桥等,本节仅以梁桥为例介绍地震作用确定方法。

5.8.1　公路梁桥组成及受力特征

常见梁桥由上部结构和下部结构两部分组成（图5.38），上部结构指桥梁支座以上的桥跨结构，多采用混凝土或预应力混凝土装配式构件，其断面常为 T 形、Ⅱ 形或箱形截面，这部分直接承受桥上交通荷载；下部结构指桥梁支座以下的桥墩、桥台和基础，这部分主要承受上部桥跨传来荷载，并将它及本身自重传给地基。桥墩位于桥梁中间部位，支承相邻的两孔桥跨；桥台位于全桥尽端，它一侧支承桥跨，承受桥跨传来的荷载，另一侧与路基衔接，承受台背填土侧压力。

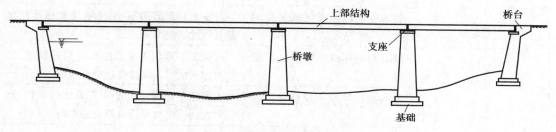

图5.38　梁桥示意

震害调查表明，梁桥的震害主要发生在下部结构，桥墩在纵、横向水平地震力作用下，会发生剪切破坏或弯曲破坏，使得墩身错位倾斜，导致落梁现象，引起桥面垮塌。桥台背后土体易在地震作用下失稳，推动桥台向河心滑移，并伴有沉陷和倾斜，梁体沿纵向挤压桥台，重则支座剪坏桥台断裂，造成边跨落梁桥面坍塌。桥梁支座在地震力作用下，破坏形式主要表现为支座锚栓剪断、活动支座脱落、支座连接破坏等，支座破坏常常导致落梁。震害资料同时显示，梁桥上部结构一般具有良好的抗震性能，震害主要是梁端撞损、梁片分离等，不影响梁的承载能力，震后也不难修复。

因此，按照《公路桥梁抗震设计细则》（JTG/T B02—01—2008）（以下简称《桥梁抗震细则》）规定，在梁桥抗震验算时，应分别考虑顺桥向 X 和横桥向 Y 两个方向的水平地震作用计算墩台和支座承受的水平力以及地震动水压力，并应考虑顺桥方向桥台的水平地震力和地震土压力。而对于简支梁和连续梁桥上部结构的抗震能力一般不予验算，但应采取抗震构造措施。抗震设防烈度为 8 度和 9 度的拱式结构、长悬臂桥梁结构和大跨度结构等，尚应同时考虑竖向地震作用。

5.8.2　公路桥梁抗震设防要求

1）桥梁抗震设防目标

《桥梁抗震细则》将桥梁抗震设防类别分为 A 类、B 类、C 类和 D 类四类，参照国外桥梁抗震设防的性能目标要求，同时考虑了和《公路工程抗震设计规范》（JTJ 004—89）中桥梁抗震设防性能目标要求的延续性和一致性，规定 A 类桥梁的抗震设防目标是 E1 地震作用（重现期约为 475 年）下不应发生损伤，E2 地震作用（重现期约为 2 000 年）下可产生有限损伤，但地震后应能立即维持正常交通通行；B、C 类桥梁的抗震设防目标是 E1 地震作用（重现期为 50～100

年)下不应发生损伤,E2 地震作用(重现期为 475~2 000 年)下不致倒塌或产生严重结构损伤,经临时加固后可供维持应急交通使用;D 类桥梁的抗震设防目标是 El 地震作用(重现期约为 25 年)下不应发生损伤。

因此,《桥梁抗震细则》实质上规定 A 类、B 类、C 类桥梁采用两水平设防、两阶段设计;D 类桥梁采用一水平设防、一阶段设计。各抗震设防类别桥梁的抗震设防目标应符合表 5.12 的规定。

表 5.12　各设防类别桥梁的抗震设防目标

桥梁抗震 设防类别	设防目标	
	E1 地震作用	E2 地震作用
A 类	一般不受损坏或不需修复可继续使用	可发生局部轻微损伤,不需修复或经简单修复可继续使用
B 类	一般不受损坏或不需修复可继续使用	应保证不致倒塌或产生严重结构损伤,经临时加固后可供维持应急交通使用
C 类	一般不受损坏或不需修复可继续使用	应保证不致倒塌或产生严重结构损伤,经临时加固后可供维持应急交通使用
D 类	一般不受损坏或不需修复可继续使用	

2)桥梁抗震设防分类和设防标准

一般情况下,桥梁抗震设防分类应根据各桥梁抗震设防类别的适用范围按表 5.13 的规定确定。但对抗震救灾以及在经济、国防上具有重要意义的桥梁或破坏后修复(抢修)困难的桥梁,可按国家批准权限,报请批准后,根据具体情况提高设防类别。

表 5.13　各桥梁抗震设防类别适用范围

桥梁抗震设防类别	适用范围
A 类	单跨跨径超过 150 m 的特大桥
B 类	单跨跨径不超过 150 m 的高速公路、一级公路上的桥梁,单跨跨径不超过 150 m 的二级公路上的特大桥、大桥
C 类	二级公路上的中桥、小桥,单跨跨径不超过 150 m 的三、四级公路上的特大桥、大桥
D 类	三、四级公路上的中桥、小桥

A 类、B 类和 C 类桥梁必须进行 E1 地震作用和 E2 地震作用下的抗震设计。D 类桥梁只须进行 E1 地震作用下的抗震设计。抗震设防烈度为 6 度地区的 B 类、C 类、D 类桥梁,可只进行抗震措施设计。

《桥梁抗震细则》采用两水平设防、两阶段设计。第一阶段的抗震设计,采用弹性抗震设计;第二阶段的抗震设计,采用延性抗震设计方法,并引入能力保护设计原则。通过第一阶段的抗震设计,即对应 E1 地震作用的抗震设计,保证结构具有必要的承载能力。通过第二阶段的抗震设计,即对应 E2 地震作用的抗震设计,保证结构具有足够的延性能力,确保结构的延性能力大于延性需求。通过引入能力保护设计原则,确保塑性铰只在选定的位置出现,并且不出现剪切破坏等破坏模式。通过抗震构造措施设计,确保结构具有足够的位移能力。

3)公路桥梁抗震设防措施等级

《桥梁抗震细则》根据工程的重要性和修复(抢修)难易程度,将公路桥梁抗震设防划分为 4 个类别,通过抗震构造措施设计,确保结构具有足够的位移能力。

历次大地震的震害表明,抗震构造措施可以起到有效减轻震害的作用,而其所耗费的工程代价往往较低。因此,《桥梁抗震细则》对抗震构造措施提出了更高和更细致的要求,对 A 类、B 类桥梁,抗震措施均按提高一度或更高的要求设计。各类桥梁在不同抗震设防烈度下的抗震设防措施等级按表 5.14 确定。

表 5.14 各类公路桥梁抗震设防措施等级

抗震设防烈度 桥梁分类	6	7		8		9
	0.05g	0.1g	0.15g	0.2g	0.3g	0.4g
A 类	7	8	9	9	更高,专门研究	
B 类	7	8	8	9	9	≥9
C 类	6	7	7	8	8	9
D 类	6	7	7	8	8	9

注:g 为重力加速度。

4)公路桥梁设计加速度反应谱

一般梁桥抗震计算采用反应谱理论,桥梁抗震设计反应谱(图 5.39)与建筑抗震设计反应谱的基本原理和导出方式均相同,但有着不同的表达方式,谱的形状及参数取值也有微小差别。

(1)水平设计加速度反应谱

阻尼比为 0.05 的水平设计加速度反应谱 S 由下式确定:

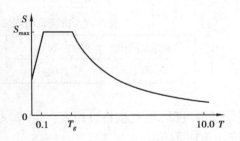

图 5.39 水平设计加速度反应谱

$$S = \begin{cases} S_{max}(5.5T + 0.45) & T < 0.1\ \text{s} \\ S_{max} & 0.1\ \text{s} \leqslant T \leqslant T_g \\ S_{max}(T_g/T) & T > T_g \end{cases} \tag{5.124}$$

式中　T_g——特征周期,s;

　　　T——结构自振周期,s;

　　　S_{max}——水平设计加速度反应谱最大值。

①水平设计加速度反应谱最大值 S_{max}:

$$S_{max} = 2.25C_iC_sC_dA \tag{5.125}$$

式中 C_i——抗震重要性系数,按表 5.15 取值;

C_s——场地系数,按表 5.16 取值;

C_d——阻尼调整系数;

A——水平向设计基本地震动加速度峰值,按表 5.17 取值。

表 5.15 各类公路桥梁的抗震重要性系数 C_i

桥梁分类	E1 地震作用	E2 地震作用
A 类	1.0	1.7
B 类	0.43(0.5)	1.3(1.7)
C 类	0.34	1.0
D 类	0.23	—

注:高速公路和一级公路上的大桥、特大桥,其抗震重要性系数取 B 类括号内的值。

表 5.16 场地系数 C_s

抗震设防烈度 场地类型	6	7		8		9
	0.05g	0.1g	0.15g	0.2g	0.3g	0.4g
I	1.2	1.0	0.9	0.9	0.9	0.9
II	1.0	1.0	1.0	1.0	1.0	1.0
III	1.1	1.3	1.2	1.2	1.0	1.0
IV	1.2	1.4	1.3	1.3	1.0	0.9

表 5.17 抗震设防烈度和水平向设计基本地震动加速度峰值 A

抗震设防烈度	6	7	8	9
A	0.05g	0.10(0.15)g	0.20(0.30)g	0.40g

②特征周期 T_g 按桥址位置在《中国地震动反应谱特征周期区划图》上查取,根据场地类别,按表 5.18 取值。

表 5.18 设计加速度反应谱特征周期调整表

区划图上的 特征周期/s	场地类型划分			
	I	II	III	IV
0.35	0.25	0.35	0.45	0.65
0.40	0.30	0.40	0.55	0.75
0.45	0.35	0.45	0.65	0.90

③阻尼调整系数。除有专门规定外,结构的阻尼比 ζ 应取值 0.05,式(5.125)中的阻尼调整系数 C_d 取值 1.0。当结构的阻尼比按有关规定取值不等于 0.05 时:

$$C_d = 1 + \frac{0.05 - \zeta}{0.06 + 1.7\zeta} \geqslant 0.55 \tag{5.126}$$

（2）竖向设计加速度反应谱

竖向设计加速度反应谱由水平向设计加速度反应谱乘以下式给出的竖向/水平向谱比函数 R。

基岩场地：$\qquad\qquad\qquad R = 0.65$

土层场地：
$$R = \begin{cases} 1.0 & T < 0.1 \text{ s} \\ 1.0 - 2.5(T - 0.1) & 0.1 \text{ s} \leqslant T < 0.3 \text{ s} \\ 0.5 & T \geqslant 0.3 \text{ s} \end{cases} \tag{5.127}$$

式中　T——结构自振周期，s。

5.8.3　桥梁地震作用计算

1) 桥梁抗震分析一般规定

本章适用于单跨跨径不超过 150 m 的混凝土梁桥、圬工或混凝土拱桥等常规桥梁的抗震分析，对于墩高超过 40 m，墩身第一阶振型有效质量低于 60%，且结构进入塑性的高墩桥梁应作专项研究。

根据在地震作用下动力响应特性的复杂程度，常规桥梁分为规则桥梁和非规则桥梁两类。表 5.19 限定范围内的梁桥属于规则桥梁，不在此表限定范围内的梁桥属于非规则桥梁，拱桥为非规则桥梁。

表 5.19　规则桥梁的定义

参　数	参数值				
单跨最大跨径	≤90 m				
墩　高	≤30 m				
单墩高度与直径或宽度比	大于 2.5 且小于 10				
跨　数	2	3	4	5	6
曲线桥梁圆心角 φ 及半径 R	单跨 $\varphi < 30°$ 且一联累计 $\varphi < 90°$，同时曲梁半径 $R \geqslant 20b$（b 为桥宽）				
跨与跨间最大跨长比	3	2	2	1.5	1.5
轴压比	<0.3				
跨与跨间桥墩最大刚度比	—	4	4	3	2
支座类型	普通板式橡胶支座、盆式支座（铰接约束）等。使用滑板支座、减隔震支座等属于非规则桥梁				
下部结构类型	桥墩为单柱墩、双柱框架墩、多柱排架墩				
地基条件	不易液化、侧向滑移或易冲刷的场地，远离断层				

①地震作用下,一般情况下桥墩应采用反应谱理论计算,桥台台身地震惯性力可按静力法计算。

②在进行桥梁抗震分析时,E1 地震作用下,常规桥梁的所有构件抗弯刚度均按毛截面计算;E2 地震作用下,延性构件的有效截面抗弯刚度应按下式计算,但其他构件抗弯刚度仍按毛截面计算。

$$E_c \times I_{eff} = \frac{M_y}{\phi_y} \quad\quad\quad (5.128)$$

式中　E_c——桥墩的弹性模量,kN/m^2;

I_{eff}——桥墩有效截面抗弯惯性矩,m^4;

M_y——屈服弯矩,$kN \cdot m$;

ϕ_y——等效屈服曲率,$1/m$。

③由于圬工拱桥、重力式桥墩和桥台一般为混凝土结构,结构尺寸大、无延性,因此它们和 D 类桥均只可进行 E1 地震作用下结构的地震反应分析。

④对于上部结构连续的桥梁,各桥墩高度宜尽可能相近。相邻桥墩高度相差较大导致刚度相差较大的情况,宜在刚度较大的桥墩处设置活动支座或板式橡胶支座。

⑤不宜在梁桥的矮墩设置固定支座,矮墩宜设置活动支座或板式橡胶支座。

⑥在高烈度区,宜尽量避免采用对抗震不利的桥型。

2)梁桥延性抗震设计

1971 年美国圣弗尔南多(San Fernand)地震以后,各国都认识到结构的延性能力对结构抗震性能的重要意义;在 1994 年美国北岭(Northridge)地震和 1995 年日本神户(Kobe)地震后,强调结构总体延性能力已成为一种共识。为保证结构的延性,同时最大限度地避免地震破坏的随机性,新西兰学者 Park 等在 20 世纪 70 年代中期提出了结构抗震设计理论中的一个重要原则——能力保护设计原则(Philosophy of Capacity Design),并最早在新西兰混凝土设计规范(NZS3101,1982)中得到应用。以后这个原则先后被美国、欧洲和日本等国家的桥梁抗震规范所采用。

能力保护设计原则的基本思想是:通过设计使结构体系中的延性构件和能力保护构件形成强度等级差异,确保结构构件不发生脆性的破坏模式。

基于能力保护设计原则的结构抗震设计过程,一般都具有以下特征:

①选择合理的结构布局。

②选择地震中预期出现的弯曲塑性铰的合理位置,保证结构能形成一个适当的塑性耗能机制;通过强度和延性设计,确保潜在塑性铰区域截面的延性能力。

③确立适当的强度等级,确保预期出现弯曲塑性铰的构件不发生脆性破坏模式(如剪切破坏、黏结破坏等),并确保脆性构件和不宜用于耗能的构件(能力保护构件)处于弹性反应范围。

具体到梁桥,按能力保护设计原则,应考虑以下几方面:

①钢筋混凝土墩柱桥梁,抗震设计时,塑性铰的位置一般选择出现在墩柱上,墩柱作为延性构件设计,可以发生弹塑性变形,耗散地震能量。桥梁基础、盖梁、梁体和结点宜作为能力保护构件。墩柱的抗剪强度宜按能力保护原则设计。

②沿顺桥向,连续梁桥、简支梁桥墩柱的底部区域,连续刚构桥墩柱的端部区域为塑性铰区

域;沿横桥向,单柱墩的底部区域、双柱墩或多柱墩的端部区域为塑性铰区域。典型墩柱塑性铰区域如图5.40所示。

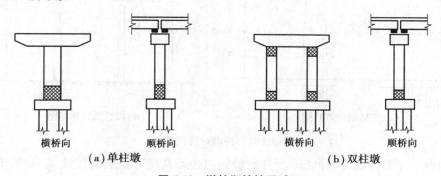

横桥向　　　顺桥向　　　　　　横桥向　　　顺桥向
(a)单柱墩　　　　　　　　　　　**(b)双柱墩**

图5.40　墩柱塑性铰区域
注:图中阴影线代表塑性铰区域

③盖梁、基础的设计弯矩和设计剪力值按能力保护原则计算时,应为与墩柱的极限弯矩(考虑超强系数)所对应的弯矩、剪力值;在计算盖梁、结点的设计弯矩、设计剪力值时,应考虑所有潜在塑性铰位置以确定最大设计弯矩和剪力。

④墩柱的设计剪力值按能力保护原则计算时,应为与墩柱的极限弯矩(考虑超强系数)所对应的剪力;在计算设计剪力值时,应考虑所有潜在塑性铰位置以确定最大的设计剪力值。

3)桥墩计算简图

梁桥下部结构和上部结构是通过支座相互连接的,当梁桥墩台受到侧向力作用时,如果支座摩阻力未被克服,则上部桥跨结构通过支座对墩台顶部提供一定约束作用,从而使桥墩刚度加大、周期变短,但上部构造的质量却又使桥墩周期加大。实测资料表明,在脉动试验或汽车通过等微幅振动情况下,这种上部构造的约束作用比较明显。但震害表明,在强震作用下,支座均有不同程度破坏,桥跨梁也有较大的纵、横向位移,墩台上部约束作用并不明显。《桥梁抗震细则》计算桥墩地震作用时,不考虑上部结构对下部结构的约束作用,均按单墩确定计算简图。

(1)实体墩

计算实体墩台地震作用时,可将桥梁墩身沿高度分成若干区段,把每一区段的质量集中于相应重心处,作为一个质点。从计算角度,集中质量个数越多,计算精度越高,但计算工作量也越大。一般认为,墩台高度在50~60 m以下,墩身划分为4~8个质点较为合适。对上部结构的梁及桥面,可作为一个集中质量,其作用位置顺桥向取在支座中心处,横桥向取在上部结构重心处。桥面集中质量中不考虑车辆荷载,由于车辆的滚动作用,在纵向不产生地震力;在横向,最大地震惯性力也不会超过车辆与桥面之间摩阻力,一般可以忽略。实体墩的计算简图为一多质点体系[图5.41(a)]。

(2)柔性墩

柔性墩所支承的上部结构质量远大于桥墩本身质量,桥墩自身质量通常为上部结构的1/8~1/5,它的大部分质量集中于墩顶处,可简化为一单质点体系[图5.41(b)]。

4)桥墩基本振型与基本周期

(1)基本振型

墩台下端嵌固于基础之上,墩身可视为竖向悬臂杆件。在水平地震力作用下,墩身变形由

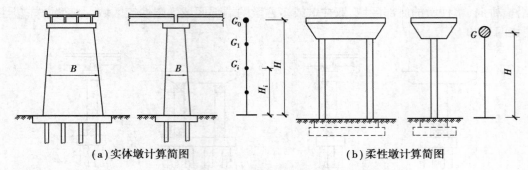

（a）实体墩计算简图　　　　　　　　　　　（b）柔性墩计算简图

图 5.41　桥墩计算简图

弯曲变形和剪切变形组成,两种变形所占的份额与桥墩高度与截面宽度比值 H/B 有关。当计算实体桥墩横向变形时,H/B 的值较小,应同时考虑弯曲变形和剪切变形影响;当计算纵向变形时,H/B 的值较大,弯曲变形占主导作用。

　　公路桥梁墩身一般不高,质量和刚度沿高度分布均匀,实体墩在确定地震作用时一般只考虑第一振型影响,而将高阶振型贡献略去不计。由于墩身沿横桥向和顺桥向的刚度不同,在计算时应分别采用不同的振型曲线。振型曲线 X_{1i}（一般采用静力挠曲线）确定之后,可以运用能量法或代替质量法将墩身各区段质量折算到墩顶,简化成单质点体系计算基本周期。但在确定地震作用时,仍将墩身按多质点体系处理,求出每一质点水平地震作用。柔性墩质量主要集中在墩顶,视为单质点体系求得周期,确定振型曲线。

　　《桥梁抗震细则》给出了实体墩基本振型表达方式（图 5.42）,图中 G_0 为上部结构重力,G_i 为墩身第 i 分段集中重力。当 $H/B>5$ 时（一般为顺桥向）,桥墩第一振型,在第 i 分段重心处的相对水平位移可按下式确定:

$$X_{1i} = X_f + \frac{1 - X_f}{H}H_i \tag{5.129}$$

当 $H/B<5$ 时（一般为横桥向）,桥墩第一振型在第 i 分段重心处的相对水平位移为:

$$X_{1i} = X_f + \left(\frac{H_i}{H}\right)^{\frac{1}{3}}(1 - X_f) \tag{5.130}$$

式中　X_f——考虑地基变形时,顺桥向作用于支座顶面或横桥向作用于上部结构质量重心上的单位水平力在一般冲刷线或基础顶面引起的水平位移与支座顶面或上部结构质量重心处的水平位移之比值;

　　　　H_i—— 一般冲刷线或基础顶面至墩身各分段重心处的垂直距离,m;

　　　　H——桥墩计算高度,即一般冲刷线或基础顶面至支座顶面或上部结构质量重心的垂直距离,m;

　　　　B——顺桥向或横桥向的墩身最大宽度,m,见图 5.41(a)。

　　对于柔性墩振动曲线（图 5.43）,图中 $X_{f\frac{1}{2}}$ 是考虑地基变形时,顺桥向作用于支座顶面上的单位水平力在墩身计算高度 $H/2$ 处引起的水平位移与支座顶面处的水平位移之比值,若取 $X_f = 0$,顺桥向可近似取 $X_{f\frac{1}{2}} = \dfrac{5}{16}$。

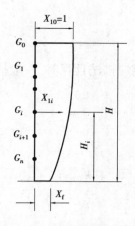 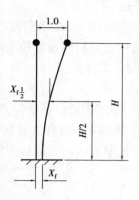

图 5.42　实体墩振动曲线　　　　　　　　图 5.43　柔性(柱式)墩振动曲线

(2)基本周期

梁桥的质量大部分集中于墩顶处,在求桥墩基本周期时,将墩身重力根据动力等效原则换算到墩顶处,而把桥墩视为单质点体系近似按下式计算桥墩的基本周期 T_1:

$$T_1 = 2\pi \sqrt{\frac{G_t \delta}{g}} \tag{5.131}$$

式中　G_t——支座顶面或上部结构质量重心处的换算质点重力,可按下列公式计算:

实体墩顺桥向:

$$G_t = G_{sp} + \left[X_f + \frac{1}{3}(1 - X_f)^2 \right] G_p \tag{5.132}$$

实体墩横桥向:

$$G_t = \sum_{i=0}^{n} G_i X_{1i}^2 \tag{5.133}$$

柔性墩:

$$G_t = G_{sp} + G_{cp} + \eta G_p \tag{5.134}$$

式中　$G_{i=0}$,G_{sp}——桥梁上部结构重力,对于简支梁桥,计算顺桥向地震作用时为相应于墩顶固定支座的一孔梁的重力;计算横向地震作用时为相邻两孔梁重力的一半。

$G_{i=1,2,3,\cdots}$——桥墩墩身各分段的重力。

G_p——墩身重力,对于扩大基础和沉井基础,为基础顶面以上墩身重力,对于桩基础,为一般冲刷线以上墩身重力。

G_{cp}——盖梁重力。

η——柔性墩墩身重力换算系数:

$$\eta = 0.16 \left(X_f^2 + 2X_{f\frac{1}{2}}^2 + X_f X_{f\frac{1}{2}} + X_{f\frac{1}{2}} + 1 \right) \tag{5.135}$$

δ——在顺桥向或横桥向作用于支座顶面或上部结构质量重心处单位水平力在该点引起的水平位移,顺桥和横桥方向应分别计算。对于实体墩,计算横桥方向的基本周期时,一般应考虑剪切变形的影响;对于变截面桥墩,应采用等效截面惯性矩 I_e。

g——重力加速度。

5）桥墩水平地震作用

（1）规则桥梁实体桥墩水平地震作用

规则桥梁桥墩顺桥向及横桥向的水平地震作用,采用反应谱法计算时,一般情况下可参照图 5.42 按下列公式计算:

$$E_{ihp} = S_{h1}\gamma_1 X_{1i}G_i/g \tag{5.136}$$

式中　E_{ihp}——作用于梁桥桥墩质点 i 的水平地震作用,kN;

S_{h1}——相应水平方向的加速度反应谱值;

γ_1——桥墩顺桥向或横桥向的基本振型参与系数,可按下式计算:

$$\gamma_1 = \frac{\sum\limits_{i=0}^{n} X_{1i}G_i}{\sum\limits_{i=0}^{n} X_{1i}^2 G_i} \tag{5.137}$$

（2）规则桥梁的柱式墩水平地震作用

梁桥桥墩的柔性墩以弯曲变形为主,用能量法将墩身质量换算到墩顶后,可简化为单自由度体系,其顺桥向的水平地震作用,可参照图 5.44 采用下列简化公式计算:

$$E_{htp} = S_{h1}G_t/g \tag{5.138}$$

式中　E_{htp}——作用于支座顶面处的顺桥向水平地震作用;

G_t——支座顶面处的换算质点重力,按式(5.134)计算。

（3）采用板式橡胶支座的梁桥水平地震作用

试验和理论分析表明,采用橡胶支座可以起到部分减震效果。板式橡胶支座是用橡胶与钢板叠合而成的,截面可以是矩形或圆形,一般安装在刚性墩、实性墩或桥台的梁下。

《桥梁抗震细则》规定,采用板式橡胶支座的规则梁桥用反应谱法计算时,其顺桥向水平地震作用一般应分别按下列情况计算:

①全联均采用板式橡胶支座的连续梁或桥面连续、顺桥向具有足够强度的抗震联结措施(即顺桥向联结措施的强度大于支座抗剪极限强度)的简支梁桥,其水平地震作用可按下述简化方法计算:

上部结构对板式橡胶支座顶面处产生的水平地震作用:

$$E_{ihs} = \frac{K_{itp}}{\sum\limits_{i=1}^{n} K_{itp}} S_{h1} \frac{G_{sp}}{g} \tag{5.139}$$

式中　E_{ihs}——上部结构在第 i 号墩板式橡胶支座顶面处产生的水平地震作用,kN;

K_{itp}——第 i 号墩组合抗推刚度,kN/m,组合刚度由橡胶支座与桥墩串联所得,

$K_{itp} = \dfrac{K_{is}K_{ip}}{K_{is}+K_{ip}}$;

K_{is}——第 i 号墩板式橡胶支座抗推刚度,kN/m,$K_{is} = \sum\limits_{i=1}^{n_s} \dfrac{G_d A_r}{\sum t}$;

G_d——板式橡胶支座动剪切模量,$G_d = 1\ 200\ \text{kN/m}^2$;

A_r——板式橡胶支座面积,m^2;

$\sum t$ ——板式橡胶支座橡胶层总厚度,m;

n_s ——第 i 号墩上板式橡胶支座数量;

K_{ip} ——第 i 号桥墩墩顶抗推刚度,kN/m;

n ——相应于一联上部结构的桥墩个数;

G_{sp} —— 一联上部结构的总重力,kN。

实体墩由墩身自重在墩身质点 i 处的水平地震作用

$$E_{ihp} = S_{h1}\gamma_1 X_{1i} G_i/g \tag{5.140}$$

柱式墩由墩身自重在板式橡胶支座顶面产生的水平地震作用

$$E_{hp} = S_{h1} G_{tp}/g \tag{5.141}$$

式中 G_{tp} ——桥墩对板式橡胶支座顶面处的换算质点重力,kN,可按下式计算:

$$G_{tp} = G_{cp} + \eta G_p$$

②采用板式橡胶支座的多跨简支梁桥,对刚性墩可按单墩单梁计算;对柔性墩应考虑支座与上下部结构的耦联作用(一般情况下可考虑3~5孔),按图5.44所示的计算图式进行计算。

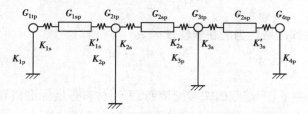

图5.44 板式橡胶支座简支梁桥计算简图

注:G_{1tp},G_{2tp},G_{3tp},G_{4tp}——桥墩对板式橡胶支座顶面处的换算质点重力,kN;

G_{1sp},G_{2sp},G_{3sp}——上部结构重力,kN;

K_{1p},K_{2p},K_{3p},K_{4p}——墩顶抗推刚度,kN/m;

K_{1s},K'_{1s},K_{2s},K'_{2s},K_{3s},K'_{3s}——板式橡胶支座抗推刚度,kN/m。

采用板式橡胶支座的规则简支梁和连续梁桥,当横桥向设置有限制横桥向位移的抗震措施(例如挡块)时,桥墩横桥向水平地震作用可按式(5.136)计算。

(4)在 E2 地震作用下墩顶的水平位移

在 E2 地震作用下,可按下式计算墩顶的顺桥向和横桥向水平位移 Δ_d:

$$\Delta_d = c\delta \tag{5.142}$$

式中 δ ——在 E2 地震作用下,采用截面有效刚度计算的墩顶水平位移;

c ——考虑结构周期的调整系数,按表5.20取值。

表5.20 调整系数 c

结构周期	c
$T \leqslant 0.1$ s	1.5
$T \geqslant T_g$	1.0
1.0 s$<T<T_g$	按线性插值求得

6）能力保护构件计算

在 E2 地震作用下，如结构未进入塑性工作范围，桥梁墩柱的剪力设计值、桥梁基础和盖梁的内力设计值可用 E2 地震作用的计算结果。

①延性墩柱沿顺桥向剪力设计值 V_{c0}：

延性墩柱的底部区域为潜在塑性铰区域

$$V_{c0} = \phi^0 \frac{M_{zc}^x}{H_n} \tag{5.143}$$

延性墩柱的顶、底部区域均为潜在塑性铰区域

$$V_{c0} = \phi^0 \frac{M_{zc}^x + M_{zc}^s}{H_n} \tag{5.144}$$

②延性墩柱沿横桥向剪力设计值 V_{c0}：

延性墩柱的底部区域为潜在塑性铰区域

$$V_{c0} = \phi^0 \frac{M_{hc}^x}{H_n} \tag{5.145}$$

延性墩柱的顶、底部区域均为潜在塑性铰区域

$$V_{c0} = \phi^0 \frac{M_{hc}^x + M_{hc}^s}{H_n} \tag{5.146}$$

式中　M_{zc}^s，M_{zc}^x——墩柱上、下端截面按实配钢筋，采用材料强度标准值和最不利轴力计算的沿顺桥向正截面抗弯承载力所对应的弯矩值，$kN \cdot m$；

　　　M_{hc}^s，M_{hc}^x——墩柱上、下端截面按实配钢筋，采用材料强度标准值和最不利轴力计算的沿横桥向正截面抗弯承载力所对应的弯矩值，$kN \cdot m$；

　　　H_n——一般取为墩柱的净长度，但是对于单柱墩横桥向计算时应取梁体截面形心到墩柱底截面的垂直距离，m；

　　　ϕ^0——桥墩正截面抗弯承载能力超强系数，取值 1.2。

③延性桥墩盖梁的弯矩设计值 M_{p0}：

$$M_{p0} = \phi^0 M_{hc}^s + M_G \tag{5.147}$$

式中　M_G——由结构重力产生的弯矩，$kN \cdot m$。

④延性桥墩盖梁的剪力设计值 V_{c0}：

$$V_{c0} = \phi^0 \frac{M_{pc}^R + M_{pc}^L}{L_0} \tag{5.148}$$

式中　M_{pc}^L，M_{pc}^R——盖梁左、右端界面按实配钢筋，采用材料强度标准值计算的正截面抗弯承载力所对应的弯矩值，$kN \cdot m$；

　　　L_0——盖梁的净跨度，m。

⑤梁桥基础沿顺桥向、横桥向的弯矩、剪力和轴力设计值应根据墩柱底部可能出现塑性铰处沿顺桥向、横桥向的弯矩承载力（考虑超强系数 ϕ^0）、剪力设计值和墩柱最不利轴力来计算。

5.8.4　桥台水平地震作用

作用于桥台上的水平地震作用包括台身水平地震力、台背主动土压力以及上部结构对桥台顶面处产生的水平地震力(图 5.45)。E1 地震作用抗震设计阶段,应考虑地震时动水压力和主动土压力的影响,在 E2 地震作用抗震设计阶段,一般不考虑。桥台地震作用可按静力法确定。

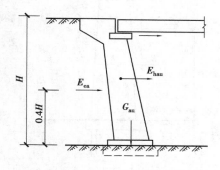

图 5.45　桥台水平地震作用

1)桥台的水平地震作用

桥台的水平地震作用计算公式为:

$$E_{hau} = C_i C_s C_d A \frac{G_{au}}{g} \qquad (5.149)$$

式中　E_{hau}——作用于台身重心处的水平地震作用力,kN;

　　　G_{au}——基础顶面以上台身的重力,kN。

如果桥台上有固定支座与上部结构相连,还应计入上部结构所产生的水平地震力,其数值仍按式(5.149)计算,但 G_{au} 取一孔梁的重力。如果桥台修建在基岩上,其震害普遍较轻,可以适当降低桥台水平地震作用,桥台水平地震作用可按式(5.149)计算值的80%采用。

2)黏性土的地震土压力

《桥梁抗震细则》附录 D 给出了关于黏性土的地震土压力计算公式。当桥台后填土无黏性时,地震时作用于桥台台背的主动土压力可按下列简化公式计算:

$$E_{ea} = \frac{1}{2}\gamma H^2 K_A\left(1 + \frac{3C_i A}{g}\tan\varphi\right) \qquad (5.150)$$

式中　E_{ea}——地震时作用于台背每延米长度上的主动土压力,kN/m,其作用点为距台底 0.4H处;

　　　γ——土的容量,kN/m³;

　　　H——台身高度,m;

　　　K_A——非地震条件下作用于台背的主动土压力系数,按下式计算:

$$K_A = \frac{\cos^2\varphi}{(1 + \sin\varphi)^2} = \tan^2\left(45° - \frac{\varphi}{2}\right) \qquad (5.151)$$

　　　φ——台背土的内摩擦角,(°);

　　　C_i——综合影响系数,取 $C_i = 0.35$ 抗震重要性系数。

当判定台址地表以下 10 m 内,有液化土层或软土层时,桥台应穿过液化土层或软土层;当液化土层或软土层超过 10 m 时,桥台应埋深至地表以下 10 m 处。作用于台背的主动土压力应按下式计算:

$$E_{ea} = \frac{1}{2}\gamma H^2\left(K_A + 2C_i\frac{A}{g}\right) \qquad (5.152)$$

3）地震动水压力

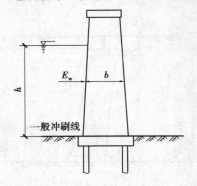

地震动水压力实质上是结构与水的相互作用问题,地震时水所产生的附加惯性力对高烈度区是相当可观的,不容忽视。一般情况下,位于常水位水深超过 5 m 的实体桥墩、空心桥墩的抗震设计,应计入地震动水压力。

地震时作用于桥墩上的地震动水压力应分别按下列各式进行计算(图 5.46):

当 $\dfrac{b}{h} \leqslant 2.0$ 时

$$E_w = 0.15\left(1 - \frac{b}{4h}\right) C_i A \xi_h \gamma_w b^2 h / g \qquad (5.153)$$

图 5.46 地震动水压力

当 $2.0 < \dfrac{b}{h} \leqslant 3.1$ 时

$$E_w = 0.075 C_i A \xi_h \gamma_w b^2 h / g \qquad (5.154)$$

当 $\dfrac{b}{h} > 3.1$ 时

$$E_w = 0.24 C_i A \gamma_w b^2 h / g \qquad (5.155)$$

式中　E_w——地震时在 $h/2$ 处作用于桥墩的总动水压力,kN;

ξ_h——断面形状系数。对于矩形墩和方形墩,取 $\xi_h = 1$;对于圆形墩,取 $\xi_h = 0.8$;对于圆端形墩,顺桥向取 $\xi_h = 0.9 \sim 1.0$,横桥向取 $\xi_h = 0.8$;

γ_w——水的重度,kN/m³;

b——与地震作用方向相垂直的桥墩宽度,可取 $h/2$ 处的截面宽度,m。对于矩形墩,横桥向时,取 $b = a$(长边边长);对于圆形墩,两个方向均取 $b = D$(墩的直径);

h——从一般冲刷线算起的水深,m。

比值 b/h 反映了桥墩相对刚度的大小,b/h 值大,桥墩刚度大,地震动水压力就大;b/h 值小,桥墩柔度好,地震动水压力就小。

5.8.5　支座水平地震作用

桥梁上部结构的各种荷载通过支座传到桥墩,无地震时,支座主要承受竖向荷载;有地震时,支座还要传递上部结构产生的水平惯性力。为使支座具有足够的传力能力,在进行支座部件设计时,必须确定作用在支座上的水平力。

①顺桥向水平地震作用由固定支座承担,所承受的水平地震作用为上部结构的水平地震力减去活动支座的水平摩擦力:

$$E_{hb} = \frac{C_i A}{g} G_{sp} - \sum \mu_d R_{fre} \qquad (5.156)$$

式中　E_{hb}——作用于固定支座上顺桥向的水平地震作用,kN;

G_{sp}——上部结构重力,kN,对于简支梁,为一孔上部结构重力;对于连续梁,为一联上部结构重力;

$\sum \mu_d R_{fre}$——活动支座摩阻力之和,kN,并应符合

$$\sum \mu_d R_{fre} \leq 0.65 \frac{C_i A}{g} G_{sp} \tag{5.157}$$

μ_d——活动支座动摩阻系数,对于聚四氟乙烯滑板支座,$\mu_d = 0.02$;对于弧形钢板支座,$\mu_d = 0.10$;对于平面钢板支座,$\mu_d = 0.15$;

R_{fre}——上部结构重力在活动支座上产生的反力,kN。

②横桥向的活动支座等同于固定支座,横桥方向的水平地震作用由活动支座和固定支座共同承受,所承受的水平地震作用为:

$$E_{zb} = \frac{C_i A}{g} G_{sp} \tag{5.158}$$

式中 E_{zb}——作用于固定支座或活动支座上横桥向的水平地震作用,kN;

G_{sp}——上部结构重力,kN,对于连续梁,为一联上部结构重力;对于简支梁,为一孔上部结构重力的一半。

③验算板式橡胶支座抗滑和板式橡胶支座厚度时,作用于板式橡胶支座上的水平地震作用为:

$$E_{hzb} = S_{h1} G_{sp}/g \tag{5.159}$$

式中 E_{hzb}——作用于板式橡胶支座上,顺桥向或横桥向的水平地震作用,kN;

G_{sp}——上部结构重力,kN。对于连续梁,为一联上部结构重力;对于简支梁,为一孔上部结构重力。

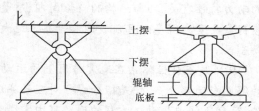

图 5.47　支座示意图

本章小结

1.地震按照其成因可分为三种主要类型:火山地震、塌陷地震和构造地震,其中构造地震为数最多,危害最大。

2.地震是一种随机现象,从统计的角度,地震的时空分布呈现某种规律性,根据历史地震的分布特征和产生地震的地质背景,可以将地球上地震活动划分为两个主要地震带:环太平洋地震带和地中海南亚地震带。我国地处环太平洋地震带和地中海南亚地震带之间,是一个多地震国家,抗震设防的国土面积已占全国面积的100%。

3.地震波是一种弹性波,它包括在地球内部传播的体波和在地表附近传播的面波。体波可分为纵波和横波,面波可分为瑞雷波和乐甫波。地震波的传播速度,以纵波最快,横波次之,面波最慢。纵波使建筑物产生上下颠簸,横波使建筑物产生水平摇晃,当横波和面波同时到达时振动最为剧烈。一般情况下,横波产生的水平振动是导致建筑物破坏的主要因素。

4.震级和烈度是两个容易混淆的概念。地震震级是表示地震本身大小的等级,它以地震释放的能量为尺度,是根据记录到的地震波来确定的。地震烈度是指某地区地面和各类建筑物遭受一次地震影响的强弱程度,它是按地震造成的后果分类的。相对于震源来说,烈度就是地震场的强度,一次地震只有一个震级,烈度随距离震中的远近而异。

5.工程结构抗震设防的依据是中国地震烈度区划图中给出的基本烈度或其他地震动参数,为反映不同震级和震中距的地震对工程结构影响,《建筑抗震规范》将建筑工程的设计地震划分为三组,不同设计地震分组,采用不同的设计特征周期和设计基本地震加速度值。

6.建筑结构的抗震设防目标是要求建筑物在使用期间,对不同频率和强度的地震,应具有不同的抗震能力。基于这一抗震设计准则,《建筑抗震规范》提出了三水准的抗震设防要求,分别对应多遇烈度、基本烈度和罕遇烈度。

《建筑抗震规范》采用二阶段设计来实现三水准要求。第一阶段设计是多遇地震下承载力验算和弹性变形计算,第二阶段设计是罕遇地震下弹塑性变形验算。对于特别重要的结构或抗侧能力较弱的结构,还要取第三水准的地震动参数进行薄弱部位弹塑性变形验算。

7.抗震设计中,根据建筑遭受地震破坏后可能产生的经济损失、社会影响及其在抗震救灾中的作用,将建筑物按重要性分为特殊设防类、重点设防类、标准设防类、适度设防类 4 类。对于不同重要性的建筑,采取不同的抗震设防标准。

8.结构由地震引起的振动称为结构的地震反应,振动过程中作用在结构上的惯性力就是"地震作用",它使结构产生内力,发生变形。地震时结构所承受的地震作用实际上是地震动输入结构后产生的动态反应。地震作用的数值大小不仅取决于地面运动的强弱程度,而且与结构的动力特性有关,即与结构的自振周期、质量、阻尼等直接相关,这就使得地震作用的确定比一般荷载要复杂得多。目前我国和世界上绝大多数国家均把反应谱理论作为确定地震作用的主要手段。

9.单质点弹性体系在地震作用下的运动微分方程是一个常系数二阶非齐次微分方程。它的解包含两部分:一个是微分方程对应的齐次方程的通解,代表自由振动;另一个是微分方程的特解,代表强迫振动。方程的通解可由常微分方程理论求得,方程的特解可由杜哈曼积分给出。

10.单质点体系作用于质点上的水平地震作用 F 可表示成地震系数 k、动力系数 β 与质点质量 G 的乘积,即 $F = k\beta G$,k 反映地面运动强弱程度,β 反映结构动力特性。《抗震规范》将地震系数与动力系数的乘积用一个地震影响系数 α 表示,并以 α 为参数给出了设计用反应谱。该设计反应谱由 4 部分组成,谱的形状与场地条件、震中距远近和结构阻尼比有关,设计时地震影响系数 α 可根据结构自振周期及其他条件确定。

11.对于多质点弹性体系可建立 n 个联立的运动方程,每个方程均包含 n 个未知的质点位移,利用振型的正交性,采用以振型为基底的广义坐标,可将联立的运动方程解耦,转化为 n 个独立方程,再比照单质点体系的求解方法,即可得到多质点体系在地震作用下任一质点的位移反应,该位移反应等于 n 个相应的单自由度体系相对位移反应与相应振型的线性组合。

12.利用振型分解反应谱法可确定多质点体系在地震作用下相应于 j 振型 i 质点的水平地震最大作用:

$$F_{ji} = \alpha_j \gamma_j X_{ji} G_i$$

相应于各振型的最大地震作用不会在同一时刻出现,可按"平方之和再开方"的组合公式确定水平地震作用效应,即:

$$S_{Ek} = \sqrt{\sum S_j^2}$$

13.对于高度不超过 40 m,以剪切变形为主且质量和刚度沿高度分布比较均匀的结构,可采用底部剪力法计算水平地震作用。底部剪力法仅考虑基本振型,先算出作用于结构底部的总剪力,然后将此总剪力按某一规律分配到各个质点。结构底部总剪力按下式计算:

$$F_{Ek} = \alpha_1 G_{eq}$$

各质点水平地震作用:

$$F_i = \frac{G_i H_i}{\sum_{j=1}^{n} G_j H_j} F_{Ek}(1 - \delta_n)$$

14.体型复杂的结构,质量和刚度分布明显不均匀、不对称的结构,在地震作用会发生扭转振动。引起扭转振动的主要原因是结构质量中心与刚度中心不重合。

15.在高烈度区,竖向地震运动的影响明显,应在抗震设计中加以重视。对于高耸结构、高层建筑和对竖向运动敏感的结构物可采用建立在竖向反应谱基础上的底部轴力法确定竖向地震作用;对于大跨度结构及长悬臂结构可将其重力荷载代表值放大某一比例即认为已考虑了竖向地震作用。

16.水平地震作用对结构起控制作用,可沿结构两个主轴方向分别计算水平地震力;对于明显不均匀、不对称的结构应考虑水平地震作用引起的扭转影响;高烈度区的高耸及高层结构、大跨及长悬臂结构应考虑竖向地震作用。

17.《桥梁抗震细则》将桥梁抗震设防类别分为 A 类、B 类、C 类和 D 类四类,规定 A 类桥梁的抗震设防目标是 E1 地震作用下不应发生损伤,E2 地震作用下可产生有限损伤,但地震后应能立即维持正常交通通行;B、C 类桥梁的抗震设防目标是 E1 地震作用下不应发生损伤,E2 地震作用下不致倒塌或产生严重结构损伤,经临时加固后可供维持应急交通使用;D 类桥梁的抗震设防目标是 E1 地震作用下不应发生损伤。

桥梁抗震采用两水平设防、两阶段设计。第一阶段的抗震设计对应 E1 地震作用,采用弹性抗震设计,保证结构具有必要的承载能力;第二阶段的抗震设计对应 E2 地震作用,采用延性抗震设计方法,保证结构具有足够的延性能力,确保结构的延性能力大于延性需求。

18.《桥梁抗震细则》规定,在梁桥抗震验算时,应分别考虑顺桥向 X 和横桥向 Y 两个方向的水平地震作用,计算墩台和支座承受的水平力以及地震动水压力,并应考虑顺桥方向桥台的水平地震力和地震土压力。抗震设防烈度为 8 度和 9 度的拱式结构、长悬臂桥梁结构和大跨度结构等,尚应同时考虑竖向地震作用。

19.一般梁桥结构动力分析仍采用反应谱理论,桥梁抗震设计反应谱与建筑抗震设计反应谱的基本原理和导出方法均相同,但有着不同的表达方式,谱的形状及参数取值也有微小差别。

20.桥墩动力分析时,不考虑上部结构对下部的约束作用,均按单墩确定计算简图。实体墩应将墩身分成若干区段,按多质点体系计算;柔性墩质量大部分集中于墩顶,可简化为单质点体系。求桥墩基本周期时,根据动力等效原则将质量全部换算到墩顶处,按顶点位移法计算基本周期,由基本周期可得到动力放大系数,进而确定墩台水平地震作用。

21.采用橡胶支座的梁桥水平地震作用,应根据板式橡胶支座的设置情况,区分连续梁和简支梁桥分别给出水平地震作用计算公式。

22.桥台上的地震作用包括台身水平地震力、台背主动土压力和上部结构传来的惯性力,可按静力法确定。地震动水压力在高烈度区不容忽视,设计时可根据桥墩相对刚度大小分别计算。

思考题

5.1 试述构造地震成因的局部机制和宏观背景。

5.2 什么是地震波？地震波包含了哪几种波？它们的传播特点是什么？对地面运动影响如何？

5.3 什么是里氏震级？什么是矩震级？

5.4 什么是地震烈度？震级与烈度两者有何关联？

5.5 什么是地震作用？怎样确定地震作用？

5.6 地震系数和动力系数的物理意义是什么？

5.7 影响地震反应谱的因素有哪些？设计用反应谱是如何反映这些因素的影响的？

5.8 简述确定结构地震作用的底部剪力法和振型分解反应谱法的基本原理和步骤。

5.9 什么叫鞭端效应？设计时如何考虑这种效应？

5.10 什么叫结构的刚心和质心？结构的扭转地震效应是如何产生的？

5.11 哪些结构需要考虑竖向地震作用？如何确定竖向地震作用？

5.12 抗震设计中如何考虑结构的地震作用？依据的原则是什么？

5.13 试述公路桥梁抗震设防目标。

5.14 什么是桥梁的延性抗震设计？什么是能力保护构件和延性构件？

5.15 梁桥墩台顺桥向和横桥向水平地震作用是如何确定的？

5.16 地震时桥墩上的动水压力如何计算？

5.17 梁桥桥台水平地震作用是如何考虑的？

5.18 桥梁支座顺桥向水平地震作用和横桥向水平地震作用如何确定？

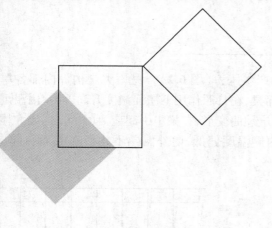

6 其他荷载与作用

本章导读：

　　由于外部环境作用和人为因素影响，结构物承受的荷载与作用种类繁多，本章介绍了温度变化引起的结构变形和附加力，以及温度作用产生的条件；探讨了外界因素造成的基础不均匀沉降、或自身原因使构件发生收缩和徐变引起的结构变形和内力现象；阐述了土的冻胀力产生的原理、对结构的影响和冻胀力计算的方法；给出了爆炸产生的机理、爆炸的力学性质及爆炸力计算公式；讨论了车辆行驶动态作用（包括汽车冲击力、离心力、制动力）的产生原因和确定办法；最后简介了为什么要对结构施加预加力及施加预加力的方法。

6.1　温度作用

6.1.1　温度应力的产生

　　温度作用是指因温度变化引起的结构变形和附加力。当结构物所处环境温度发生变化，且结构或构件的热变形受到边界条件约束或相邻部分的制约，不能自由胀缩时，则在结构或构件内形成温度应力。温度作用不仅取决于结构物环境温度变化，它还与结构或构件受到的约束条件有关。

　　结构物在温度作用下产生变形时，结构与结构之间、结构与支承体之间、构件内部各单元体之间都会相互影响、相互牵制。在土木工程中这些约束条件大致可分为两类：一类是结构物的变形受到其他物体的阻碍或支承条件的制约，不能自由变形。例如，现浇钢筋混凝土框架结构的基础梁嵌固在两柱基之间，基础梁的伸缩变形受到柱基约束，没有任何变形余地（图6.1）。又如，排架结构支承于地基，当上部横梁因温度变化伸长时，横梁的变形使柱产生侧移，在柱中引起内力;柱子对横梁施加约束,在横梁中产生压力(图6.2)。另一类是构件内部各单元体之间相互制约,不能自由变形。例如简支屋面梁,在日照作用下屋面温度升高,而室内温度相对较低,简支梁沿梁高受到不均匀温差作用,产生翘曲变形,在梁中引起应力(图6.3)。或大体积混凝土梁结硬时,水化热使得中心温度较高,两侧温度偏低,内外温差不均衡在截面引起应力(图6.4)。

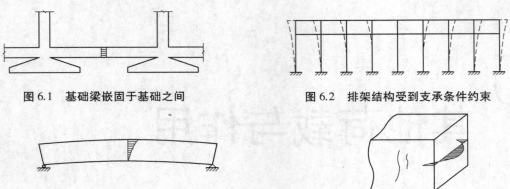

图 6.1　基础梁嵌固于基础之间　　　　图 6.2　排架结构受到支承条件约束

图 6.3　简支屋面梁温差引起的应力分布　　图 6.4　大体积混凝土梁水化热引起的应力分布

6.1.2　温度应力的计算

温度变化对结构物产生的影响应根据不同结构类型和约束条件区别对待,能够自由变形的结构物在温度变化时无约束应力发生,但由于材料具有热胀冷缩的性质,应考虑结构符合约束条件的自由变形是否超过允许范围。对于存在多余约束的超静定结构,或物体内部单元体相互制约的构件,其温度作用效应的计算,一般可根据变形协调条件,按结构力学或弹性力学方法确定。

两端嵌固于支座的约束梁[图6.5(a)],承受一均匀温差 T,若要计算此梁温度应力,可先将其一端解除约束,成为一悬臂梁[图6.5(b)],悬臂梁在温差 T 的作用下产生的自由伸长 ΔL 及相对变形 ε 可由下式求得:

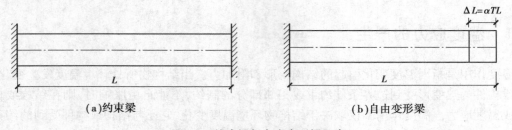

(a)约束梁　　　　　　　　(b)自由变形梁

图 6.5　约束梁与自由变形梁示意

$$\Delta L = \alpha T L \tag{6.1}$$

$$\varepsilon = \frac{\Delta L}{L} = \alpha T \tag{6.2}$$

式中　α——材料线膨胀系数,1/℃。温度每升高或降低 1 ℃,单位长度构件的伸长或缩短量,几种主要材料线膨胀系数见表6.1;

T——温差,℃;

L——梁跨度,m。

如果悬臂梁右端受到嵌固不能自由伸长,梁内便产生约束力,约束力 P 的大小等于将自由变形梁压回原位所施加的力(拉为正,压为负),即:

$$P = -\frac{EA}{L}\Delta L \tag{6.3}$$

$$\sigma = -\frac{P}{A} = -\frac{EA}{LA}\alpha TL = -\alpha TE \tag{6.4}$$

式中　E——材料弹性模量;

$\quad\quad A$——材料截面面积;

$\quad\quad \sigma$——杆件约束应力。

由式(6.4)可知,杆件约束应力只与温差、线膨胀系数和弹性模量有关,其数值等于温差引起的应变与弹性模量的乘积。

排架横梁受到均匀温差 T 作用(图6.6),若忽略横梁在柱端阻力下的弹性变形,横梁伸长 $\Delta L = \alpha TL$,此即柱顶产生的水平位移。柱的抗侧刚度用 K 表示,K 为柱顶产生单位位移时所施加的力,由结构力学可知:

$$K = \frac{3EI}{H^3} \tag{6.5}$$

柱顶所受到的水平剪力:

$$V = \Delta LK = \alpha TL\frac{3EI}{H^3} \tag{6.6}$$

式中　I——柱截面惯性矩;

$\quad\quad H$——柱高。

由式(6.6)可知温度变化在柱中引起的约束内力与结构长度成正比,当结构物长度很长时,必然在结构中产生较大温度应力。为了降低温度应力,只有缩短结构物的长度,这就是过长的结构每隔一定距离必须设置伸缩缝的原因。

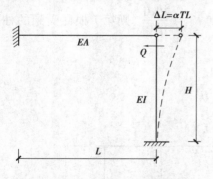

图6.6　忽略横梁弹性变形

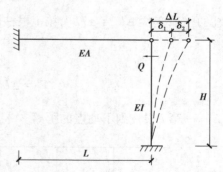

图6.7　考虑横梁弹性变形

图6.7所示排架条件同图6.6所给排架,考虑柱顶阻力使横梁产生压缩变形,则柱顶实际位移 δ_1 是温差引起的横梁伸长 ΔL 与横梁压缩变形 δ_2 的代数和:

$$\delta_1 = \Delta L + \delta_2 \tag{6.7}$$

$$\delta_1 = \frac{VH^3}{3EI} \tag{6.8}$$

$$\delta_2 = -\frac{VL}{EA} \tag{6.9}$$

将式(6.8)、式(6.9)代入式(6.7),并取 $\Delta L = \alpha TL$,可得

$$\alpha TL = V\left(\frac{H^3}{3EI} + \frac{L}{EA}\right) \tag{6.10}$$

柱顶所受水平剪力:

$$V = \frac{\alpha TL}{\dfrac{H^3}{3EI} + \dfrac{L}{EA}} \tag{6.11}$$

由式(6.11)可知,杆件长度与约束力呈非线性关系,只有当横梁轴向刚度 EA 很大时,式(6.11)与式(6.6)才等同。在实际工程中,大部分结构的变形都受到弹性约束,而不考虑结构弹性压缩计算的内力较实际内力要高,是偏于安全的。

厂房纵向排架结构柱嵌固于地面(图6.8),排架横梁受到均匀温差作用向两边伸长或缩短,中间有一变形不动点,变形不动点位于各柱抗侧刚度分布的中点,可由柱总抗侧刚度乘以不动点到左端第1根柱的距离等于各柱抗侧刚度乘以该柱到左端第1根柱的距离之和的条件得到。变形不动点两侧横梁伸缩变形将在柱中和横梁引起应力。

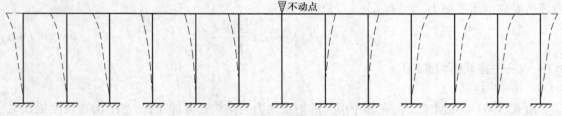

图6.8 厂房纵向排架温度变形分布

由结构对称性,只需考虑不动点一侧内力分析(图6.9),若忽略横梁弹性变形,不动点右侧第 i 根柱的柱顶变位 $\Delta L_i = \alpha TL_i$,第 i 根柱的抗侧刚度 $K_i = \dfrac{3E_iI_i}{H^3}$,则第 i 根柱受到的柱顶剪力为:

$$V_i = \Delta L_i K_i = \alpha TL_i \frac{3E_iI_i}{H^3} \tag{6.12}$$

式中 L_i ——第 i 根柱到不动点的距离。

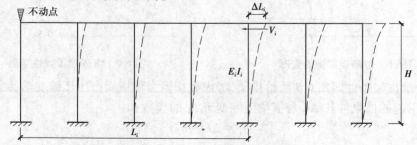

图6.9 排架结构温度应力计算简图

若考虑柱端弹性恢复力使横梁产生回弹变位,则柱顶变位 ΔL_i 中尚应扣除第 i 根柱以左各开间横梁的压缩变形,其计算方法较为冗繁,此处不赘。

6.1.3　温度变化的考虑

基本气温是气温的基准值,是确定温度作用所需最主要的气象参数。《荷载规范》将基本气温定义为 50 年一遇的月平均最高气温 T_{max} 和月平均最低气温 T_{min}。全国基本气温分布图见附图 5 和附图 6,它是以全国各基本气象台站历年最高温度月的月平均最高和最低温度月的月平均最低气温为样本,经统计得到的具有一定年超越概率的最高和最低气温。我国多数地区平均气温最高月是 7 月,平均气温最低月是 1 月,所以可按 7 月和 1 月平均温度采用。我国长江中下游一带大气气温年温差约为 30 ℃。

温度作用是由温度变化引起的,温度变化可分为气温变化和结构温差两种情况。气温变化产生均匀温度作用,结构温差造成的结构内外温度差异。

1)均匀温度作用

结构的温度作用效应要考虑温升和温降两种工况,这两种工况产生的效应是不同的,温升工况会使构件产生膨胀,而温降则会使构件产生收缩。气温和结构温度的单位采用摄氏度(℃),零上为正,零下为负。温度作用标准值的单位也是摄氏度(℃),温升为正,温降为负。

（1）结构温升工况

对结构最大温升的工况,均匀温度作用标准值按下式计算:

$$\Delta T_k = T_{s,max} - T_{0,min} \tag{6.13}$$

式中　ΔT_k ——均匀温度作用标准值,℃;

　　　$T_{s,max}$ ——结构最高平均温度,℃;

　　　$T_{0,min}$ ——结构最低初始平均温度,℃。

（2）结构温降工况

对结构最大温降的工况,均匀温度作用标准值按下式计算:

$$\Delta T_k = T_{s,min} - T_{0,max} \tag{6.14}$$

式中　$T_{s,min}$ ——结构最低平均温度,℃;

　　　$T_{0,max}$ ——结构最高初始平均温度,℃。

结构最高平均温度 $T_{s,max}$ 和最低平均温度 $T_{s,min}$ 宜分别根据基本气温 T_{max} 和 T_{min} 按热工学的原理确定。对暴露于环境气温下的室外结构,结构最高平均温度和最低平均温度一般可分别取基本气温 T_{max} 和 T_{min}。有围护的室内结构,结构最高平均温度和最低平均温度一般可依据室内和室外的环境温度按热工学的原理确定。

2)结构内外温差

结构内外温差是指由于日照、骤冷等天气原因或高温车间、低温冷库等使用情况造成的结构内外温度差异,对于有围护的室内结构,应考虑房屋散热和保暖条件确定温差取值。对于暴露于室外的结构或施工期间的结构,宜依据结构的朝向和表面吸热性质考虑太阳辐射的影响。

室外环境温度一般可取基本气温,对温度敏感的金属结构,尚应根据结构表面的颜色深浅及朝向考虑太阳辐射的影响,对结构表面温度予以增大。室内环境温度应根据建筑设计的要求采用,当没有规定时,夏季可近似取 20 ℃,冬季可近似取 25 ℃。

在同一种材料内,结构的梯度温度可近似假定为线性分布。计算结构或构件的温度作用效应时,应采用材料的线膨胀系数,土木工程常用材料线膨胀系数列于表 6.1。

表 6.1 常用材料线膨胀系数 α_T

结构种类	轻骨料混凝土	普通混凝土	砌体	钢,锻铁,铸铁	不锈钢	铝,铝合金
线膨胀系数 α_T（×10^{-6}/℃）	7	10	6~10	12	16	24

计算桥梁结构因季节气温变化引起的外加变形和约束变形时,应从受到约束时的结构温度开始,考虑最高和最低有效温度的作用效应。公路桥梁结构的最高和最低有效温度标准值可按表 6.2 取用。

表 6.2 公路桥梁结构的有效温度标准值　　　　　　　　单位:℃

	钢桥面板钢桥		混凝土桥面板钢桥		混凝土、石桥	
	最高	最低	最高	最低	最高	最低
严寒地区	46	−43	39	−32	34	−23
寒冷地区	46	−21	39	−15	34	−10
温热地区	46	−9(−3)	39	−6(−1)	34	−3(0)

注:①全国气温分区图见《公路桥涵设计通用规范》(JTG D60—2004)附录 B。
　　②表中括弧内数值适用于昆明、南宁、广州、福州地区。

6.2　变形作用

变形作用是指由于外界因素造成结构基础不均匀沉降,或因自身原因构件发生伸缩变形导致结构或构件产生的变形和内力。类似于温度影响效应,如果结构体系为静定结构,当结构发生符合其约束条件的位移时,不会产生内力;若结构体系为超静定结构,多余约束会限制结构自由变形,支座的移动和转动引起结构内力。同样,当混凝土构件在空气中结硬产生收缩或在长期外力作用下发生徐变时,由于构件内钢筋与混凝土之间、混凝土各单元体之间相互影响、相互制约,不能自由变形,也会引起结构内力。

6.2.1　地基变形的影响

当建筑物上部结构荷载差异较大、结构体型复杂以及持力层范围内有不均匀地基时,会引起地基发生不均匀沉降。在实际工程中多为超静定结构,地基不均匀沉降使得上部结构产生附加变形和附加应力,严重时会引起房屋开裂。图 6.10 所示为一砌体结构房屋,地基不均匀沉降在砌体中引起附加拉力或剪力,当附加内力超过砌体本身强度时便产生裂缝。对于长宽比较大的砖混结构,当中部沉降比两端大时产生八字形裂缝,当两端沉降比中部大时产生倒八字形裂缝。图 6.11 所示单层厂房,因地面大面积堆载造成基础偏移,柱出现倾斜趋势,由于受到屋盖支撑,柱倾斜受阻,在柱头产生较大附加水平力,使柱身在弯矩作用下开裂,裂缝多集中在柱底弯矩最大处或柱身变截面处;柱身倾斜还会影响吊车正常运行,引起滑车和卡轨现象。

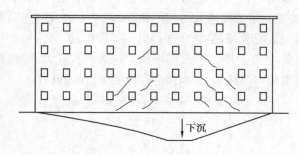 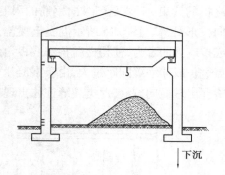

图 6.10 中部沉降过大引起的正八字裂缝　　　图 6.11 厂房大面积堆载引起基础下沉、柱身开裂

图 6.12 所示的刚架桥,两个立柱支承于不同地基之上,下部没有联结,当右端支柱基础下沉,刚架梁柱相应产生附加弯矩。横梁左节点处为负弯矩,梁顶受拉,右节点处为正弯矩,梁底受拉。因此横梁左端的裂缝从上向下开展,右端从下向上开展,左支柱水平裂缝由外向内延伸。图 6.13 所示连续梁桥,当墩台沉降不均匀时,将在梁内引起附加力,如两端桥台下沉较大,则中间桥墩上梁身所受负弯矩增大,顶部会产生自上而下的裂缝。

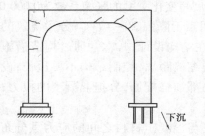 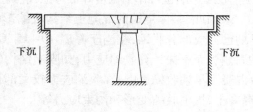

图 6.12 刚架桥右侧支柱下沉引起裂缝　　　图 6.13 连续梁桥两端桥台沉陷引起裂缝

超静定结构由于变形作用引起的内力和位移计算应遵循力学基本原理确定,可根据长期压密后的最终沉降量,由静力平衡条件和变形协调条件计算构件截面附加内力和附加变形。

6.2.2 混凝土收缩和徐变

混凝土在空气中结硬体积缩小的现象称为混凝土收缩。混凝土产生收缩的原因主要是水泥凝胶体在结硬过程中的凝缩和混凝土内自由水分蒸发的干缩双重因素造成。混凝土在外力长期作用下随荷载持续时间而增长的变形称为混凝土徐变,通常认为产生徐变的原因,在加载应力不大时,主要由混凝土内未结晶的水泥凝胶体应力重分布造成;在加载应力较大时,主要是混凝土内部微裂缝发展所致。研究混凝土收缩问题,往往涉及混凝土徐变现象,混凝土收缩使构件本身产生应力,而这种应力长期存在又使混凝土发生徐变,徐变限制或抵消了一部分收缩应力。

收缩是混凝土在不受力情况下因体积变化而产生的变形,若混凝土不能自由收缩,则混凝土内的拉应力将导致混凝土开裂。在钢筋混凝土构件中,钢筋和混凝土之间存在黏结作用,钢筋受到混凝土回缩而受压,混凝土收缩受到钢筋阻碍不能自由进行,使得混凝土承受拉力。图

6.14 所示钢筋混凝土梁,因混凝土收缩在梁腹部产生梭形裂缝。该梁在结硬收缩时,上端受到现浇板的约束,下端受到纵向钢筋的限制,中部可以较自由地收缩,从而形成中间宽、两头窄的竖向梭形裂缝。图 6.15 所示混凝土楼盖,在楼盖的角部或较大房间的角部,两个方向混凝土收缩形成拉应力的合力,使得楼盖角部或板角处出现斜裂缝,斜裂缝常常是贯穿板截面的。另外,如果楼盖过长或伸缩缝间距过大,由于混凝土收缩影响会在楼盖中部区段积聚较大的拉应力,导致楼盖中部出现横向裂缝,此类裂缝往往出现在楼盖相对薄弱部位,如楼盖收进处、楼梯间处等。

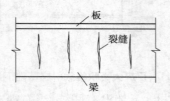

图 6.14　梁腹部梭形裂缝

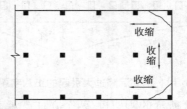

图 6.15　楼盖角部斜裂缝

　　工程设计时,应考虑混凝土收缩变形,计算结构附加内力。混凝土收缩变形与混凝土强度等级、养护条件、骨料组成、水灰比等诸多因素有关,一般为 0.000 2 ~ 0.000 4,可参照表 6.3 取用,当采用高强混凝土、预拌商品混凝土、泵送混凝土工艺时,应根据实测或经验取用较大收缩系数。混凝土收缩影响也可作为温度降低考虑,混凝土温度每变化 1 ℃ 的胀缩系数为0.000 01,相当于降温 1 ℃,因此,整体浇筑的混凝土结构收缩影响相当于降温 20 ~ 40 ℃;分段浇筑的混凝土结构,早期已完成部分收缩,相当于降温 10 ~ 15 ℃。在结构设计中,常常通过构造措施降低和避免收缩影响,而不去计算收缩应力,如限制结构物伸缩缝距离,控制结构不要过长;设置后浇带,减少混凝土早期收缩影响;在收缩应力较大部位局部加强配筋,分担混凝土的拉力;采用补偿收缩混凝土,抵消收缩变形和约束应力等。

　　混凝土徐变在钢筋混凝土静定结构中会引起钢筋与混凝土材料之间的应力重分布。对于钢筋混凝土受压构件,钢筋和混凝土共同承受外力作用,当构件承受不变的长期荷载时,混凝土产生徐变后将卸载给钢筋,使得钢筋应力增加、混凝土应力减小,在钢筋混凝土构件材料之间产生内力重分布。在超静定结构中,应计算徐变在各杆件中产生的附加内力,以及各杆件之间的内力重分布。徐变与混凝土应力的大小、加载时混凝土龄期、水灰比等因素有关。徐变值在工作应力范围内随应力比值的增加而增加,常用徐变系数反映这种变形增大现象。徐变系数为极限徐变应变与初始弹性应变的比值,与受荷时混凝土龄期、混凝土构件厚度、暴露于大气的表面积有关,可按表 6.3 取用。

表 6.3　徐变系数 φ_t 和收缩应变 ε_t

项　目	大气条件		相对湿度 75%		相对湿度 55%	
	构件理论厚度/cm		$\dfrac{2A_h}{u}$		$\dfrac{2A_h}{u}$	
	受荷时混凝土龄期/d		≤20	≥60	≤20	≥60
徐变系数 φ_t		3~6	2.7	2.1	3.8	2.9
		7~60	2.2	1.9	3.0	2.5
		>60	1.4	1.7	1.7	2.0

大气条件		相对湿度 75%		相对湿度 55%	
构件理论厚度/cm		$\dfrac{2A_h}{u}$		$\dfrac{2A_h}{u}$	
受荷时混凝					
项 目	土龄期/d	≤20	≥60	≤20	≥60
收缩应变 ε_t	3~6	0.26×10⁻³	0.21×10⁻³	0.43×10⁻³	0.31×10⁻³
	7~60	0.23×10⁻³	0.21×10⁻³	0.32×10⁻³	0.30×10⁻³
	>60	0.16×10⁻³	0.20×10⁻³	0.19×10⁻³	0.28×10⁻³

注：A_h——构件混凝土截面面积；

$\quad u$——与大气接触的截面周边长度。

6.3 冻胀力

6.3.1 土的冻胀原理及作用

含有水分的土体温度降低到其冻结温度时,土中孔隙水冻结成冰,并将松散的土颗粒胶结在一起形成冻土。冻土根据其存在时间的长短可分为多年冻土、季节冻土和瞬时冻土 3 类,其中季节性冻土是冬季冻结,夏季融化,每年冻融交替一次的土层。季节性冻土地基在冻结和融化过程中,往往产生冻胀和融陷,过大的冻融变形,将造成结构物的损伤和破坏。

地基土的冻胀与当地气候条件有关,还与土的类别和含水量有关,土的冻融主要是土中黏结水从未冻结区向冻结区转移形成的,对于不含和少含黏结水的土层,冻结过程中由于没有水分转移,土的冻胀仅是土中原有水分冻结时产生的体积膨胀,可被土的骨架冷缩抵消,实际上不呈现冻胀。碎石类土、中粗砂在天然情况下含黏土和粉土颗粒很少,其冻胀效应微弱。冻胀效应在黏性土和粉土地基中表现较强。

土体冻结体积增大,土体膨胀变形受到约束时,则产生冻胀力,约束越强,冻胀变形越小,冻胀力也就越大。当冻胀力达到一定界限时不再增加,这时的冻胀力就是最大冻胀力。建造在冻胀土上的结构物,相当于对地基的冻胀变形施加约束,使得地基土不能自由膨胀产生冻胀力,地基的冻胀力作用在结构物基础上,引起结构发生变形产生内力。

6.3.2 冻胀性类别及冻胀力分类

地基土的冻胀性可根据平均冻胀率分类,平均冻胀率为地面最大冻胀量与土的冻结深度之比。根据冻胀率的不同,地基土可分为不冻胀、弱冻胀、冻胀、强冻胀和特强冻胀 5 类。《建筑地基基础设计规范》(GB 50007—2011)给出了地基土的冻胀性分类,见表 6.4。

表6.4 地基土的冻胀性分类

土的名称	冻前天然含水量 $w/\%$	冻结期间地下水位距冻结面的最小距离 h_w/m	平均冻胀率 $\eta/\%$	冻胀等级	冻胀类别
碎（卵）石、砾、粗、中砂（粒径小于 0.075 mm 颗粒质量分数大于 15%），细砂（粒径小于 0.075 mm 颗粒质量分数大于 10%）	$w\leqslant 12$	>1.0	$\eta \leqslant 1$	I	不冻胀
		≤1.0	$1< \eta \leqslant 3.5$	II	弱冻胀
	$12<w\leqslant 18$	>1.0			
		≤1.0	$3.5< \eta \leqslant 6$	III	冻胀
	$w>18$	>0.5			
		≤0.5	$6< \eta \leqslant 12$	IV	强冻胀
粉砂	$w\leqslant 14$	>1.0	$\eta \leqslant 1$	I	不冻胀
		≤1.0	$1< \eta \leqslant 3.5$	II	弱冻胀
	$14<w\leqslant 19$	>1.0			
		≤1.0	$3.5< \eta \leqslant 6$	III	冻胀
	$19<w\leqslant 23$	>1.0			
		≤1.0	$6< \eta \leqslant 12$	IV	强冻胀
	$w>23$	不考虑	$\eta >12$	V	特强冻胀
粉土	$w\leqslant 19$	>1.5	$\eta \leqslant 1$	I	不冻胀
		≤1.5	$1< \eta \leqslant 3.5$	II	弱冻胀
	$19<w\leqslant 22$	>1.5	$1< \eta \leqslant 3.5$	II	弱冻胀
		≤1.5	$3.5< \eta \leqslant 6$	III	冻胀
	$22<w\leqslant 26$	>1.5			
		≤1.5	$6< \eta \leqslant 12$	IV	强冻胀
	$26<w\leqslant 30$	>1.5	$6< \eta \leqslant 12$	IV	强冻胀
		≤1.5	$\eta \leqslant 12$	V	特强冻胀
	$w>30$	不考虑			
黏性土	$w\leqslant w_p+2$	>2.0	$\eta \leqslant 1$	I	不冻胀
		≤2.0	$1< \eta \leqslant 3.5$	II	弱冻胀
	$w_p+2<w\leqslant w_p+5$	>2.0			
		≤2.0	$3.5< \eta \leqslant 6$	III	冻胀
	$w_p+5<w\leqslant w_p+9$	>2.0			
		≤2.0	$6< \eta \leqslant 12$	IV	强冻胀
	$w_p+9<w\leqslant w_p+15$	>2.0			
		≤2.0	$\eta >12$	V	特强冻胀
	$w>w_p+15$	不考虑			

注：w_p——塑限含水量(%)；

w——在冻土层内冻前天然含水量的平均值。

根据土的冻胀力对结构物的不同作用方式,还可把冻胀力分为切向冻胀力、法向冻胀力和水平冻胀力。

①切向冻胀力平行于结构物基础侧面,通过基础与冻土之间的黏结强度,使基础随着土体的冻胀变形产生上拔力,图6.16所示基础侧面作用的侧向力 T,即为切向冻胀力。

②法向冻胀力垂直于结构物基础底面,当基础埋深超过冻结深度时,土体冻结膨胀产生把基础向上抬起的法向冻胀力 N(图6.16),如果基础上荷载 P 和自重 G 不足以平衡切向和法向冻胀力,基础就要被顶起。

③水平冻胀力垂直作用于基础或结构物侧面,当水平冻胀力对称作用于基础两侧时,侧向力相互平衡,对结构无不利影响;当水平冻胀力作用于图6.17所示挡土结构侧壁时,会产生水平方向推力,类似于挡土墙后土压力的作用,但其压力近似呈倒三角形分布,作用于墙背填土面上。

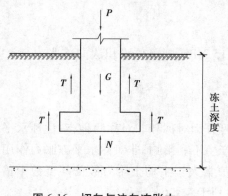

图6.16 切向与法向冻胀力

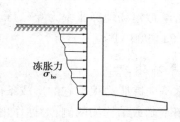

图6.17 水平冻胀力

6.3.3 冻胀力计算

1)切向冻胀力

切向冻胀力可按基础侧面单位面积上的平均切向冻胀力 σ_τ 给出,影响切向冻胀力大小的因素有冻胀程度、土质条件和水分状态,国内外学者在试验研究的基础上给出了许多经验值,我国《建筑桩基技术规范》(JGJ 94—2008)给出的单位切向冻胀力取值列于表6.5。

表6.5 单位切向冻胀力   单位:kPa

土　类 ＼ 冻胀性分类	弱冻胀	冻胀	强冻胀	特强冻胀
黏性土,粉土	30~60	60~80	80~120	120~150
砂土,砾(碎)石 (黏、粉粒质量分数>15%)	<10	20~30	40~80	90~200

总的切向冻胀力按下式计算:

$$T = \sigma_\tau A \tag{6.15}$$

式中　T——总的切向冻胀力,kN;

σ_τ——单位切向冻胀力,kPa;

A——与冻土接触的基础侧面积,m^2。

2)法向冻胀力

法向冻胀力的大小除了受到冻结程度、土质条件、水分含量等因素影响外,还与土体自由冻胀变形受到压抑的程度有关,即与冻土层下未冻土的压缩性、冻土层基础的外部压力等制约条件有关。因此,法向冻胀力随诸多因素变化,至今尚无一个完善的考虑全面的计算方法。

根据冻胀力与冻胀率成正比的关系,可有如下经验公式:

$$\sigma_{no} = \eta E \tag{6.16}$$

式中　σ_{no}——法向冻胀力,kPa;

η——冻胀率,可按表6.4取值;

E——冻土压缩模量,kPa。

若某拟建场地冻胀率为6%,冻土压缩模量为15 MPa,则单位面积法向冻胀力 $N = 15\ 000 \times 0.06$ kPa$= 900$ kPa。

3)水平冻胀力

水平向冻胀力根据它的形成条件和作用特点可分为对称和非对称两种,对称性水平冻胀力施加于基础或结构物两侧,对称作用相互平衡,不产生不利影响;非对称水平冻胀力作用于基础一侧或挡土墙上,相当于施加单向水平推力,其数值常大于主动土压力数倍甚至数十倍。水平冻胀力与土的类别有关,几种典型土的水平冻胀力列于表6.6。

表 6.6　几种典型土的水平冻胀力　　　　　　　　单位:kPa

土的类别	亚黏土	亚砂土	砾石土	粗砂
平均值	304	129	134	58
最大值	430	371	281	78

6.4　爆炸作用

6.4.1　爆炸机理及类型

爆炸是物质系统迅速释放能量的物理或化学过程,它在极短的时间内迸发大量能量,并以波的形式对周围介质施加高压。按照爆炸发生机理和作用性质,可分为物理爆炸、化学爆炸、燃气爆炸和核爆炸等多种类型。

物理爆炸过程中,爆炸物质的形态发生急剧改变,而化学成分没有变化。锅炉爆炸属物理爆炸,锅炉内的水加热后迅速变为水蒸气,在锅炉中形成很高的压力,当锅炉材料承受不了这种高压而破裂时就会发生爆炸。

化学爆炸过程中不仅有物质形态的变化,还有物质化学成分的变化。炸药爆炸属化学爆炸,爆炸过程在极短时间完成,且具有极高的速度,是一个爆轰过程。爆炸的引发与周围环境无关,不需要氧气助燃。爆炸伴有大量气体产物,生成巨大高压。爆炸物质高度凝聚,多为固态,属凝聚相爆炸。

燃气爆炸也是一种化学爆炸,爆炸发生与周围环境密切相关,且需要氧气参与。燃气爆炸实质上是可燃气体快速燃烧的过程,可燃气体燃烧速度取决于可燃气体与空气混合后的浓度比,当浓度比达到浓度最优值,燃烧速度可达最高。这个浓度值表征了该种燃气与氧气充分反应的能力,也是最容易发生爆炸的浓度值。粉尘爆炸和燃气爆炸相似,悬浮在空气中的雾状粉尘达到一定浓度,在外界摩擦、碰撞、火花作用下,会引发爆炸。粉尘爆炸是一种连锁反应,粉尘点爆后生成原始小火球,原始小火球把周围粉尘点燃,会形成小火球组成的大火球,大火球不断加速扩大,就会形成爆炸,粉尘爆炸的本质也是一个可燃物质快速燃烧过程。燃气爆炸和粉尘爆炸的介质分散在周围介质之中,属分散相爆炸。

核爆炸是由于核裂变(原子弹)和核聚变(氢弹)反应释放能量所形成的爆炸。核爆炸释放的能量比普通炸药爆放出的能量要大得多。核爆炸时在爆炸中心形成数十万到数百万兆帕的高压,同时还有很强的光辐射、热辐射和放射性粒子辐射,它是众多爆炸中能量最高、破坏力最强的一种。

6.4.2 爆炸力学性质

1)压力时间曲线

核爆炸、化学爆炸和燃气爆炸 3 种不同的压力时间曲线示于图 6.18,核爆升压时间很快,在几 ms 甚至不到 1 ms 内,压力波即可达到峰值,峰值压力 P_1 很高,正压作用后还有一段时间的负压段。化爆升压时间相对较慢,峰值压力亦较核爆为低,正压作用时间短,约几 ms 到几十 ms,负压段更短。燃爆升压最慢,可达 100~300 ms,峰值压力也更低,即使在密闭体内测得的燃爆最大压力也才 700 kPa,其正压作用时间较长,是一个缓慢衰减的过程,负压段很小,有时甚至测不出负压段。

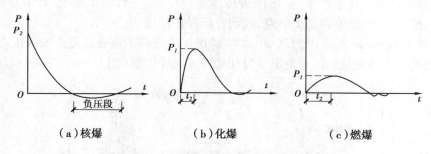

图 6.18 3 种不同爆炸压力时间曲线

2)冲击波和压力波

爆炸发生在空气介质中,会在瞬间压缩周围空气而产生超压,超压是指爆炸压力超过正常大气压,核爆、化爆和燃爆都产生不同幅度的超压。核爆、化爆由于是在极短的时间内压力达到峰值,周围气体急速地被挤压和推进而产生很高的运动速度,形成波的高速推进,这种气体压缩而产生的压力称为冲击波。它的前沿犹如一道运动着的高压气体墙面,称为波阵面,超压向发生超压空间内各表面施加挤压力,作用效应相当于静压。冲击波所到之处,除产生超压外,还带动波阵面后空气质点高速运动引起动压,动压与物体形状和受力面方位有关,类似于风压。燃气爆炸的效应以超压为主,动压很小,可以忽略,所以燃气爆炸波属压力波。

6.4.3 爆炸对结构的影响及计算

1)爆炸对结构的影响

爆炸对结构产生破坏作用,其破坏程度与爆炸的性质和爆炸物质的数量有关。在诸多爆炸中,核爆炸威力最大,破坏力最强;爆炸物质数量越大,积聚和释放的能量越多,破坏作用也越剧烈。爆炸发生的环境或位置不同,其破坏作用也不同,在封闭的房间、密闭的管道内发生的爆炸其破坏作用比在结构外部发生的爆炸要严重得多。

燃气爆炸是建筑结构中易于遭遇的爆炸,民用燃气爆炸升压时间在 100~300 ms,而民用建筑中钢筋混凝土墙、板的基本周期在 20~50 ms,燃爆升压时间与结构基本周期相比,作用时间足够缓慢,以至于不产生惯性力或惯性力很小可以忽略不计。因而可把室内燃气爆炸对结构的作用当作静力作用,不必考虑其动力效应。

《荷载规范》建议炸药、燃气、粉尘等引起的爆炸荷载宜按等效静力荷载采用。在常规炸药爆炸动荷载作用下,结构构件的等效均布静力荷载标准值,可按下式计算:

$$q_{ce} = K_{de}p_c \tag{6.17}$$

式中　q_{ce}——作用在结构构件上的等效均布静力荷载标准值;

p_c——作用在结构构件上的均布动荷载最大压力,可参照《人民防空地下室设计规范》(GB 50038—2005)有关规定采用;

K_{dc}——动力系数,根据构件在均布动荷载作用下的动力分析结果,按最大内力等效的原则确定。

2)泄爆保护

燃气爆炸大都发生在生产车间、居民厨房等室内环境,一旦爆炸发生,常常是窗玻璃被压碎,屋盖被气浪掀起,导致室内压力下降,起到泄压保护作用。

国外学者 Dragosavic 在体积为 20 m³ 的实验房屋内测得了包含泄爆影响的压力时间曲线,经过整理,绘出了室内理想化的理论燃气爆炸的升压曲线模型(图 6.19)。图中 A 点是泄爆点,

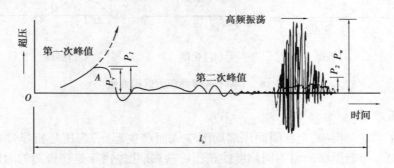

图 6.19　Dragosavic 理论燃气爆炸升压曲线模型

压力从 0 开始上升到 A 点出现泄爆(窗玻璃压碎),泄瀑后压力稍有上升随即下降,下降过程中有时出现短暂的负超压,经过一段时间由于波阵面后的湍流及波的反射出现高频振荡。图中 P_v 为泄爆压力,P_1 为第一次压力峰值,P_2 为第二次压力峰值,P_w 为高频振荡峰值。该试验是在空旷房屋中进行的,如果室内有家具或其他器物等障碍物,则振荡会大大减弱。

3)压力峰值计算

化工厂房、燃气用房等易爆建筑物在设计时需要有一个压力峰值的估算,作为确定窗户面积、屋盖轻重等的依据,使得易爆场所一旦发生燃爆能及时泄爆减压。许多学者在各自试验的基础上,给出了压力峰值的计算方法以及计算泄爆面积的公式,它们基于不同的假设条件和基本理论,给出的算法不尽相同,现择其两种介绍如下:

①Rasbash 建议使用正常燃烧速度下的爆炸压力最大值计算公式,该公式没有考虑湍流的影响。

$$P = 10P_v + 3.5k \tag{6.18}$$

式中　P——最大爆炸压力,kPa;

　　　P_v——泄压时的压力,kPa;

　　　k——泄压面积比,房间内最小正截面积与泄压总面积之比。

该公式适用于泄压面积比 $k = 1 \sim 5$,房间的最大和最小尺寸比不大于 3,泄压构件密度 $\leqslant 24$ kg/m²,泄压压力 $P_v \leqslant 7$ kPa 的情况,不满足这些条件时误差较大。

②Dragosavic 给出了最大爆炸压力计算公式:

$$P = 3 + 0.5P_v + 0.04\varphi^2 \tag{6.19}$$

式中　P——最大爆炸压力,kPa;

　　　φ——泄压系数,房间体积与泄压面积之比;

　　　P_v——泄压时压力,kPa。

该公式是在体积为 20 m³ 的实验空间得到的,不适用于大体积空间中爆炸压力估算和泄压计算。

③《荷载规范》给出的燃气爆炸压力计算公式。《荷载规范》对于具有通口板的房屋结构,当通口板面积 A_v 与爆炸空间体积 V 之比为 $0.05 \sim 0.15$ 且体积 V 小于 1 000 m³ 时,燃气爆炸的等效荷载 p_k 可按式(6.20)和 Dragosavic 给出的式(6.21)计算,两个公式中取其较大值:

$$P_k = 3 + P_v \tag{6.20}$$

$$P_k = 3 + 0.5P_v + 0.04\left(\frac{A_v}{V}\right)^2 \tag{6.21}$$

式中　p_k——燃气爆炸的等效均布静力荷载;

　　　p_v——通口板(一般指窗口的平板玻璃)的额定破坏压力,kN/m²;

　　　A_v——通口板面积,m²;

　　　V——爆炸空间的体积,m³。

6.5 行车动态作用

6.5.1 汽车冲击力

车辆以一定速度在桥上行驶,由于桥面不平整、车轮不圆以及发动机抖动等原因,引起车体上下振动,使得桥跨结构受到动力作用,使桥梁结构在车辆动荷载作用下产生的应力和变形要大于车辆在静止状态下产生的应力和变形,这种由于荷载动力作用而使桥梁发生振动造成内力和变形增大的现象称为冲击作用。鉴于目前对冲击作用尚不能从理论上作出符合实际的详细计算,一般可根据试验和实测结果,近似地将汽车荷载乘以一个冲击系数 μ 来计及车辆的冲击作用,即采用静力学的方法考虑荷载增大系数来反映动力作用。

冲击影响与结构刚度有关,一般来说,跨径越大,结构越柔,基频越小,对动力荷载的缓冲作用好,冲击力影响越小。因此,冲击力是随结构的刚度和基频的增大而增加的,也可近似认为冲击系数 μ 与计算跨径 l 成反比。

《公路桥规》规定冲击系数 μ 可按下式计算:

当 $f < 1.5$ Hz 时 $\qquad \mu = 0.05$

当 1.5 Hz $\leqslant f \leqslant 14$ Hz 时 $\qquad \mu = 0.176\,7\ln f - 0.015\,7$ $\qquad\qquad$ (6.22)

当 $f > 14$ Hz 时 $\qquad \mu = 0.45$

式中 f ——结构基频,Hz。

汽车荷载冲击力应按下列规定计算:

①钢桥、钢筋混凝土及预应力混凝土桥、圬工拱桥等上部构造和钢支座、板式橡胶支座、盆式橡胶支座及钢筋混凝土柱式墩台,应计算汽车的冲击作用。

②由于结构物上的填料能起缓冲和减振作用,冲击影响能被填料吸收一部分,故对于拱桥、涵洞以及重力式墩台,当填料厚度(包括路面厚度)$\geqslant 0.5$ m 时,可不计冲击力。

③支座的冲击力,按相应的桥梁取用。

④汽车荷载的冲击力标准值为汽车荷载标准值乘以冲击系数 μ。

⑤汽车荷载的局部加载及在 T 梁、箱梁悬臂板上的冲击系数采用 0.3。

《城市桥梁设计荷载标准》(CJJ 77—1998)按车道荷载和车辆荷载分别给出城市桥梁汽车荷载冲击系数 μ。

(1)车道荷载的冲击系数

$$\mu = \frac{20}{80 + l} \qquad\qquad (6.23)$$

式中 l 为桥梁跨径(m),可计算得出:当 $l = 20$ m 时,$\mu = 0.20$;$l = 150$ m 时,$\mu = 0.10$。

(2)车辆荷载的冲击系数

$$\mu = 0.668\,6 - 0.303\,2\lg l < 0.4$$

6.5.2 离心力

位于曲线上的桥梁墩台,应计算汽车荷载产生的离心力。离心力的大小与曲线半径成反比,离心力的取值可通过车辆荷载乘以离心力系数 C 得到,离心力系数 C 可由力学方法导出。

离心力:

$$F = m \frac{v^2}{R} = \frac{w}{g} \frac{v^2}{R} \tag{6.24}$$

令 $F = Cw$ 代入上式,可得:

$$Cw = \frac{w}{g} \frac{v^2}{R} \tag{6.25}$$

可得:

$$C = \frac{v^2}{gR} \tag{6.26}$$

式中　v——行车速度,m/s;

　　　R——弯道平曲线半径,m;

　　　g——重力加速度,取 9.81 m/s²;

　　　w——车辆总重力,kN。

如果将行车速度 v 的单位以 km/h 表示,并将 $g = 9.81$ m/s² 代入式(6.26),可得:

$$C = \frac{v^2}{9.81 \times 3.6^2 \times R} = \frac{v^2}{127R} \tag{6.27}$$

式中　v——计算行车速度,km/h,应按桥梁所在路线等级的规定采用。

离心力的着力点应作用在汽车的重心上,一般离桥面 1.2 m,为了计算简便,也可以移到桥面上,不计由此引起的作用效应。计算多车道桥梁的汽车荷载离心力时,车辆荷载标准值应乘以第 2 章表 2.15 规定的横向折减系数。离心力对墩台的影响多按均布荷载考虑,即把离心力均匀分布在桥跨上,由两墩台平均分担。

6.5.3　制动力

1)汽车制动力

桥上汽车制动力是车辆在刹车时,为克服车辆的惯性力而在路面与车辆之间发生的滑动摩擦力。车辆与路面间的摩擦系数可达 0.5 以上,但是刹车常常只限于车队中的一部分车辆,所以制动力不可取摩擦系数乘全部车辆荷载。

《公路桥规》中规定:一个设计车道上由汽车荷载产生的制动力标准值,按车道荷载标准值(见第 2 章 2.5.1 节规定)在加载长度上计算的总重力的 10% 计算,但公路-Ⅰ级汽车荷载的制动力标准值不得小于 165 kN;公路-Ⅱ级汽车荷载的制动力标准值不得小于 90 kN。

汽车荷载制动力按同向行驶的汽车荷载(不计冲击力)计算,并应按第 2 章表 2.16 的规定,以使桥梁墩台产生最不利纵向力的加载长度进行纵向折减。同向行驶双车道的汽车荷载制动力标准值为一个设计车道制动标准值的 2 倍;同向行驶三车道为一个设计车道的 2.34 倍;同向行驶四车道为一个设计车道的 2.68 倍。

《城市桥梁设计荷载标准》中规定,城市桥梁按一个设计车道,当采用城-A 级汽车荷载设计时,制动力应采用 160 kN 或 10% 车道荷载;当采用城-B 级汽车荷载设计时,制动力应采用 90 kN 或 10% 车道荷载,以上均不包括冲击力,并取两者中的较大值。当计算的加载车道为 2 条或 2 条以上时,应以 2 条车道为准,其制动力不折减。

制动力的方向就是行车方向,其着力点在桥面以上 1.2 m 处。在计算墩台时,可移至支座中心铰或滚轴中心或滑动、橡胶、摆动支座的底面上;计算刚架桥、拱桥时,可移至桥面上,但不计由此产生的竖向力和力矩。

2) 吊车制动力

工业厂房中常有桥式吊车,吊车在运行中启动或刹车时产生制动力。桥式吊车由大车(桥架)和小车组成,大车在吊车梁轨道上沿厂房纵向行驶,小车在大车的轨道上沿厂房横向运行,带有吊钩的起重卷扬机安装在小车上。吊车水平制动力分为纵向和横向两种,分别由吊车的大车和小车的运行机构制动时引起的惯性力产生。

①吊车纵向水平制动力由吊车桥架沿厂房纵向运行时制动引起的惯性力产生,惯性力为运行质量与运行加速度的乘积,但必须通过制动轮与钢轨间的摩擦传递给厂房结构,制动力的大小受制动轮与轨道间的摩擦力限制,当制动产生的惯性力大于制动轮与轨道间的摩擦力时,吊车轮将在轨道上滑动。实测结果表明,大车车轮与钢轨间的摩擦系数接近于 0.1,吊车纵向水平荷载可按作用在一边轨道上所有刹车轮最大轮压之和的 10% 取用。制动力的作用点位于刹车轮与轨道的接触点,方向与行车方向一致(图 6.20)。

②吊车横向水平制动力是吊车小车及起吊物沿桥架在厂房横向运行时制动所引起的惯性力。该惯性力与吊钩种类和起吊物质量有关,硬钩吊车附设的刚性悬臂使起吊重物不能自由摆动,制动产生的惯性力大于软钩吊车;起吊物越重,常越控制吊车以较低速度运行,制动时的加速度小,制动引起的惯性力也小。

吊车横向水平制动力按下式取值:

$$T = \alpha(Q + Q_1)g \tag{6.28}$$

式中　Q——吊车的额定起质量;

　　　Q_1——横行小车质量;

　　　g——重力加速度;

　　　α——小车制动力系数,硬钩吊车取 20%;软钩吊车当额定起质量不大于 10 t 时,取 12%,当额定起质量为 16~50 t 时,取 10%,当额定起质量不小于 75 t 时,取 8%。

横向水平荷载应等分于桥架的两端,分别由轨道上的车轮平均传至轨道,其方向与轨道垂直,并考虑正反两个方向的刹车情况(图 6.21)。

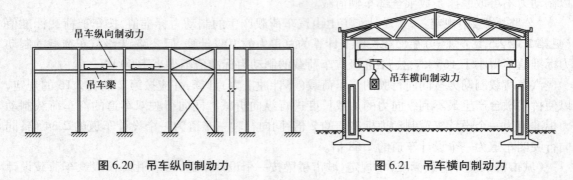

图 6.20　吊车纵向制动力　　　　　　　图 6.21　吊车横向制动力

6.6　预加力

以某种人为方式在结构构件上预先施加与构件所承受的外荷载产生相反效应的力,称为预加力。例如钢筋混凝土受弯构件,梁的下边缘超过混凝土抗拉强度就会开裂,若事先在截面混凝土受拉区施加压力,让拉区混凝土处于受压应力状态,建立的预压应力就能抵消外荷载引起的拉应力,使得混凝土受弯构件下边缘的拉应力控制在允许的拉应力范围内,可以延缓构件开裂,甚至不出现裂缝。预应力结构能充分发挥高强材料的作用,减轻构件自重从而增加结构跨越能力,提高构件刚度从而降低使用荷载下挠度,增加了构件在使用阶段的可靠性。

一般将建立了预应力的构件称为预应力构件,预应力构件有多种分类方法,主要取决于设计方法和施工特点,下面介绍几类预应力构件。

1)外部预加力和内部预加力

当结构构件中的预加力来自结构之外,所加的预应力称为外部预加力,如利用桥梁的有利地形和地质条件,采用千斤顶对梁施加压力作用;在连续梁中利用千斤顶在支座施加反力,使内力作有利分布。而混凝土构件中的预加力是通过张拉结构中的高强钢筋,使构件产生预压应力,所加预应力称为内部预加力。前者多用于结构内力调整,采用甚少;后者则为施加预应力的常规方式,运用广泛。

2)先张法预加力和后张法预加力

先张法是在浇筑混凝土前张拉钢筋,并将钢筋用锚具临时固定在台座或钢模上[图6.22(a)],然后浇筑混凝土[图6.22(b)]。待混凝土达到一定强度(一般不低于设计强度75%)后,放松预应力钢筋。当预应力钢筋回缩时,将压缩混凝土[图6.22(c)],从而使混凝土获得预加力。采用先张法时,预应力的建立主要依靠钢筋与混凝土之间的黏结力。

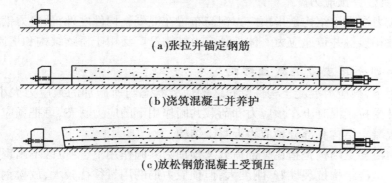

(a)张拉并锚定钢筋

(b)浇筑混凝土并养护

(c)放松钢筋混凝土受预压

图6.22　先张法预应力混凝土施工工序

后张法是先浇筑混凝土构件,并在设置预应力钢筋的部位预留孔道[图6.23(a)],待混凝土达到一定强度(一般不低于设计强度75%)后,在孔道中穿入预应力钢筋,利用构件本身作为施加预应力的台座,用液压千斤顶张拉预应力钢筋,并同时压缩混凝土[图6.23(b)]。钢筋张拉完毕后,用锚具将钢筋固定在构件两端,然后往孔道内压力灌浆[图6.23(c)]。采用后张法时,预应力的建立主要依靠构件两端的锚固装置。

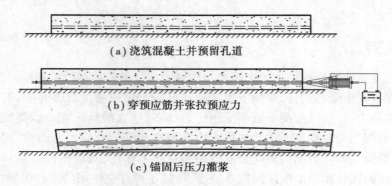

（a）浇筑混凝土并预留孔道

（b）穿预应筋并张拉预应力

（c）锚固后压力灌浆

图 6.23　后张法预应力混凝土施工工序

先张法生产工艺简单，省去永久锚具，但需要专门张拉台座，为便于运输，先张法只用于预制中小型预应力混凝土构件，如楼板、屋面板、桥面板及中小型吊车梁等。后张法不需要专门张拉台座，预应力筋可根据弯矩或剪力变化布置成曲线形，但施工工艺比较复杂，锚具花费较大，一般适用于现场施工的大跨屋架、薄腹梁以及大跨度桥梁等。

3）有黏结和无黏结预应力混凝土及体外预应力混凝土构件

①有黏结预应力混凝土是指预应力钢筋与周围的混凝土有可靠的黏结强度，使得在荷载作用下，预应力钢筋与相邻的混凝土有同样的变形。先张法预应力混凝土及后张灌浆的预应力混凝土都是有黏结预应力混凝土。

②无黏结预应力混凝土是指预应力钢筋与其相邻的混凝土没有任何黏结强度，在荷载作用下，预应力钢筋与相邻的混凝土各自变形。对于现浇平板、连续梁、框架结构有时需要曲线张拉，而有黏结工艺中孔道成型和灌浆工序较为麻烦，且质量往往难以控制，因而常采用无黏结预应力结构。这种结构一般采用专用油脂将预应筋与混凝土隔开，钢材与混凝土之间是无黏结的，仅靠两端锚具建立预应力。

③体外预应力混凝土结构是指预应力钢筋布置在混凝土构件之外，预应力钢筋通过专门装置与混凝土构件相接触并传递应力。体外预应力结构已广泛用于桥梁结构和房屋结构加固中。

4）全预应力和部分预应力混凝土结构

在荷载作用下，预应力混凝土构件受拉区的应力状态与所施加的预应力大小有关，根据预应力混凝土构件受拉区混凝土在预应力和荷载共同作用下的应力状态，可把预应力混凝土结构分为全预应力混凝土结构和部分预应力混凝土结构。

①全预应力混凝土结构是指在全部荷载及预加力共同作用下，受拉区不出现拉应力的预应力混凝土结构。这类结构抗裂性好、刚度大，但预应力筋的用量往往较大，放松钢筋时构件反拱大，截面预拉区常会开裂。

②部分预应力混凝土结构是指在全部使用荷载作用下，受拉区出现拉应力或裂缝的预应力混凝土结构。其中，在全部使用荷载下出现拉应力、但不出现裂缝的预应力混凝土结构，又称为有限预应力结构。采用部分预应力混凝土结构，可以较好地克服全预应力结构的缺陷，取得较好的技术经济指标，虽然抗裂性和刚度略有降低，但仍能满足使用要求，已成为预应力混凝土结构设计和应用的发展方向。

本章小结

1.温度作用是指因温度变化引起的结构变形和附加力,温度作用不仅取决于结构所处环境温度变化,它还与结构或构件的约束条件有关。温度变化对结构物产生的影响应根据不同结构类型和约束条件区别对待,温度作用效应的计算一般可根据变形协调条件,按结构力学或弹性力学方法确定。

2.当上部结构荷载差异较大、结构体型复杂或持力层范围内有不均匀地基时,会引起地基不均匀沉降。若体系为超静定结构,多余约束会限制结构自由变形,使得上部结构产生附加变形和附加应力。结构由地基变形引起的内力和位移应按照力学基本原理,根据长期压密后的最终沉降量,由平衡条件和变形条件计算。

3.收缩是混凝土在空气中结硬体积缩小的现象。若混凝土结构或构件受到外部物体的约束或自身材料的制约不能自由收缩,则在混凝土内产生拉应力,并导致构件开裂。工程设计时应考虑混凝土的收缩变形在结构中引起的内力;或者采用设置伸缩缝、预留后浇带、温度敏感部位配置钢筋等方法,抵消收缩变形,降低温度应力。

徐变是混凝土在外力长期作用下随荷载持续时间而增长的变形。在静定结构中,徐变引起构件材料之间内力重分布;在超静定结构中,徐变在各杆件中产生附加内力。常用徐变系数反映变形随时间增长的现象,徐变系数为极限徐变应变与初始弹性应变的比值。

4.含有水分的土体温度降低到冻结温度时,土体冻结体积增大,当土体膨胀受到约束时产生冻胀力,约束越强冻胀力越大。冻胀力作用在基础或结构上,引起结构产生变形发生内力。根据土的冻胀力对结构物的不同作用方式,可把冻胀力分为切向冻胀力、法向冻胀力和水平冻胀力。切向冻胀力平行于结构物基础侧面,使基础随土体冻胀变形产生上拔力;法向冻胀力垂直于结构物基础底面,土体冻结膨胀时基础有被顶起的趋势;水平冻胀力垂直于基础或挡土墙的侧面,类似于土压力的作用效应。影响冻胀力大小的因素繁多,目前大都采用建立在实测基础上的经验公式计算。

5.爆炸在极短的时间内释放大量能量,以波的形式对周围介质施加高压。按照爆炸发生机理和作用性质,爆炸可分为物理爆炸、化学爆炸(包括燃气爆炸)和核爆炸等多种类型,其中,核爆炸是众多爆炸中能量最高、破坏力最强的一种。燃气爆炸是建筑结构中易于遭遇到的爆炸。

爆炸发生在空气介质中,会在瞬间压缩周围空气而产生超压,超压以冲击波的形式向发生超压空间内各表面施加挤压力,作用效应相当于静压;冲击波带动波阵面后空气质点高速运动引起动压,作用效应类似于风压。燃气爆炸以超压为主,动压很小可忽略不计,所以燃气爆炸波属于压力波。易爆建筑物在设计时需要对压力峰值作出估算,以确定泄爆面积,基于不同的假设条件和基本理论可给出压力峰值近似计算方法。

6.车辆在桥上行驶时由于路面不平等原因会引起车身上下抖动,使桥跨结构受到动力作用,汽车对桥梁的冲击作用与桥梁结构刚度有关,可考虑跨径影响,近似将汽车荷载乘以一个荷载增大系数来反映动力作用。

位于曲线上的桥梁墩台,当曲线半径较小时,应计算汽车荷载产生的离心力。离心力的大小与曲线半径成反比,可通过力学方法导出。离心力的着力点作用在汽车重心上,为计算方便也可移至桥面。离心力对墩台的影响多按均布荷载分布在桥跨上,由两墩台共同承担。

汽车制动力是车辆刹车时为克服车辆惯性力而在路面与车辆之间发生的滑动摩擦力。制动力可按车辆荷载的某一个百分数取用。吊车制动力是厂房吊车运行中刹车产生的惯性力,通过制动轮与钢轨间的摩擦传给厂房结构,可分为吊车纵向水平制动力和横向水平制动力。吊车纵向水平制动力由吊车桥架沿厂房纵向运行时制动引起,吊车横向水平制动力由吊车小车和起吊物沿桥架在厂房横向运行时制动产生。

7.以某种人为方式在结构构件上预先施加与构件所承受的外荷载产生相反效应的力,称为预加力。建立了预加力的构件称为预应力构件。预应力结构可以充分发挥高强材料作用,减轻构件自重、增加结构跨越能力,提高构件刚度、减小使用荷载下挠度。

根据预应力结构设计方法的不同和施工特点,可分为外部预加力和内部预加力;先张法预加力和后张法预加力;有黏结预应力混凝土、无黏结预应力混凝土和体外配筋预应力混凝土构件;全预应力和部分预应力混凝土结构。

思考题

6.1 试述温度应力产生的原因及产生的条件。

6.2 超长排架结构中,温度变形是如何分布的?温度应力又是如何分布的?

6.3 地基不均匀沉降对结构产生什么样的影响?举例说明。

6.4 引起混凝土收缩的原因是什么?会对结构产生什么影响?

6.5 为什么要对混凝土结构伸缩缝最大间距作出限制?采用哪些措施可以适当放宽限制?

6.6 试述土的冻胀力产生的原因及产生的条件。

6.7 土的冻胀力有哪些作用方式?对结构物产生什么影响?

6.8 爆炸有哪些种类?各以什么方式释放能量?

6.9 试述燃爆对结构的影响,如何采取措施减轻燃爆对建筑物的破坏?

6.10 汽车冲击力产生的原因是什么?与哪些因素有关?桥梁设计应如何考虑?

6.11 汽车离心力如何作用于桥梁墩台?离心力系数 C 如何导出?

6.12 试述厂房吊车纵向和横向水平制动力的产生原因及作用方式。

6.13 为什么要在结构或构件中建立预加力?先张法和后张法是如何在构件中建立预加力的?

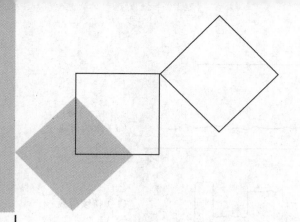

7 工程结构荷载的统计分析

本章导读：

　　作用在工程结构上的荷载种类多，各自的统计特征差异很大。结构设计时充分认识各种荷载的统计规律并合理取值，对保证工程结构的安全性具有重要意义。本章介绍各种荷载的概率分析模型、设计时所采用的代表值种类和确定方法以及多种荷载同时出现时的荷载效应组合等知识。学习时应注意结合现行结构设计规范，重点掌握各种荷载代表值的意义和用途，对各种荷载的理论分析结果转化为规范具体规定的途径与方法，需要充分加以理解和领会，以便在今后的学习和工作中能够正确运用。

7.1　荷载的概率模型

7.1.1　平稳二项随机过程模型

　　一般说来，工程结构中的各种荷载不但具有随机性质，而且其数值还随时间变化。按荷载随时间变化的情况，可将荷载分为以下 3 类：

　　①永久荷载。如结构自重、土压力、预应力等，该类荷载在结构使用期间，其值不随时间变化，或其变化与平均值相比可以忽略不计，或其变化是单调的、并能趋于限值的荷载，如图 7.1(a)所示。

　　②持续荷载。如建筑楼面活荷载，该类荷载在一定的时段内可能是近似恒定的，但各时段的量值可能不等，还可能在某个时段内完全不出现，如图 7.1(b)所示。

　　③短时荷载。如地震作用、撞击力等，该类荷载在结构使用期间不一定出现，即使出现，其持续时间很短，如图 7.1(c)所示。

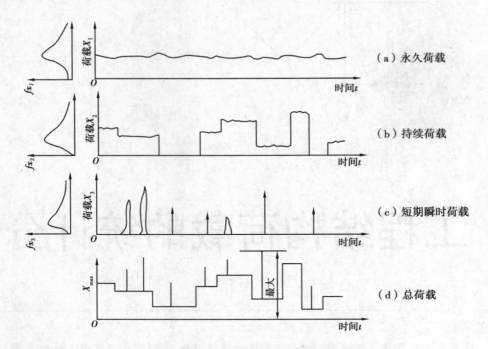

图 7.1　各类荷载随时间变化

荷载是一个随时间变化的随机变量,可采用随机过程概率模型来描述荷载随时间变化的规律。在结构设计和可靠度分析中,主要讨论的是结构设计基准期 T 内的荷载最大值 Q_T,不同 T 时间内统计得到的 Q_T 值很可能不同,即 Q_T 为随机变量。目前,在研究工程结构荷载时,为了简化起见,对于常见的永久荷载、楼面活荷载、风荷载、雪荷载、公路及桥梁人群荷载等,一般采用平稳二项随机过程模型;而对于车辆荷载,则常用滤过泊松过程模型。我国《建筑结构可靠度设计统一标准》(GB 50068—2001)(以下简称建筑《统一标准》)和《公路工程结构可靠度设计统一标准》(GB/T 50283—1999)(以下简称公路《统一标准》)均基于上述方法进行荷载研究。

平稳二项随机过程概率模型将荷载的样本函数模型化为等时段的矩形波函数(图 7.2),其基本假定为:

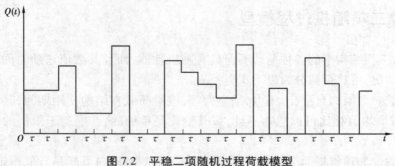

图 7.2　平稳二项随机过程荷载模型

①根据荷载每变动一次作用在结构上的时间长短,将设计基准期 T 等分为 r 个相等的时段 τ,$\tau = T/r$。

②在每个时段 τ 内,荷载出现(即 $Q(t) > 0$)的概率均为 p,不出现(即 $Q(t) = 0$)的概率为 $q = 1 - p$(p,q 为常数)。

③在每个时段τ内,荷载出现时,其幅值是非负的随机变量,且在不同时段上的概率分布是相同的,计时段τ内的荷载概率分布(也称为任意时点荷载的概率分布)函数为$F_i(x)=P[Q(t)\leqslant x,t\in\tau]$。

④不同时段τ上的荷载幅值随机变量是相互独立的,且与在时段τ上是否出现荷载无关。

基于上述假定,可由荷载的任意时点分布,先确定任一时段τ内的荷载概率分布函数$F_\tau(x)$,进而导出荷载在设计基准期T内最大值Q_T的概率分布函数$F_T(x)$。

$$F_\tau(x)=P[Q(t)\leqslant x,t\in\tau]=P[Q(t)>0]\cdot P[Q(t)\leqslant x,t\in\tau \mid Q(t)>0]+$$
$$P[Q(t)=0]\cdot P[Q(t)\leqslant x,t\in\tau \mid Q(t)=0]$$
$$=p\cdot F_i(x)+q\cdot 1=p\cdot F_i(x)+(1-p)=1-p\cdot[1-F_i(x)] \qquad (x\geqslant 0) \qquad (7.1)$$

则 $\quad F_T(x)=P[Q_T\leqslant x]=P[\max_{t\in[0,T]}Q(t)\leqslant x,t\in T]$

$$=\prod_{j=1}^{r}P[Q(t)\leqslant x,t\in\tau_j]=\prod_{j=1}^{r}\{1-p[1-F_i(x)]\}$$
$$=\{1-p[1-F_i(x)]\}^r \qquad (x\geqslant 0) \qquad (7.2)$$

设荷载在T年内的平均出现次数为m,则$m=pr$。对于在每一时段内必然出现的荷载,其$Q(t)>0$的概率$p=1$,此时$m=r$,则由式(7.2)得

$$F_T(x)=[F_i(x)]^m \qquad (7.3)$$

对于在每一时段内不一定都出现的荷载,$p<1$,若式(7.2)中的$p[1-F_i(x)]$项充分小,则

$$F_T(x)=\{1-p[1-F_i(x)]\}^r \approx \{e^{-p[1-F_i(x)]}\}^r$$
$$=\{e^{-[1-F_i(x)]}\}^{pr} \approx \{1-[1-F_i(x)]\}^{pr}$$

由此得:

$$F_T(x)\approx[F_i(x)]^m \qquad (7.4)$$

上述表明,对各种荷载,平稳二项随机过程$\{Q(t)\geqslant 0,t\in[0,T]\}$在设计基准期$T$内最大值$Q_T$的概率分布函数$F_T(x)$均可表示为任意时点分布函数$F_i(x)$的$m$次方。在进行荷载统计时需已知3个量:

①荷载在T内的变动次数r或变动一次的时间τ。

②在每个时段τ内荷载Q出现的频率p。

③荷载任意时点概率分布$F_i(x)$。对于几种常遇荷载,各个参数可以通过调查测定或经验判断得到。

7.1.2 常遇荷载的统计特性

1)永久荷载G

永久荷载(如结构自重)取值在设计基准期T内基本不变,从而随机过程就转化为与时间无关的随机变量$\{G(t)=G,t\in[0,T]\}$,其样本函数如图7.3所示。荷载一次出现的持续时间$\tau=T$,在设计基准期内的时段数$r=T/\tau=1$,而且在每一时段内出现的概率$p=1$,则$m=pr=1$,$F_T(x)=F_i(x)$。经统计,可认为永久荷载的任意时点概率分布函数$F_i(x)$服从正态分布。

2)可变荷载

对于可变荷载(如楼面活荷载、风荷载、雪荷载等),其样本函数的共同特点是荷载一次出现的

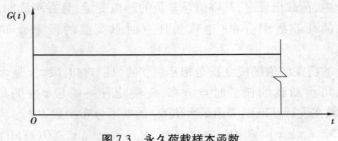

图 7.3　永久荷载样本函数

时间 $\tau < T$,在设计基准期内的时段数 $r > 1$,且在 T 内至少出现一次,所以平均出现次数 $m = pr \geq 1$ 。不同的可变荷载,其统计参数 τ 、p 以及任意时点荷载的概率分布函数 $F_i(x)$ 都是不同的。

（1）楼面活荷载

①楼面持久性活荷载 $L_i(t)$ 。持久性活荷载是指楼面上经常出现,而在某个时段内（例如房间内两次搬迁之间）其取值基本保持不变的荷载,如住宅内的家具、物品,工业房屋内的机器、设备和堆料,还包括常在人员自重等。它在设计基准期内的任何时刻都存在,故 $p = 1$ 。经过对全国住宅、办公楼使用情况的调查分析可知,用户每次搬迁后的平均持续时间约为 10 年,即 $\tau = 10$,若设计基准期取 50 年,则有 $r = T/\tau = 50/10 = 5$, $m = pr = 5$,相应得出的荷载随机过程的样本函数如图 7.4 所示。

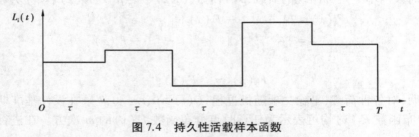

图 7.4　持久性活载样本函数

②楼面临时性活荷载 $L_r(t)$ 。临时性活荷载是指楼面上偶尔出现的短期荷载,如聚会的人群、维修时工具和材料的堆积、室内扫除时家具的集聚等。对于临时性活荷载,由于持续时间很短,在设计基准期内的荷载值变化幅度较大,要取得在单位时间内出现次数的平均率及其荷载值的统计分布,实际上是比较困难的。为了便于利用平稳二项随机过程模型,可通过对用户的调查,了解最近若干年内的最大一次脉冲波,以此作为该时段内的最大荷载 L_{rs} ,并作为荷载统计的对象,偏于安全地取 $m = 5$ （若已知 $T = 50$ 年）,即 $\tau = 10$,则其荷载随机过程的样本函数如图 7.5 所示。

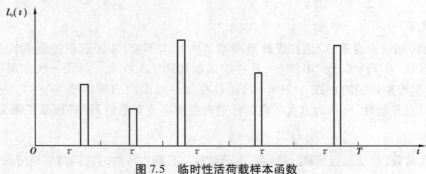

图 7.5　临时性活荷载样本函数

（2）风荷载 $W(t)$

对工程结构（尤其是高耸的柔性结构）来说，风荷载是一种重要的直接水平作用，它对结构设计与分析有着重要影响。取风荷载为平稳二项随机过程，按它每年出现一次最大值考虑。则当 $T=50$ 年时，在 $[0,T]$ 内年最大风荷载共出现 50 次；在一年时段内，年最大风荷载必然出现，因此 $p=1$，则 $m=pr=50$。年最大风荷载随机过程的样本函数如图 7.6 所示。

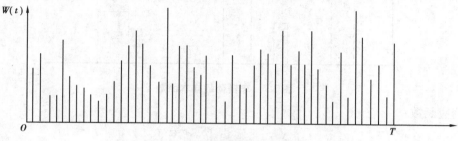

图 7.6   年最大风荷载样本函数

（3）雪荷载 $S(t)$

雪荷载是房屋屋面结构的主要荷载之一。在统计分析中，雪荷载是采用基本雪压作为统计对象的。各个地区的地面年最大雪压是一个随机变量。与结构承载能力设计相适应，需要首先考虑每年的设计基准期内可能出现的雪压最大值。与设计基准期相比，年最大雪压持续时间仍属短暂，因此，采用滤过泊松过程描述更符合实际情况。为了应用简便，建筑《统一标准》仍取雪荷载为平稳二项随机过程。此时，按它每年出现一次，当 $T=50$ 年时有 $r=50$；在一年时段内，年最大雪必将出现，因此，$p=1$，这样 $m=pr=50$。年最大雪荷载随机过程的样本函数类似图 7.6 所示年最大风荷载样本函数。

（4）人群荷载

人群荷载调查以全国 10 多个城市或郊区的 30 座桥梁为对象，在人行道上任意划出一定大小的区域和不同长度的观测段，分别连续记录瞬时出现在其上的最多人数，据此计算每平方米的人群荷载。由于行人高峰期在设计基准期内变化很大，短期实测值难以保证达到设计基准期内的最大值，故在确定人群荷载随机过程的样本函数时，可近似取每一年出现一次荷载最大值。对于公路桥梁结构，设计基准期 T 为 100 年，则人群荷载在 T 内的平均出现次数 $m=100$。

需要特别指出的是，各种荷载的概率模型应该通过调查实测，根据所获得的资料和数据进行统计分析后确定，使之尽可能反映荷载的实际情况，并不要求一律采用平稳二项随机过程这种特定的概率模型。

7.1.3   滤过泊松过程

在一般运行状态下，当车辆的时间间隔为指数分布时，车辆荷载随机过程可用滤过泊松（Poisson）过程来描述，其样本函数如图 7.7 所示。

车辆荷载随机过程 $\{Q(t), t \in [0,T]\}$ 可表达为

$$Q(t) = \sum_{n=0}^{N(t)} \omega(t; \tau_n, S_n) \tag{7.5}$$

① $\{N(t), t \in [0,T]\}$ 为参数 λ 的泊松过程。

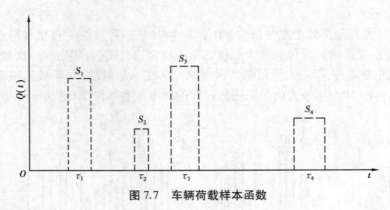

图 7.7　车辆荷载样本函数

②响应函数：

$$\omega(t;\tau_n,S_n) = \begin{cases} S_n, & t \in \tau_n \\ 0, & t \notin \tau_n \end{cases}$$

其中，τ_n 为第 n 个荷载持续时间，令 $\tau_0 = 0$。

③ $S_n(n=1,2,\cdots)$ 为相互独立同分布于 $F_i(x)$ 的随机变量序列，称为截口随机变量，与 $N(t)$ 互相独立，令 $S_0 = 0$。

滤过泊松过程最大值 Q_T 的概率分布表达式为

$$F_T(x) = e^{-\lambda T[1-F_i(x)]} \tag{7.6}$$

式(7.6)中的 $F_i(x)$ 为车辆荷载的任意时点分布函数，经拟合检验结果服从对数正态分布；λ 为泊松过程参数，这里为时间间隔指数分布参数的估计值。

7.2　荷载的代表值

由上节讨论可知，在结构设计基准期内，各种荷载的最大值 Q_T 一般为随机变量，但在结构设计规范中，为方便工程设计仍采用荷载的具体取值。这些取值是基于概率方法或经优选确定的，能较好地反映荷载的变异性，设计时又不直接涉及其统计参数和概率运算，从而避免了应用上的许多困难。

荷载的代表值，就是为适应上述要求而选定的一些荷载定量表达，是在设计表达式中对荷载所赋予的规定值。一般地，永久荷载只有一种代表值，即标准值；可变荷载可根据设计要求采用标准值、频遇值、准永久值和组合值。当设计上有特殊要求时，公路工程各类结构的设计规范尚可规定荷载的其他代表值。对于偶然作用的代表值，由于尚缺乏系统的研究，可根据现场观测、试验数据或工程经验，经综合分析判断确定。

7.2.1　荷载标准值

荷载标准值是结构按极限状态设计时采用的荷载基本代表值，是指结构在设计基准期内，正常情况下可能出现的最大荷载值。

1）取值原则

根据概率极限状态设计方法的要求，荷载标准值应按设计基准期 T 内荷载最大值概率分布

$F_T(x)$ 的某一分位值确定,使其在 T 内具有不被超越的概率 p_k(图 7.8),即

$$F_T(Q_k) = P\{Q_T \leqslant Q_k\} = p_k \tag{7.7}$$

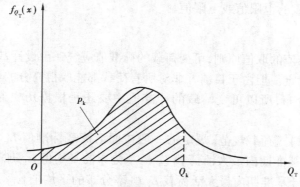

图 7.8　荷载标准值的确定

目前,各国对如何规定概率 p_k 没有统一的规定。我国对于不同荷载的标准值,其相应的 p_k 也不一致,表 7.1 列举了我国现行各种荷载标准值的 p_k。

表 7.1　我国现行各种荷载标准值的 p_k

荷载类型	p_k
恒载	0.21
住宅楼面活荷载	0.80
办公楼面活荷载	0.92
风荷载	0.57
屋面雪荷载	0.36

荷载的标准值 Q_k 也可采用重现期 T_k 来定义。重现期为 T_k 的荷载值,亦称为"T_k 年一遇"的值,意味着在年分布中可能出现大于此值的概率为 $1/T_k$,即

$$F_i(Q_k) = [F_T(Q_k)]^{\frac{1}{T}} = 1 - \frac{1}{T_k} \tag{7.8}$$

则

$$T_k = \frac{1}{1 - [F_T(Q_k)]^{\frac{1}{T}}} = \frac{1}{1 - p_k^{\frac{1}{T}}} \tag{7.9}$$

式(7.9)给出了重现期 T_k 与 p_k 之间的关系。如当 $T_k = 50$ 时(即 Q_k 为 50 年一遇的荷载值),$p_k = 0.346$;而当 Q_k 的不被超越概率为 $p_k = 0.95$ 时,$T_k = 975$,即 Q_k 为 975 年一遇;而当 $p_k = 0.5$ 时,即取 Q_k 为 Q_T 分布的中位值,$T_k = 72.6$,相当于 Q_k 为 72.6 年一遇。

显然,今后为使荷载标准值的概率意义统一,应该规定 T_k 或 p_k 值。但究竟如何合理选定 T_k 或 p_k 值,是值得探讨的问题。

2)永久荷载标准值

结构或非承重构件的自重属于永久荷载,由于其变异性不大,而且多为正态分布,一般以其概率分布的平均值(即 0.5 分位值)作为荷载标准值,则 $p_k = 0.5$。永久荷载标准值可按设计尺

寸与材料重力密度标准值计算。对于自重变异性较大的材料和构件(如屋面保温材料、防水材料、找平层以及钢筋混凝土薄板等),其标准值应根据该荷载对结构有利或不利,分别按材料容重的变化幅度,取其自重的上限值或下限值。

3)可变荷载标准值

根据前述荷载标准值的取值原则,可变荷载的标准值应统一由设计基准期内荷载最大值概率分布的某一分位值确定。但由于目前并非对所有荷载都能取得充分的资料,以获得设计基准期内最大荷载的概率分布,所以可变荷载的标准值主要还是根据历史经验,通过分析判断后确定。

例如,根据统计资料,《荷载规范》规定的一般楼面活荷载标准值 L_k 为 $2.0 \ \mathrm{kN/m^2}$,对于办公楼楼面,相当于设计基准期内最大活荷载 L_T 概率分布的平均值 μ_{L_T} 加 3.16 倍标准差 σ_{L_T},对于住宅楼面,相当于设计基准期内最大活荷载 L_T 概率分布的平均值 μ_{L_T} 加 2.38 倍标准差 σ_{L_T},上述的 3.16 或 2.38 均系指保证率系数 α。

各类荷载的标准值取值具体参见《荷载规范》。

7.2.2　荷载频遇值和准永久值

荷载标准值在概率意义上仅表示它在设计基准期内可能达到的最大值,不能反映荷载(尤其是可变荷载)随机过程随时间变异的特性。因此,对于可变荷载来说,应根据不同的设计要求,选择另外一些荷载代表值。

在可变荷载随机过程中,荷载超过某水平 Q_x 的表示方式有两种:一是以在设计基准期 T 内超过 Q_x 的总持续时间 $T_x = \sum t_i$,或与设计基准期 T 的比率 $\mu_x = T_x/T$ 来表示;二是以超过 Q_x 的次数 n_x 或平均跨阈率 $\nu_x = n_x/T$(单位时间内超过的平均次数)来表示。图 7.9 表示荷载每次超越 Q_x 的持续时间 $t_i(i=1,2,\cdots,n)$ 和超过 Q_x 的次数 $n_x = n$。

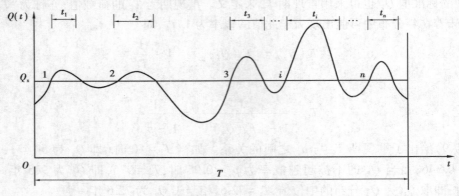

图 7.9　可变荷载超过 Q_x 的持续时间和次数

1)荷载频遇值

荷载频遇值系指在设计基准期内结构上较频繁出现的较大荷载值,主要用于正常使用极限状态的频遇组合中。它可根据荷载类型并按给定的正常使用极限状态的要求,由下列方法之一确定:

①防止结构功能降低(如出现不舒适的振动)时,设计时更为关心的是荷载超过某一限值的持续时间长短,则荷载频遇值应按总持续时间确定,要求μ_x值应相当小,国际标准ISO 2394:1998建议$\mu_x<0.1$。

②防止结构局部损坏(如出现裂缝)或疲劳破坏时,主要是限制荷载超过某一限值的次数,则荷载频遇值应按平均跨阈率ν_x确定。国际标准对平均跨阈率的取值没有作出具体的建议,设计取值时往往由经济因素而定。

实际上,荷载频遇值是考虑到正常使用极限状态设计的可靠度要求较低而对标准值的一种折减,其中折减系数称为频遇值系数ψ_f,可表示为

$$\psi_f = \frac{\text{荷载频遇值 } \psi_f Q_k}{\text{荷载标准值 } Q_k} \tag{7.10}$$

2)荷载准永久值

荷载准永久值系指在结构上经常作用的荷载值,它在设计基准期内具有较长的总持续时间T_x,其对结构的影响类似于永久荷载,主要用于正常使用极限状态的准永久组合和频遇组合中,其取值系按可变荷载出现的频繁程度和持续时间长短确定。国际标准ISO 2394:1998中建议,准永久值根据在设计基准期内荷载达到和超过该值的总持续时间与设计基准期的比值为0.5确定。对住宅、办公楼楼面活荷载以及风、雪荷载等,这相当于取其任意时点荷载概率分布的0.5分位值。

荷载准永久值也是对标准值的一种折减,它主要考虑荷载长期作用效应的影响,准永久值系数ψ_q为

$$\psi_q = \frac{\text{荷载准永久值 } \psi_q Q_k}{\text{荷载标准值 } Q_k} \tag{7.11}$$

由上述取值方法确定的部分常见可变荷载的频遇值系数ψ_f和准永久值系数ψ_q如表7.2所示。

表 7.2　建筑结构常见可变荷载的频遇值系数ψ_f和准永久值系数ψ_q

可变荷载种类		适用地区	频遇值系数 ψ_f	准永久值系数 ψ_q
住宅、办公楼楼面活荷载		全国	0.5	0.4
屋面活荷载	不上人屋面	全国	0.5	0
	上人屋面		0.5	0.4
	屋顶花园		0.6	0.5
厂房屋面积灰荷载		全国	0.9	0.8
厂房吊车荷载	软钩吊车	全国	0.6~0.7	0.5~0.7
	硬钩吊车		0.95	0.95
雪荷载	分区Ⅰ		0.6	0.5
	分区Ⅱ		0.6	0.2
	分区Ⅲ		0.6	0
风荷载		全国	0.4	0

7.2.3　荷载组合值

当结构上同时作用有两种或两种以上的可变荷载时,由概率分析可知,各荷载最大值在同一时刻出现的概率极小。此时,各可变荷载的代表值可采用组合值,即采用不同的组合值系数 ψ_c 对各自标准值予以折减后的荷载值 $\psi_c Q_k$。荷载组合值系数的取值详见《荷载规范》。

7.3　荷载效应组合

7.3.1　荷载效应

作用在结构上的荷载 Q 对结构产生不同的反应,称为荷载效应,记作 S,一般指结构中产生的内力、应力、变形等。荷载的随机性决定了荷载效应也具有随机性。

从理论上讲,荷载效应需要从真实构件截面所产生的实际内力观测值进行统计分析。但由于目前测试技术还不完善,以及收集这些统计数据的实际困难,使得直接进行荷载效应的统计分析不太现实。因此,荷载效应的统计分析目前还只能从较为容易的荷载统计分析入手。

对于线弹性结构或静定结构,荷载效应 Q 与荷载 S 之间具有线性关系,即

$$S = CQ \tag{7.12}$$

式中　C——荷载效应系数,与结构形式、荷载分布及效应类型有关。

如图 7.10 所示,在均布荷载 q 作用下的简支梁,跨中弯矩 $M = \dfrac{1}{8}ql^2$,则荷载效应系数 $C = \dfrac{1}{8}l^2$;而跨中挠度 $f = \dfrac{5}{384EI}ql^4$,则 $C = \dfrac{5}{384EI}l^4$。

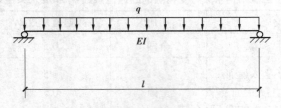

图 7.10　均布荷载作用简支梁

与荷载的变异性相比,荷载效应系数的变异性较小,可近似认为是常数。因此,荷载效应与荷载具有相同的统计特性,并且它们统计参数之间的关系为

$$\mu_S = C\mu_Q \tag{7.13}$$

$$\delta_S = C\delta_Q \tag{7.14}$$

但在实际工程的许多情况下,荷载效应与荷载之间并不存在以上的线性关系,而是某种较为复杂的函数关系,此时原则上不能再按线性关系进行分析,但目前考虑到应用简便,不管结构材料是线性的还是非线性的,结构是静定的还是超静定的,一般仍假定荷载效应 S 和荷载 Q 之间为线性关系,以荷载的统计规律代替荷载效应的统计规律,这样可以大大简化荷载效应的统计分析,方便工程应用。

7.3.2 荷载效应组合

结构在设计基准期内,可能经常会遇到同时承受永久荷载及两种以上的可变荷载,如活荷载、风荷载、雪荷载等。这几种可变荷载在设计基准期内以其最大值相遇的概率是不大的,例如,最大风载与最大雪载同时出现的可能性很小。因此,除了研究单个荷载效应的概率分布外,还必须研究多个荷载效应组合的概率分布问题。下面介绍两种较为常用的荷载效应组合规则。

1) JCSS 组合规则

该规则是国际结构安全度联合委员会(JCSS)在《结构统一标准规范的国际体系》第一卷中所推荐的,也是我国建筑《统一标准》所采用的一种近似的荷载效应组合概率模型,其要点如下:

假定荷载效应随机过程 $\{S_i(t), t \in [0,T]\}$ 均为等时段的平稳二项随机过程 $(i=1,2,\cdots,n)$,每一效应 $S_i(t)$ 在 $[0,T]$ 内的总时段数记为 r_i,按 $r_1 \leqslant r_2 \leqslant \cdots \leqslant r_n$ 顺序排列。将荷载 $Q_1(t)$ 在 $[0,T]$ 内的最大值效应 $\max\limits_{t \in [0,T]} S_1(t)$(持续时段为 τ_1),与另一可变荷载 $Q_2(t)$ 在时段 τ_1 内的局部最大值效应 $\max\limits_{t \in \tau_1} S_2(t)$(持续时段为 τ_2),以及第 3 个可变荷载 $Q_3(t)$ 在时段 τ_2 内的局部最大值效应 $\max\limits_{t \in \tau_2} S_3(t)$(持续时段为 τ_3)相组合,以此类推,即可得到 n 个相对最大综合效应 S_{m_i},如图 7.11 所示阴影部分为 3 个可变荷载效应组合的示意。

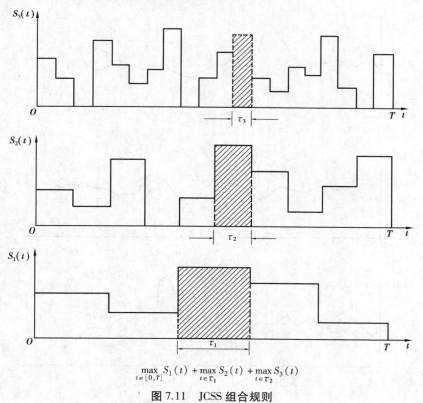

$$\max_{t \in [0,T]} S_1(t) + \max_{t \in \tau_1} S_2(t) + \max_{t \in \tau_2} S_3(t)$$

图 7.11 JCSS 组合规则

$$\left.\begin{aligned}
S_{m_1} &= \max_{t \in [0,T]} S_1(t) + \max_{t \in \tau_1} S_2(t) + \cdots + \max_{t \in \tau_{n-1}} S_n(t) \\
S_{m_2} &= S_1(t_0) + \max_{t \in [0,T]} S_2(t) + \max_{t \in \tau_2} S_3(t) + \cdots + \max_{t \in \tau_{n-1}} S_n(t) \\
&\vdots \\
S_{m_n} &= S_1(t_0) + S_2(t_0) + \cdots + \max_{t \in [0,T]} S_n(t)
\end{aligned}\right\} \tag{7.15}$$

在上述组合表达式中,按所考虑的极限状态计算结构构件的可靠指标 $\beta_i(i=1,2,\cdots,n)$,取其中 $\beta_0 = \min \beta_i$ 的一种荷载组合作为控制结构设计的最不利组合。

2)Turkstra 组合规则

该规则是加拿大学者 C.J. Turkstra 于 1972 年从工程经验出发提出的,虽然没有严格的理论基础,但利用随机过程理论对其组合结果进行分析表明,多数情况下组合结果都具有合理性,是美国国家标准 A58 推荐的组合模式。目前,我国的公路工程、水利水电工程、港口工程、铁路工程的结构可靠度设计统一标准都使用该组合规则。

Turkstra 组合规则的基本要点是,依次将一个荷载效应在设计基准期 T 内的最大值与其余荷载效应的任意时点值相组合,即:

$$S_{m_i} = S_1(t_0) + \cdots + S_{i-1}(t_0) + \max_{t \in [0,T]} S_i(t) + S_{i+1}(t_0) + \cdots + S_n(t_0) \qquad (i = 1,2,\cdots,n) \tag{7.16}$$

式中　t_0——$S_i(t)$ 达到最大的时刻。

图 7.12 为 3 个可变荷载效应组合的示意。

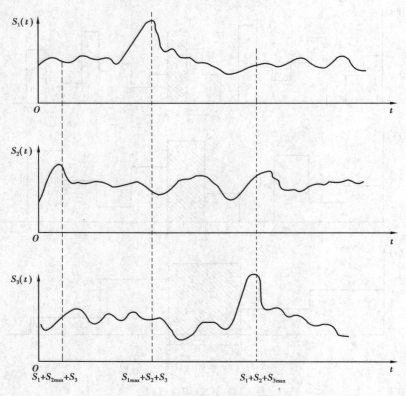

图 7.12　Turkstra 组合规则

在设计基准期 T 内,荷载效应组合的最大值 S_m 为上列诸组合的最大值,即

$$S_m = \max(S_{m_1}, S_{m_2}, \cdots, S_{m_n}) \tag{7.17}$$

类似于 JCSS 组合规则,选出可靠指标 β 值最小的一组作为控制荷载效应组合。

Turkstra 规则所得结果不是偏于保守的,因为理论上还可能存在更为不利的组合情况,但工程实践表明,这种规则相对简单实用,仍是一种较好的近似组合方法,因此被工程界广泛采用。

应当指出,JCSS 及 Turkstra 组合规则虽能较好地反映荷载效应组合的概率分布问题,但由于存在复杂的概率运算,在实际工程设计中直接采用还比较困难。目前的做法是在分析的基础上,结合以往设计经验,在设计表达式中采用简单可行的组合形式,并给定各种可变荷载的组合值系数。

建筑《统一标准》和公路《统一标准》规定,工程结构设计应根据使用过程中可能出现的荷载,按承载能力极限状态和正常使用极限状态分别进行荷载效应组合,并按各自最不利的效应组合进行设计。有关具体的荷载效应组合形式见 10.4 节。

本章小结

1.工程结构中的各种荷载都是与时间有关的随机变量,它们绝大多数都可以作为平稳二项随机过程来研究,其样本函数是等时段矩形波。而公路桥梁工程中的车辆荷载则可以采用滤过泊松过程模型。

2.荷载变动一次的平均持续时间 τ、在每个时段内荷载出现的概率 p 以及任意时点荷载的概率分布 $F_i(x)$ 是平稳二项随机过程的三个统计要素,这些统计要素对不同类型的荷载有所区别。

3.在统计分析时,荷载随机过程都可以转化为设计基准期 T 内的最大值随机变量 Q_T,其概率分布函数 $F_T(x)$ 可认为是任意时点分布 $F_i(x)$ 的 m 次方。

4.结构设计时,应根据不同的极限状态设计要求,采用不同的荷载代表值。永久荷载的代表值只有标准值一种。可变荷载的代表值有标准值、频遇值、准永久值和组合值 4 种,分别用于极限状态设计中的不同场合,其中标准值是荷载的基本代表值,其他代表值则是对标准值的折减。荷载的各种代表值虽然是在设计表达式中所赋予的规定值,但却具有明确的概率意义。

5.各种荷载的标准值都应按设计基准期内荷载最大值概率分布的某一分位值确定。但由于目前对荷载(尤其是各种可变荷载)的统计资料尚不充分,《荷载规范》还是主要根据历史经验,经分析判断后确定。

6.荷载效应是指荷载在结构构件上产生的内力、应力和变形等反应。一般认为,荷载效应与荷载具有线性关系,并且具有相同的统计特性。

7.研究荷载效应组合问题,实质上是求解多个荷载效应随机过程以不同规则组合后产生的各种综合效应的概率。JCSS 规则和 Turkstra 规则都能较好地实现这个目的,但运算都很复杂,不便于实际应用。因此,我国各类工程结构设计规范都根据不同的设计要求,采用了较为简单的荷载效应组合形式,并结合工程经验,经综合分析后给定各种可变荷载的组合值系数。

思 考 题

7.1 什么是平稳二项随机过程？将荷载作为平稳二项随机过程来研究有什么优点？

7.2 荷载统计时是如何处理荷载随机过程的？几种常遇荷载各有什么统计特性？

7.3 荷载有哪些代表值？它们各有什么意义？分别用于什么场合？

7.4 荷载的标准值是如何确定的？

7.5 什么是荷载效应？它与荷载有什么关系？

7.6 如何理解荷载效应组合？

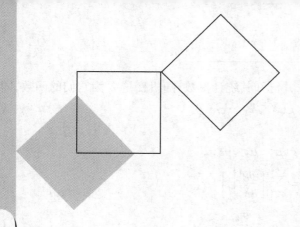

8 结构构件抗力的统计分析

本章导读:

　　抗力作为结构构件的固有属性,与荷载效应相对应,也是工程中研究的主要综合随机变量。本章主要介绍影响抗力的各种不定性因素及其统计参数的确定方法,应重点掌握各种不定性的含义和原因。由于结构构件抗力是各种不定性的函数,采用概率方法能得到其统计参数和概率分布类型,学习时应注意理解和把握抗力统计分析的间接方法。还需注意,所给出的有关统计参数都是基于以往大量统计调查的相对值,在实际工程中可能会有所变化,应灵活应用。

8.1 抗力统计分析的一般概念

　　工程结构大多是一个复杂的结构体系,对整体结构的抗力进行统计分析比较困难。实际上目前设计结构时,除变形验算可能涉及整体结构外,承载能力极限状态设计一般只针对结构构件,因此本章仅讨论结构构件(或构件截面,下同)的抗力统计分析。

　　结构构件的抗力指构件承受各种外加作用的能力,它与构件的作用效应 S 相对应,记作 R。当结构设计所考虑的作用效应为作用内力时,对应的抗力为构件承载能力;而考虑的作用效应为作用变形时,抗力则为构件抵抗变形的能力,即刚度,因此刚度也是一种结构的抗力。

　　直接对各种结构构件的抗力进行统计分析,并确定其统计参数和分布类型非常困难。目前对抗力的统计分析一般采用间接方法,即首先对影响构件抗力的各种主要因素分别进行统计分析,确定其统计参数;然后通过抗力与各有关因素的函数关系,从各种因素的统计参数推求出构件抗力的统计参数。构件抗力的概率分布类型,可根据各主要影响因素的概率分布类型,应用概率理论或经验判断加以确定。

　　在确定结构构件抗力及其各项影响因素的统计参数时,通常采用"误差传递公式",其概念如下:

设随机变量 $X_1, X_2, \cdots, X_n$ 相互独立，并已知其统计参数，随机变量 Z 为它们的函数，即

$$Z = g(X_1, X_2, \cdots, X_n) \tag{8.1}$$

则 Z 的统计参数（均值、方差、变异系数）为

$$\mu_Z = g(\mu_{X_1}, \mu_{X_2}, \cdots, \mu_{X_n}) \tag{8.2}$$

$$\sigma_Z^2 = \sum_{i=1}^{n} \left[\frac{\partial g}{\partial X_i} \bigg|_\mu \right]^2 \sigma_{X_i}^2 \tag{8.3}$$

$$\delta_Z = \frac{\sigma_Z}{\mu_Z} \tag{8.4}$$

式（8.3）中，下标 μ 表示偏导数中的随机变量 X_i 均以其平均值赋值。

8.2 影响结构构件抗力的不定性

影响结构构件抗力的不定性因素归纳起来主要有三大类，即：材料性能的不定性、几何参数的不定性和计算模式的不定性。这些影响因素都是随机变量，而结构构件的抗力则是这些随机变量的函数。

8.2.1 结构构件材料性能的不定性

结构构件材料性能是指制成构件的强度、弹性模量、变形模量、泊松比等物理力学性能。由于受材料品质、制作工艺、受荷情况、环境条件等因素的影响，引起材料性能的变异，导致了材料性能的不定性。材料性能一般采用标准试件和标准试验方法确定，还要考虑实际构件与标准试件、实际工作条件与标准试验条件的差异。具体地说，结构构件材料性能的不定性，应包括标准试件材料性能的不定性和试件材料性能换算为构件材料性能的不定性两部分。

结构构件材料性能的不定性可采用随机变量 Ω_f 来表示，即

$$\Omega_f = \frac{f_c}{k_0 f_k} = \frac{1}{k_0} \cdot \frac{f_c}{f_s} \cdot \frac{f_s}{f_k} \tag{8.5}$$

式中　f_c——结构构件实际的材料性能值；

　　　f_s——试件材料性能值；

　　　f_k——规范规定的试件材料性能的标准值；

　　　k_0——规范规定的反映结构构件材料性能与试件材料性能差别的影响系数。如考虑缺陷、尺寸、施工质量、加荷速度、试验方法等因素影响的系数或其函数（一般取为定值）。

令

$$\left. \begin{aligned} \Omega_0 &= \frac{f_c}{f_s} \\ \Omega_1 &= \frac{f_s}{f_k} \end{aligned} \right\} \tag{8.6}$$

则

$$\Omega_f = \frac{1}{k_0}\Omega_0\Omega_1 \tag{8.7}$$

式中 Ω_0——反映结构构件材料性能与试件材料性能差别的随机变量;

      Ω_1——反映试件材料性能不定性的随机变量。

根据式(8.2)—式(8.4),可得 Ω_f 的平均值与变异系数为

$$\mu_{\Omega_f} = \frac{1}{k_0}\mu_{\Omega_0}\mu_{\Omega_1} = \frac{\mu_{\Omega_0}\mu_{f_s}}{k_0 f_k} \tag{8.8}$$

$$\delta_{\Omega_f} = \sqrt{\delta_{\Omega_0}^2 + \delta_{f_s}^2} \tag{8.9}$$

式中 $\mu_{\Omega_0}, \mu_{\Omega_1}, \mu_{f_s}$——随机变量 Ω_0, Ω_1 及试件材料性能 f_s 的平均值;

      $\delta_{\Omega_0}, \delta_{f_s}$——随机变量 Ω_0 的变异系数及试件材料性能 f_s 的变异系数。

由上可见,只要已知 Ω_0, f_s 的统计参数,便能求得 Ω_f 的统计参数。目前,Ω_0 的统计参数很难由实测得出,一般还是凭经验估计,而试件材料性能值 f_s 的统计参数则较容易得到,这方面已做了相当多的调查与统计工作。

根据国内对各种结构材料强度性能的统计资料,按式(8.8)、式(8.9)求得的统计参数列于表8.1。

表 8.1   各种结构材料强度 Ω_f 的统计参数

材料种类	材料品种及受力状况		μ_{Ω_f}	δ_{Ω_f}
型 钢	受 拉	Q235 钢	1.08	0.08
		16Mn 钢	1.09	0.07
薄壁型钢	受 拉	Q235F 钢	1.12	0.10
		Q235 钢	1.27	0.08
		20Mn 钢	1.05	0.08
钢 筋	受 拉	HPB235(Q235F)	1.02	0.08
		HRB335(20MnSi)	1.14	0.07
		25MnSi	1.09	0.06
混凝土	轴心受压	C20	1.66	0.23
		C30	1.41	0.19
		C40	1.35	0.16
砖砌体	轴心受压		1.15	0.20
	小偏心受压		1.10	0.20
	齿缝受弯		1.00	0.22
	受 剪		1.00	0.24
木 材	轴心受拉		1.48	0.32
	轴心受压		1.28	0.22
	受 弯		1.47	0.25
	顺纹受剪		1.32	0.22

【例 8.1】求 HPB235（Q235）热轧钢筋屈服强度的统计参数。已知：试件材料屈服强度的平均值 $\mu_{f_y} = 280.3 \ \text{N/mm}^2$，标准差 $\sigma_{f_y} = 21.3 \ \text{N/mm}^2$。经统计，构件材料与试件材料两者屈服强度比值的平均值 $\mu_{\Omega_0} = 0.92$，标准差 $\sigma_{\Omega_0} = 0.032$。规范规定的构件材料屈服强度标准值 $k_0 f_k = 240 \ \text{N/mm}^2$。

【解】根据已知的随机变量 f_y，Ω_0 的平均值和标准差，求得变异系数

$$\delta_{f_y} = \frac{\sigma_{f_y}}{\mu_{f_y}} = \frac{21.3}{280.3} = 0.076$$

$$\delta_{\Omega_0} = \frac{\sigma_{\Omega_0}}{\mu_{\Omega_0}} = \frac{0.032}{0.92} = 0.035$$

则由式（8.8）、式（8.9）可得，屈服强度随机变量 Ω_f 的统计参数为

$$\mu_{\Omega_f} = \frac{\mu_{\Omega_0} \mu_{f_y}}{k_0 f_k} = \frac{0.92 \times 280.3}{240} = 1.074$$

$$\delta_{\Omega_f} = \sqrt{\delta_{\Omega_0}^2 + \delta_{f_y}^2} = \sqrt{0.035^2 + 0.076^2} = 0.084$$

8.2.2　结构构件几何参数的不定性

结构构件几何参数的不定性，主要是指制作尺寸偏差和安装偏差等引起的几何参数的变异性，它反映了所设计的构件和制作安装后的实际构件之间几何上的差异。根据对结构构件抗力的影响程度，一般构件可仅考虑截面几何特征（如宽度、高度、有效高度、面积、面积矩、抵抗矩、惯性矩、箍筋间距等参数）的变异，而构件长度和跨度变异的影响相对较小，有时可按定值来考虑。

结构构件几何参数的不定性可采用随机变量 Ω_a 表达

$$\Omega_a = \frac{a}{a_k} \tag{8.10}$$

式中　a——结构构件的实际几何参数值；

a_k——结构构件的几何参数标准值，一般取设计值。

则 Ω_a 的统计参数为

$$\mu_{\Omega_a} = \frac{\mu_a}{a_k} \tag{8.11}$$

$$\delta_{\Omega_a} = \delta_a \tag{8.12}$$

式中　μ_a，δ_a——构件几何参数的平均值及变异系数。

对于结构构件几何参数的概率分布类型及统计参数，应根据正常生产条件下结构构件几何尺寸的实测数据，经统计分析得到。当实测数据不足时，几何参数的概率分布类型可采用正态分布，其统计参数可按有关标准规定的允许公差，经分析判断确定。一般来说，几何参数的变异性随几何尺寸的增大而减小。我国对各类结构构件的几何参数进行了大量的实测统计工作，得出的统计参数列于表8.2。

表 8.2 各种建筑结构构件几何参数 Ω_a 的统计参数

结构构件种类	项 目	μ_{Ω_a}	δ_{Ω_a}
型钢构件	截面面积	1.00	0.05
薄壁型钢构件	截面面积	1.00	0.05
钢筋混凝土构件	截面高度、宽度	1.00	0.02
	截面有效高度	1.00	0.03
	纵筋截面面积	1.00	0.03
	混凝土保护层厚度	0.85	0.30
	箍筋平均间距	0.99	0.07
	纵筋锚固长度	1.02	0.09
砖砌体	单向尺寸(370 mm)	1.00	0.02
	截面面积(370 mm×370 mm)	1.01	0.02
木构件	单向尺寸	0.98	0.03
	截面面积	0.96	0.06
	截面模量	0.94	0.08

【例 8.2】已知:根据钢筋混凝土工程施工及验收规范,预制梁截面宽度及高度的允许偏差 $\Delta b = \Delta h = -5 \sim +2$ mm,截面尺寸标准值 $b_k = 200$ mm,$h_k = 500$ mm,假定截面尺寸服从正态分布,合格率应达到 95%。试求预制梁截面宽度和高度的统计参数。

【解】根据所规定的允许偏差,可估计截面尺寸应有的平均值为

$$\mu_b = b_k + \left(\frac{\Delta b^+ - \Delta b^-}{2} \right) = 200 \text{ mm} + \left(\frac{2-5}{2} \text{ mm} \right) = 198.5 \text{ mm}$$

$$\mu_h = h_k + \left(\frac{\Delta h^+ - \Delta h^-}{2} \right) = 500 \text{ mm} + \left(\frac{2-5}{2} \text{ mm} \right) = 498.5 \text{ mm}$$

由正态分布函数的性质可知,当合格率为 95% 时,有 $b_{min} = \mu_b - 1.645\sigma_b$,而

$$\mu_b - b_{min} = \frac{\Delta b^+ + \Delta b^-}{2} = \frac{2+5}{2} \text{ mm} = 3.5 \text{ mm}$$

则有

$$\sigma_b = \frac{\mu_b - b_{min}}{1.645} = \frac{3.5}{1.645} \text{ mm} = 2.128 \text{ mm}$$

同理

$$\sigma_h = \frac{\mu_h - h_{min}}{1.645} = \frac{3.5}{1.645} \text{ mm} = 2.128 \text{ mm}$$

根据式(8.11)、式(8.12)可得

$$\mu_{\Omega_b} = \frac{\mu_b}{b_k} = \frac{198.5}{200} = 0.993$$

$$\mu_{\Omega_h} = \frac{\mu_h}{h_k} = \frac{498.5}{500} = 0.997$$

$$\delta_{\Omega_b} = \delta_b = \frac{\sigma_b}{\mu_b} = \frac{2.128}{198.5} = 0.011$$

$$\delta_{\varOmega_h} = \delta_h = \frac{\sigma_h}{\mu_h} = \frac{2.128}{498.5} = 0.004$$

在公路工程中,根据各级公路不同的目标可靠指标,将统计的变异范围分为低、中、高三级水平(表 8.3)。对水泥混凝土路面,其几何参数的不定性主要指面板厚度的变异性。而对沥青路面,几何参数不定性则指结构层的底基层厚度、基层厚度和面层厚度的变异性。由统计所得的各类路面几何参数的变异系数分别列于表 8.4、表 8.5。

表 8.3　各级公路采用的变异水平等级

公路技术等级	高速公路	一级公路	二级公路
变异水平等级	低	低~中	中

表 8.4　水泥混凝土路面面板厚度的变异系数

变异水平	低	中	高
变异系数 δ_h/%	2~4	5~6	7~8

表 8.5　沥青路面结构层厚度的变异系数

项　　目		变异系数/%		
		低	中	高
底基层厚度/mm		4~6	7~10	11~14
基层厚度/mm		4~6	7~9	10~12
面层厚度/mm	平地机摊铺基层	50~80		
		10~13	14~18	19~23
		90~150		
		7~10	11~13	14~16
		160~200		
		4~5	6~8	9~10
	摊铺机摊铺基层	50~80		
		5~10	11~15	16~20
		90~150		
		4~7	8~10	11~13
		160~200		
		2~3	4~6	7~8

8.2.3　结构构件计算模式的不定性

结构构件计算模式的不定性,主要是指抗力计算中采用的某些基本假定不完全符合实际和计算公式不精确等引起的变异性,有时被称为"计算模型误差"。例如,在建立结构构件计算公式时,往往采用理想弹性(或塑性)、匀质性、各向同性、平截面变形等假定;也常采用矩形、三角形等简单的截面应力图形来替代实际的曲线应力分布图形;还常采用简支、固定支座等理想边界条件代替实际边界条件;也还常采用线性化方法来简化分析或计算等。所有这些近似化处理,必然会导致结构构件的计算抗力与实际抗力之间的差异。

反映这种差异的计算模式不定性可采用随机变量 $\varOmega_p$ 表示,通过试验结果和计算值的比较来确定,即

$$\Omega_p = \frac{R^0}{R^c} \tag{8.13}$$

式中 R^0——结构构件的实际抗力值,可取试验值或精确计算值;

R^c——按规范公式计算的结构构件抗力值,计算时应采用材料性能和几何尺寸的实测值,以排除 Ω_f,Ω_a 对 Ω_p 的影响。

我国规范通过对各类结构构件 Ω_p 的统计分析,求得其平均值 μ_{Ω_p} 和变异系数 δ_{Ω_p},如表8.6所示。

表 8.6 各种结构构件计算模式 Ω_p 的统计参数

结构构件种类	受力状态	μ_{Ω_p}	δ_{Ω_p}
钢结构构件	轴心受拉	1.05	0.07
	轴心受压(Q235F)	1.03	0.07
	偏心受压(Q235F)	1.12	0.10
薄壁型钢结构构件	轴心受压	1.08	0.10
	偏心受压	1.14	0.11
钢筋混凝土结构构件	轴心受拉	1.00	0.04
	轴心受压	1.00	0.05
	偏心受压	1.00	0.05
	受 弯	1.00	0.04
	受 剪	1.00	0.15
砖结构砌体	轴心受压	1.05	0.15
	小偏心受压	1.14	0.23
	齿缝受弯	1.06	0.10
	受 剪	1.02	0.13
木结构构件	轴心受拉	1.00	0.05
	轴心受压	1.00	0.05
	受 弯	1.00	0.05
	顺纹受剪	0.97	0.08

需要注意的是,上述三个不定性 Ω_f、Ω_a 和 Ω_p 都是无量纲的随机变量,其统计参数适用于各地区和各种使用情况。随着统计数据的不断充分和统计方法的不断完善,这些统计参数将会有所变化。

8.3   结构构件抗力的统计特征

8.3.1   结构构件抗力的统计参数

1)单一材料构件的抗力统计参数

对于单一材料(如素混凝土、钢、木以及砌体等)组成的结构构件,或抗力可由单一材料确

定的结构构件(如钢筋混凝土受拉构件),考虑上述影响抗力的主要因素,其抗力 R 的表达式为

$$R = \Omega_f \Omega_a \Omega_p R_k \qquad (8.14)$$

式中　R_k——按规范规定的材料性能和几何参数标准值及抗力计算公式求得的抗力标准值,可表达为

$$R_k = k_0 f_k a_k \qquad (8.15)$$

按式(8.2)—式(8.4),可求得抗力 R 的平均值为

$$\mu_R = \mu_{\Omega_f} \mu_{\Omega_a} \mu_{\Omega_p} R_k \qquad (8.16)$$

为了运算方便,也可将抗力的平均值用无量纲(量纲为1)的系数 κ_R 表示,即

$$\kappa_R = \frac{\mu_R}{R_k} = \mu_{\Omega_f} \mu_{\Omega_a} \mu_{\Omega_p} \qquad (8.17)$$

抗力 R 的变异系数为

$$\delta_R = \sqrt{\delta_{\Omega_f}^2 + \delta_{\Omega_a}^2 + \delta_{\Omega_p}^2} \qquad (8.18)$$

【例8.3】试求 Q235 型钢轴心受拉杆件抗力的统计参数 κ_R 和 δ_R。

【解】由表8.1、表8.2、表8.6可知,$\mu_{\Omega_f} = 1.08$,$\delta_{\Omega_f} = 0.08$;$\mu_{\Omega_a} = 1.00$,$\delta_{\Omega_a} = 0.05$;$\mu_{\Omega_p} = 1.05$,$\delta_{\Omega_p} = 0.07$。将这些数值代入式(8.17)和式(8.18),得出抗力的统计参数为

$$\kappa_R = 1.08 \times 1.00 \times 1.05 = 1.134$$

$$\delta_R = \sqrt{0.08^2 + 0.05^2 + 0.07^2} = 0.117$$

2) 多种材料构件的抗力统计参数

对于由几种材料组成的结构构件,如钢筋混凝土构件,抗力 R 可采用下列形式表达

$$R = \Omega_p R_p \qquad (8.19)$$

$$R_p = R(f_{c1} a_1, f_{c2} a_2, \cdots, f_{cn} a_n) \qquad (8.20)$$

将式(8.5)、式(8.10)代入式(8.20),得

$$R_p = R(\Omega_{f1} k_0 f_{k1} \cdot \Omega_{a1} a_{k1}, \cdots, \Omega_{fn} k_{0n} f_{kn} \cdot \Omega_{an} a_{kn}) \qquad (8.21)$$

式中　R_p——由计算公式确定的构件抗力值,$R_p = R(\cdot)$,其中 $R(\cdot)$ 为抗力函数;

　　　f_{ci}——构件中第 i 种材料的实际性能值;

　　　a_i——与第 i 种材料相应的构件实际几何参数;

　　　Ω_{fi}——构件中第 i 种材料的材料性能随机变量;

　　　k_{0i}——反映构件第 i 种材料的材料性能差异的影响系数;

　　　f_{ki}——构件中第 i 种材料的性能标准值;

　　　Ω_{ai}——与第 i 种材料相应的构件几何参数随机变量;

　　　a_{ki}——与第 i 种材料相应的构件几何参数标准值。

同样由式(8.2)—式(8.4)可得,R_p 的统计参数为

$$\mu_{R_p} = R(\mu_{f_{c1}} \mu_{a1}, \cdots, \mu_{f_{cn}} \mu_{an}) \qquad (8.22)$$

$$\sigma_{R_p}^2 = \sum_{i=1}^{n} \left[\frac{\partial R_p}{\partial X_i} \bigg|_\mu \right]^2 \sigma_{X_i}^2 \qquad (8.23)$$

$$\delta_{R_p} = \frac{\sigma_{R_p}}{\mu_{R_p}} \qquad (8.24)$$

从而,结构构件抗力 R 的统计参数可按下式计算

$$\kappa_R = \frac{\mu_R}{R_k} = \frac{\mu_{\Omega_p}\mu_{R_p}}{R_k} \tag{8.25}$$

$$\delta_R = \sqrt{\delta_{\Omega_p}^2 + \delta_{R_p}^2} \tag{8.26}$$

其中

$$R_k = R(k_{01}f_{k1}a_{k1}, \cdots, k_{0n}f_{kn}a_{kn}) \tag{8.27}$$

【例 8.4】试求钢筋混凝土轴心受压短柱抗力的统计参数 κ_R 和 δ_R。

已知：C30 混凝土，$f_{ck} = 17.5$ N/mm^2，$\mu_{\Omega_{f_c}} = 1.41$，$\delta_{\Omega_{f_c}} = 0.19$；HRB335（20MnSi）钢筋，$f_{yk} = 340$ N/mm^2，$\mu_{\Omega_{f_y}} = 1.14$，$\delta_{\Omega_{f_y}} = 0.07$；截面尺寸 $b_k = h_k = 400$ mm，$\mu_{\Omega_b} = \mu_{\Omega_h} = 1.0$，$\delta_{\Omega_b} = \delta_{\Omega_h} = 0.02$；配筋率 $\rho' = 0.015$，$\mu_{\Omega_{A_s'}} = 1.0$，$\delta_{\Omega_{A_s'}} = 0.03$；$\mu_{\Omega_p} = 1.0$，$\delta_{\Omega_p} = 0.05$。

【解】按规范计算公式，轴心受压短柱抗力计算值为

$$R_p = f_c bh + f_y A_s'$$

利用式（8.21）—式（8.24），有

$$\begin{aligned}
\mu_{R_p} &= \mu_{f_c}\mu_b\mu_h + \mu_{f_y}\mu_{A_s'} = \mu_{\Omega_{f_c}}f_{ck}\mu_{\Omega_b}b_k\mu_{\Omega_h}h_k + \mu_{\Omega_{f_y}}f_{yk}\mu_{\Omega_{A_s'}}A_{sk}' \\
&= (1.41 \times 17.5 \times 1.0 \times 400 \times 1.0 \times 400 + 1.14 \times 340 \times 1.0 \times 0.015 \times 400 \times 400)\text{kN} \\
&= 4\,878.24 \text{ kN}
\end{aligned}$$

$$\sigma_{R_p}^2 = \mu_b^2\mu_h^2\sigma_{f_c}^2 + \mu_{f_c}^2\mu_h^2\sigma_b^2 + \mu_{f_c}^2\mu_b^2\sigma_h^2 + \mu_{A_s'}^2\sigma_{f_y}^2 + \mu_{f_y}^2\sigma_{A_s'}^2$$

令

$$C = \frac{\mu_{A_s'}}{\mu_b\mu_h} \cdot \frac{\mu_{f_y}}{\mu_{f_c}} = \rho'\frac{\mu_{\Omega_{f_y}}f_{yk}}{\mu_{\Omega_{f_c}}f_{ck}} = 0.015 \times \frac{1.14 \times 340}{1.41 \times 17.5} = 0.236$$

则可得

$$\begin{aligned}
\delta_{R_p}^2 &= \frac{\sigma_{R_p}^2}{\mu_{R_p}^2} = \frac{\delta_{\Omega_{f_c}}^2 + \delta_{\Omega_b}^2 + \delta_{\Omega_h}^2 + C^2(\delta_{\Omega_{f_y}}^2 + \delta_{\Omega_{A_s'}}^2)}{(1+C)^2} \\
&= \frac{0.19^2 + 0.02^2 + 0.02^2 + 0.236^2 \times (0.07^2 + 0.03^2)}{(1+0.236)^2} = 0.024
\end{aligned}$$

由式（8.25）、式（8.26），可得

$$\kappa_R = \frac{\mu_R}{R_k} = \frac{\mu_{\Omega_p}\mu_{R_p}}{f_{ck}b_kh_k + f_{yk}A_{sk}'} = \frac{1.0 \times 4\,878\,240}{17.5 \times 400 \times 400 + 340 \times 0.015 \times 400 \times 400} = 1.349$$

$$\delta_R = \sqrt{\delta_{\Omega_p}^2 + \delta_{R_p}^2} = \sqrt{0.05^2 + 0.024} = 0.163$$

对于各种结构构件抗力的统计参数 κ_R 和 δ_R，均可参照例 8.3 和例 8.4 的计算方式求得，经适当选择后列于表 8.7。

表 8.7 各种结构构件抗力 R 的统计参数

结构构件种类	受力状态	κ_R	δ_R
钢结构构件	轴心受拉（Q235F）	1.13	0.12
	轴心受压（Q235F）	1.11	0.12
	偏心受压（Q235F）	1.21	0.15

续表

结构构件种类	受力状态	κ_R	δ_R
薄壁型钢结构构件	轴心受压（Q235F）	1.21	0.15
	偏心受压（16Mn）	1.20	0.15
钢筋混凝土结构构件	轴心受拉	1.10	0.10
	轴心受压（短柱）	1.33	0.17
	小偏心受压（短柱）	1.30	0.15
	大偏心受压（短柱）	1.16	0.13
	受　弯	1.13	0.10
	受　剪	1.24	0.19
砖结构砌体	轴心受压	1.21	0.25
	小偏心受压	1.26	0.30
	齿缝受弯	1.06	0.24
	受　剪	1.02	0.27
木结构构件	轴心受拉	1.42	0.33
	轴心受压	1.23	0.23
	受　弯	1.38	0.27
	顺纹受剪	1.23	0.25

8.3.2　结构构件抗力的概率分布

由式（8.19）和式（8.21）可知，结构构件抗力 R 是多个随机变量的函数。即使已知每个随机变量的概率分布函数，从理论上推求抗力 R 的概率分布函数也存在较大的数学困难，因此有时采用模拟方法（如 Monte-Carlo 模拟法）来推求抗力的概率分布函数。

对于实际工程问题，常根据概率论原理假定抗力的概率分布函数。概率论中的中心极限定理指出，若随机变量序列 $X_1, X_2, \cdots, X_n$ 中的任何一个都不占优势，当 n 充分大时，无论 $X_1, X_2, \cdots, X_n$ 具有怎样的分布，只要它们相互独立，并满足定理条件，则 $Y = \sum_{i=1}^{n} X_i$ 近似服从正态分布。如 $Y = X_1 X_2 \cdots X_n$，则 $\ln Y = \sum_{i=1}^{n} \ln X_i$，当 n 充分大时，$\ln Y$ 也近似服从正态分布，则 Y 近似服从对数正态分布。由于抗力 R 的计算模式多为 $R = X_1 X_2 X_3 \cdots$ 或 $R = X_1 X_2 + X_3 X_4 X_5 + X_6 X_7 + \cdots$ 等形式，因此实用上可近似认为，无论 $X_1, X_2, \cdots, X_n$ 为何种概率分布，结构构件抗力 R 的概率分布类型均可假定为对数正态分布。

本章小结

1.结构构件抗力是指构件的各种承载能力和刚度，是与各种影响因素有关的综合随机变量。抗力的统计分析一般采用间接方法。

2.影响结构构件抗力的因素可归纳为材料性能不定性、几何参数不定性和计算模式不定性三大类。材料性能不定性包括试件本身材料性能不定性和反映结构构件与试件两者材料性能差异的不定性两部分,这里的材料性能主要是指材料强度。几何参数不定性反映了设计构件与实际构件在几何特征上的差异,一般情况下,这种差异随几何尺寸的增大而减小。计算模式不定性则是考虑了抗力计算时所作的假定和近似所引起的误差。

3.影响结构构件抗力的各种不定性都是随机变量,可根据试验和统计调查,确定其统计参数。但随着统计数据的充分和统计方法的完善程度,这些统计参数以后将可能有所变化。

4.按单一材料组成的构件和多种材料组成的构件两种情况,分别建立构件抗力和各种不定性之间的函数关系,得出构件抗力的统计参数。

5.根据概率论的中心极限定理,可近似认为结构构件抗力服从对数正态分布。

思考题

8.1　什么是结构构件的抗力?我国目前采取什么方法进行抗力的统计分析?

8.2　影响结构构件抗力主要有哪些因素?

8.3　什么是结构构件材料性能的不定性?如何得出其统计参数?

8.4　结构构件计算模式的不定性反映了什么问题?试举例说明。

8.5　结构构件抗力的统计参数如何计算?其概率分布类型如何确定?

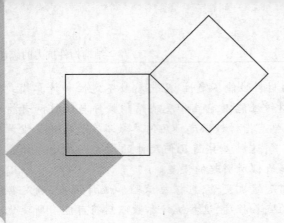

9 结构可靠度分析与计算

> **本章导读：**
>
> 　　本章主要介绍结构可靠度的基本原理和基本分析方法。由于包含的内容和概念较广,特别是涉及较多概率论方面的基础知识,有一定的学习难度,应深入理解并逐步掌握。考虑到结构体系可靠度分析是结构可靠度领域的研究方向之一,本章介绍了体系可靠度分析的基本概念和一般方法,需要一般了解。

9.1 结构可靠度基本原理

9.1.1 结构的功能要求

　　土木工程结构设计的基本目标是:在一定的经济条件下,赋予结构以足够的可靠度,使结构建成后在规定的设计使用年限内能满足设计所预定的各种功能要求。一般说来,房屋建筑、公路、桥梁等结构必须满足的功能要求可概括为下列三方面:

　　①安全性。在正常施工和正常使用时,结构应能承受可能出现的各种外界作用(如各类外加荷载、温度变化、支座移动、基础沉降、混凝土收缩、徐变等);在预计的偶然事件(如地震、火灾、爆炸、撞击、龙卷风等)发生时及发生后,结构仍能保持必需的整体稳定性,不致发生连续倒塌。

　　②适用性。结构在正常使用时应具有良好的工作性能,其变形、裂缝或振动性能等均不超过规定的限度。如吊车梁变形过大则影响运行,水池开裂便不能蓄水。

　　③耐久性。结构在正常使用、维护的情况下应具有足够的耐久性能。如混凝土保护层不得过薄、裂缝不得过宽而引起钢筋锈蚀,混凝土不得风化、不得在化学腐蚀环境下影响结构预定的

设计使用年限等。

结构在预定的期限内,在正常使用条件下,若能同时满足上述要求,则称该结构是可靠的。因此,可以将结构的安全性、适用性和耐久性统称为结构的可靠性。

9.1.2　结构的极限状态

极限状态是判断结构是否满足某种功能要求的标准,是结构可靠(有效)或不可靠(失效)的临界状态。极限状态的一般定义是:整个结构或结构的一部分超过某一特定状态就不能满足设计规定的某一功能要求,此特定状态称为该功能的极限状态。

我国建筑《统一标准》和公路《统一标准》都将极限状态分为承载能力极限状态和正常使用极限状态两类。对于结构的各种极限状态,均应规定明确的标志及限值。

1)承载能力极限状态

这类极限状态对应于结构或结构构件达到最大承载能力或不适于继续承载的变形。当结构或结构构件出现下列状态之一时,即认为超过了承载能力极限状态:

①整个结构或结构的一部分作为刚体失去平衡(如雨篷、烟囱倾覆,挡土墙滑移等)。

②结构构件或其连接因超过材料强度而破坏(包括疲劳破坏),如轴心受压构件中混凝土达到轴心抗压强度、构件钢筋因锚固长度不足而被拔出等,或者因为过度的塑性变形而不适于继续承受荷载。

疲劳破坏是在使用中由于荷载多次重复作用而使构件丧失承载能力。结构构件由于塑性变形过大而使其几何形状发生显著改变,这时虽未达到最大承载能力,但已彻底不能使用,故应属于达到这类极限状态。

③由于某些截面或构件的破坏而使结构变为机动体系。

④结构或结构构件丧失稳定(如压屈等)。

⑤地基丧失承载能力而破坏(如失稳等)。

2)正常使用极限状态

这类极限状态对应于结构或结构构件达到正常使用或耐久性能的某项规定限值。当结构或结构构件出现下列状态之一时,即认为超过了正常使用极限状态:

①影响正常使用或有碍外观的变形。

②影响正常使用或耐久性能的局部损坏(包括裂缝过宽等)。

③影响正常使用的振动。

④影响正常使用的其他特定状态(如混凝土腐蚀、结构相对沉降量过大等)。

在结构设计时,应考虑到所有可能的极限状态,以保证结构具有足够的安全性、适用性和耐久性,并按不同的极限状态采用相应的可靠度水平进行设计。承载能力极限状态的出现概率应当控制得很低,因为它可能导致人身伤亡和大量财产损失。正常使用极限状态可理解为结构或结构构件使用功能的破坏或损害,或结构质量的恶化。与承载能力极限状态相比较,由于其危害较小,故允许出现的概率可以相对较高,但仍应予以足够的重视。

9.1.3 结构的功能函数

一般情况下,可以针对功能所要求的各种结构性能(如强度、刚度、裂缝等),建立包括各种变量(荷载、材料性能、几何尺寸等)的函数,称为结构的功能函数,即

$$Z = g(X_1, X_2, \cdots, X_n) \tag{9.1}$$

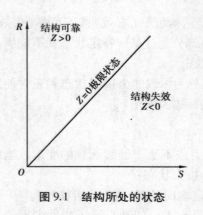

图 9.1 结构所处的状态

实际上,在进行结构可靠度分析时,总可以将上述各种变量从性质上归纳为两类综合随机变量,即结构抗力 R 和所承受的荷载效应 S,则结构的功能函数可表示为

$$Z = g(R, S) = R - S \tag{9.2}$$

显然,结构总可能出现下列 3 种情况(图 9.1):

当 $Z>0$ 时,结构处于可靠状态;

当 $Z<0$ 时,结构处于失效状态;

当 $Z = 0$ 时,结构处于极限状态。

根据 Z 值的大小,能够判断结构是否满足某一确定的功能要求,并且将

$$Z = R - S = 0 \tag{9.3}$$

称为结构的极限状态方程,它是结构失效的标准。

9.1.4 结构可靠性与可靠度

结构的可靠性是安全性、适用性和耐久性的统称,可定义为:结构在规定的时间内,在规定的条件下,完成预定功能的能力。结构可靠度是对结构可靠性的定量描述,也即概率度量。

上述所谓"规定的时间",是指结构应该达到的设计使用年限;"规定的条件"是指结构正常设计、正常施工、正常使用和维护条件,不考虑人为错误或过失的影响,也不考虑结构任意改建或改变使用功能等情况;"预定功能"是指结构设计所应满足的各项功能要求。

结构能完成预定功能的概率也称"可靠概率",表示为 p_s,而结构不能完成预定功能的概率称为"失效概率",表示为 p_f。按定义,两者是互补的,即有

$$p_s + p_f = 1 \tag{9.4}$$

因此,结构可靠性也可用结构的失效概率来度量,并且可靠度分析时也通常计算结构的失效概率,失效概率 p_f 越小,表明结构的可靠性越高;反之,失效概率 p_f 越大,则结构的可靠性越低。

若已知结构抗力 R 和荷载效应 S 的联合概率密度函数为 $f_{RS}(r, s)$,则由概率论可知,结构的失效概率为

$$p_f = P\{Z < 0\} = P\{R - S < 0\} = \iint\limits_{r<s} f_{RS}(r, s) \mathrm{d}r \mathrm{d}s \tag{9.5}$$

假定 R, S 相互独立,则有 $f_{RS}(r, s) = f_R(r) \cdot f_S(s)$,因此

$$p_f = \iint\limits_{r<s} f_R(r) \cdot f_S(s) \mathrm{d}r \mathrm{d}s = \int_0^{+\infty} \left[\int_0^s f_R(r) \mathrm{d}r \right] \cdot f_S(s) \mathrm{d}s$$

$$= \int_0^{+\infty} F_R(s) \cdot f_S(s) \, \mathrm{d}s \tag{9.6}$$

或

$$p_f = \iint\limits_{r<s} f_R(r) \cdot f_S(s) \, \mathrm{d}r \mathrm{d}s = \int_0^{+\infty} \left[\int_r^{+\infty} f_S(s) \, \mathrm{d}s \right] \cdot f_R(r) \, \mathrm{d}r$$

$$= \int_0^{+\infty} \left[1 - \int_0^r f_S(s) \, \mathrm{d}s \right] \cdot f_R(r) \, \mathrm{d}r = \int_0^{+\infty} \left[1 - F_S(r) \right] \cdot f_R(r) \, \mathrm{d}r \tag{9.7}$$

式中 $F_R(\cdot)$, $F_S(\cdot)$——随机变量 R, S 的概率分布函数。

由于结构抗力 R 和荷载效应 S 均为随机变量,因此要绝对保证结构可靠($Z \geq 0$)是不可能的。从概率的观点,结构设计的目标就是使结构 $Z < 0$ 的概率(即失效概率 p_f)足够小,以达到人们可以接受的程度。

实际工程中 R, S 的分布往往不是简单函数,变量也不止两个,计算多重积分也非易事,因此通过直接积分方法计算出 p_f 值是十分困难的,需要研究便于工程应用的计算方法。为此,引入与失效概率有对应关系的可靠指标的概念,通过可靠指标代替失效概率来度量结构的可靠性。

9.1.5 结构可靠指标

为了说明结构可靠指标的概念,以最简单的两个随机变量情况为例。假定在功能函数 $Z = R - S$ 中,R 和 S 均服从正态分布且相互独立,其平均值和标准差分别为 μ_R、μ_S 和 σ_R、σ_S。由概率论可知,Z 也服从正态分布,其平均值和标准差分别为

$$\mu_Z = \mu_R - \mu_S \tag{9.8}$$

$$\sigma_Z = \sqrt{\sigma_R^2 + \sigma_S^2} \tag{9.9}$$

则结构的失效概率为

$$p_f = P\{Z < 0\} = P\left\{ \frac{Z}{\sigma_Z} < 0 \right\} = P\left\{ \frac{Z - \mu_Z}{\sigma_Z} < -\frac{\mu_Z}{\sigma_Z} \right\} \tag{9.10}$$

上式实际上是通过标准化变换,将 Z 的正态分布 $N(\mu_Z, \sigma_Z)$ 转化为标准正态分布 $N(0, 1)$,令 $Y = \dfrac{Z - \mu_Z}{\sigma_Z}$,$\beta = \dfrac{\mu_Z}{\sigma_Z}$,则式(9.10)可改写为

$$p_f = P\{Y < -\beta\} = \Phi(-\beta) = 1 - \Phi(\beta) \tag{9.11}$$

或 $\quad\quad \beta = \Phi^{-1}(1 - p_f) \tag{9.12}$

式中 $\Phi(\cdot)$——标准正态分布函数;

$\Phi^{-1}(\cdot)$——标准正态分布函数的反函数。

上述 β 与 p_f 的关系见图 9.2,图中曲线为功能函数 Z 的概率密度函数 $f_Z(z)$。因 $\beta = \mu_Z/\sigma_Z$,平均值 σ_Z 距坐标原点的距离为 $\mu_Z = \beta\sigma_Z$。如标准差 σ_Z 保持不变,β 值越小,阴影部分的面积就越大,即失效概率 p_f 越大;反之亦然。因此,β

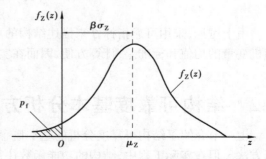

图 9.2 可靠指标 β 与失效概率 p_f 的关系

和 p_f 一样,可作为度量结构可靠性的一个指标,称 β 为结构的可靠指标。由式(9.11)和式(9.12)可见,可靠指标 β 和失效概率 p_f 之间存在着对应关系,参见表9.1。

表9.1 常用可靠指标 β 与失效概率 p_f 的对应关系

β	2.7	3.2	3.7	4.2	4.7
p_f	3.5×10^{-3}	6.9×10^{-4}	1.1×10^{-4}	1.3×10^{-5}	1.3×10^{-6}

当结构抗力 R 和荷载效应 S 均服从正态分布且相互独立时,由式(9.8)、式(9.9),可靠指标为

$$\beta = \frac{\mu_R - \mu_S}{\sqrt{\sigma_R^2 + \sigma_S^2}} \tag{9.13}$$

若 R,S 均服从对数正态分布且相互独立,则 $\ln R,\ln S$ 服从正态分布,此时结构的功能函数

$$Z = \ln\left(\frac{R}{S}\right) = \ln R - \ln S \tag{9.14}$$

也服从正态分布,则可靠指标为

$$\beta = \frac{\mu_{\ln R} - \mu_{\ln S}}{\sqrt{\sigma_{\ln R}^2 + \sigma_{\ln S}^2}} \tag{9.15}$$

式(9.15)中采用的统计参数是 $\ln R$ 和 $\ln S$ 的均值 $\mu_{\ln R}$,$\mu_{\ln S}$ 和标准差 $\sigma_{\ln R}$,$\sigma_{\ln S}$。在实际应用中,有时采用 R,S 的统计参数 μ_R,μ_S 及 σ_R,σ_S 更为方便。由概率论可以证明,若随机变量 X 服从对数正态分布,则其统计参数与 $\ln X$ 的统计参数之间有下列关系:

$$\mu_{\ln X} = \ln \mu_X - \ln\sqrt{1 + \delta_X^2} \tag{9.16}$$

$$\sigma_{\ln X} = \sqrt{\ln(1 + \delta_X^2)} \tag{9.17}$$

式中 δ_X——随机变量 X 的变异系数。

将式(9.16)、式(9.17)代入式(9.15),即得可靠指标的表达式为

$$\beta = \frac{\ln \dfrac{\mu_R \sqrt{1 + \delta_S^2}}{\mu_S \sqrt{1 + \delta_R^2}}}{\sqrt{\ln(1 + \delta_R^2) + \ln(1 + \delta_S^2)}} \tag{9.18}$$

当 δ_R,δ_S 都很小(小于0.3时),式(9.18)可进一步简化为

$$\beta \approx \frac{\ln \mu_R - \ln \mu_S}{\sqrt{\delta_R^2 + \delta_S^2}} \tag{9.19}$$

由上可见,采用可靠指标 β 来描述结构的可靠性,几何意义明确、直观,并且其运算只涉及随机变量的均值和标准差,计算方便,因而在实际计算中得到广泛应用。

9.2 结构可靠度基本分析方法

上一节介绍了结构可靠度分析的基本概念和原理,并讨论了简单情况下结构可靠指标的计算方法。但在实际工程中,结构的功能函数往往是由多个随机变量组成的非线性函数,而且这些随机变量并不都服从正态分布或对数正态分布,因此不能直接采用前述公式计算可靠指标,

而需要作出某些近似简化后进行计算。将非线性功能函数展开成 Taylor 级数并取至一次项，并使用基本变量的平均值（一阶矩）和方差（二阶矩），这就是求解可靠度的一次二阶矩法，它是计算可靠度最简单、最实用的方法。下面将介绍当随机变量互相独立时，采用近似概率法（即一次二阶矩法）分析结构可靠度的两种基本方法。

9.2.1　中心点法

1）线性功能函数情况

设结构功能函数 Z 是由若干个相互独立的随机变量 X_i 所组成的线性函数，即

$$Z = a_0 + \sum_{i=1}^{n} a_i X_i \tag{9.20}$$

式中　a_0, a_i——已知常数（$i = 1, 2, \cdots, n$）。

由式(8.2)、式(8.3)可得功能函数的统计参数为

$$\mu_Z = a_0 + \sum_{i=1}^{n} a_i \mu_{X_i} \tag{9.21}$$

$$\sigma_Z = \sqrt{\sum_{i=1}^{n} (a_i \sigma_{X_i})^2} \tag{9.22}$$

根据概率论中心极限定理，当随机变量的数量 n 较大时，可以认为 Z 近似服从于正态分布，则可靠指标直接按下式计算

$$\beta = \frac{\mu_Z}{\sigma_Z} = \frac{a_0 + \sum_{i=1}^{n} a_i \mu_{X_i}}{\sqrt{\sum_{i=1}^{n} (a_i \sigma_{X_i})^2}} \tag{9.23}$$

进而按式(9.11)求得结构的失效概率 p_f。

2）非线性功能函数情况

设结构的功能函数为

$$Z = g(X_1, X_2, \cdots, X_n) \tag{9.24}$$

将 Z 在随机变量 X_i 的平均值（即中心点）处按泰勒级数展开，并仅取线性项，即

$$Z \approx g(\mu_{X_1}, \mu_{X_2}, \cdots, \mu_{X_n}) + \sum_{i=1}^{n} (X_i - \mu_{X_i}) \frac{\partial g}{\partial X_i}\bigg|_{\mu} \tag{9.25}$$

则 Z 的平均值和标准差可分别近似表示为

$$\mu_Z = g(\mu_{X_1}, \mu_{X_2}, \cdots, \mu_{X_n}) \tag{9.26}$$

$$\sigma_Z = \sqrt{\sum_{i=1}^{n} \left(\frac{\partial g}{\partial X_i}\bigg|_{\mu} \sigma_{X_i}\right)^2} \tag{9.27}$$

从而结构可靠指标为

$$\beta = \frac{\mu_Z}{\sigma_Z} = \frac{g(\mu_{X_1}, \mu_{X_2}, \cdots, \mu_{X_n})}{\sqrt{\sum_{i=1}^{n} \left(\frac{\partial g}{\partial X_i}\bigg|_{\mu} \sigma_{X_i}\right)^2}} \tag{9.28}$$

式中 $\left.\dfrac{\partial g}{\partial X_i}\right|_\mu$ ——功能函数 $g(X_1,X_2,\cdots,X_n)$ 对 X_i 的偏导数在平均值 μ_{X_i} 处赋值。

中心点法的最大特点是计算简便,概念明确,但仍存在以下不足:

①该方法没有考虑有关随机变量的实际概率分布,而只采用其统计特征值进行运算。当变量分布不是正态或对数正态分布时,计算结果与实际情况有较大出入。

②对于非线性功能函数,在平均值处按泰勒级数展开不太合理,而且展开后只保留了线性项,这样势必造成较大的计算误差。

③对于同一问题,如采用不同形式的功能函数,可靠指标计算值可能不同,有时甚至相差较大。

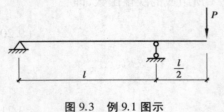

图 9.3　例 9.1 图示

【例 9.1】一伸臂梁如图 9.3 所示,在伸臂端承受集中力 P,梁所能承受的极限弯矩为 M_u,若梁内由荷载产生的最大弯矩 $M > M_u$,梁即失效。则该梁的承载功能函数为 $Z = g(M_u,P) = M_u - \dfrac{1}{2}Pl$。已知:$\mu_P = 4$ kN,$\sigma_P = 0.8$ kN;$\mu_{M_u} = 20$ kN·m,$\sigma_{M_u} = 2$ kN·m;梁跨度 l 为常数,$l = 5$ m。试采用中心点法计算该梁的可靠指标。

【解】根据该梁的功能函数形式,利用式(9.21)、式(9.22)计算 Z 的平均值和标准差

$$\mu_Z = \mu_{M_u} - \frac{1}{2}l\mu_P = 20 \text{ kN·m} - \frac{1}{2} \times 5 \times 4 \text{ kN·m} = 10 \text{ kN·m}$$

$$\sigma_Z = \sqrt{\sigma_{M_u}^2 + \left(\frac{1}{2}l\sigma_P\right)^2} = \sqrt{2^2 + \left(\frac{1}{2} \times 5 \times 0.8\right)^2} \text{ kN·m} = 2.828 \text{ kN·m}$$

由此计算可靠指标

$$\beta = \frac{\mu_Z}{\sigma_Z} = \frac{10}{2.828} = 3.536$$

【例 9.2】试用中心点法求某一圆截面拉杆的可靠指标。已知各变量的平均值和标准差分别为:材料屈服强度 $\mu_{f_y} = 335$ N/mm²,$\sigma_{f_y} = 26.8$ N/mm²;杆件直径 $\mu_d = 14$ mm,$\sigma_d = 0.7$ mm;承受的拉力 $\mu_P = 25$ kN,$\sigma_P = 6.25$ kN。

【解】(1)功能函数以极限荷载形式表达时

$$Z = g(f_y,d,P) = \frac{\pi}{4}d^2 f_y - P$$

$$\mu_Z = g(\mu_{f_y},\mu_d,\mu_P) = \frac{\pi}{4}\mu_d^2 \mu_{f_y} - \mu_P = \frac{\pi}{4} \times 14^2 \times 335 \text{ N} - 25\ 000 \text{ N} = 26\ 569.2 \text{ N}$$

$$\left.\frac{\partial g}{\partial f_y}\right|_\mu \cdot \sigma_{f_y} = \frac{\pi}{4}\mu_d^2 \cdot \sigma_{f_y} = \frac{\pi}{4} \times 14^2 \times 26.8 \text{ N} = 4\ 125.5 \text{ N}$$

$$\left.\frac{\partial g}{\partial d}\right|_\mu \cdot \sigma_d = \frac{\pi}{2}\mu_d \mu_{f_y} \cdot \sigma_d = \frac{\pi}{2} \times 14 \times 335 \times 0.7 \text{ N} = 5\ 156.9 \text{ N}$$

$$\left.\frac{\partial g}{\partial P}\right|_\mu \cdot \sigma_P = -\sigma_P = -6\ 250 \text{ N}$$

$$\sigma_Z = \sqrt{\sum_{i=1}^{n}\left(\frac{\partial g}{\partial X_i}\bigg|_{\mu}\sigma_{X_i}\right)^2} = \sqrt{4\ 125.5^2 + 5\ 156.9^2 + (-6\ 250)^2}\ \text{N} = 9\ 092.6\ \text{N}$$

则可靠指标为

$$\beta = \frac{\mu_Z}{\sigma_Z} = \frac{26\ 569.2}{9\ 092.6} = 2.922$$

（2）功能函数以应力形式表达时

$$Z = g(f_y, d, P) = f_y - \frac{4P}{\pi d^2}$$

$$\mu_Z = g(\mu_{f_y}, \mu_d, \mu_P) = \mu_{f_y} - \frac{4\mu_P}{\pi\mu_d^2} = 172.6\ \text{N/mm}^2$$

$$\frac{\partial g}{\partial f_y}\bigg|_{\mu} \cdot \sigma_{f_y} = \sigma_{f_y} = 26.8\ \text{N/mm}^2$$

$$\frac{\partial g}{\partial d}\bigg|_{\mu} \cdot \sigma_d = \frac{8\mu_P}{\pi\mu_d^3} \cdot \sigma_d = 16.2\ \text{N/mm}^2$$

$$\frac{\partial g}{\partial P}\bigg|_{\mu} \cdot \sigma_P = -\frac{4}{\pi\mu_d^2} \cdot \sigma_P = -40.6\ \text{N/mm}^2$$

$$\sigma_Z = \sqrt{\sum_{i=1}^{n}\left(\frac{\partial g}{\partial X_i}\bigg|_{\mu}\sigma_{X_i}\right)^2} = \sqrt{26.8^2 + 16.2^2 + (-40.6)^2}\ \text{N/mm}^2 = 51.3\ \text{N/mm}^2$$

则可靠指标为

$$\beta = \frac{\mu_Z}{\sigma_Z} = \frac{172.6}{51.3} = 3.365$$

本例计算结果表明，当功能函数以两种形式表达时，可靠指标值相差 15%。

9.2.2 验算点法（JC 法）

针对中心点法的主要缺点，国际"结构安全度联合委员会（JCSS）"推荐了计算结构可靠指标更为一般的方法，称为验算点法，也称 JC 法。作为对中心点法的改进，验算点法适用范围更广，其主要特点是：对于非线性的功能函数，线性化近似不是选在中心点处，而是选在失效边界上，即以通过极限状态方程上的某一点 $P^*(X_1^*, X_2^*, \cdots, X_n^*)$ 的切平面作线性近似，以提高可靠指标的计算精度。此外，该方法能考虑变量的实际概率分布，并通过"当量正态化"途径，将非正态变量 X_i 在 X_i^* 处当量化为正态变量，使可靠指标能真实反映结构的可靠性。

这里特定的点 P^* 称为设计验算点，它与结构最大可能的失效概率相对应，并且根据该点能推出实用设计表达式中的各种分项系数，因此在近似概率法中有着极为重要的作用。

为了说明验算点法的基本概念，下面先从两个正态随机变量的简单情况入手，再推广到其他一般情况。

1）两个正态随机变量情况

设基本变量 R, S 相互独立且服从正态分布，极限状态方程为

$$Z = g(R, S) = R - S = 0 \tag{9.29}$$

223

在 SOR 坐标系中,此方程为一条通过原点的直线,与 R 和 S 两坐标轴的夹角分别为 45°。

将两个坐标分别除以各自的标准差,变为无量纲(量纲为1)的变量,再平移坐标系至平均值处,成为新的坐标系 $\overline{S}\,\overline{O}\,\overline{R}$,如图 9.4 所示。此时,极限状态方程将不再与水平轴成 45°夹角,并且不一定再通过 $\overline{O}$ 点。

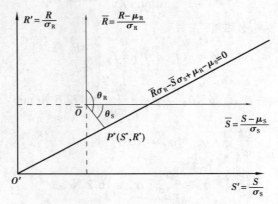

图 9.4   两个变量时可靠指标与极限状态方程的关系

这种变换相当于对一般正态变量 R,S 进行标准化,使之成为标准正态变量,即

$$\overline{R} = \frac{R - \mu_R}{\sigma_R} \qquad \overline{S} = \frac{S - \mu_S}{\sigma_S} \tag{9.30}$$

则原坐标系 SOR 和新坐标系 $\overline{S}\,\overline{O}\,\overline{R}$ 之间的关系为

$$R = \mu_R + \overline{R}\sigma_R \qquad S = \mu_S + \overline{S}\sigma_S \tag{9.31}$$

将式(9.31)代入 $Z = R - S = 0$,可得新坐标系 $\overline{S}\,\overline{O}\,\overline{R}$ 中的极限状态方程为

$$Z = \overline{R}\sigma_R - \overline{S}\sigma_S + \mu_R - \mu_S = 0 \tag{9.32}$$

将上式除以法线化因子 $-\sqrt{\sigma_R^2 + \sigma_S^2}$,得其法线方程

$$\overline{R}\,\frac{(-\sigma_R)}{\sqrt{\sigma_R^2 + \sigma_S^2}} + \overline{S}\,\frac{\sigma_S}{\sqrt{\sigma_R^2 + \sigma_S^2}} - \frac{\mu_R - \mu_S}{\sqrt{\sigma_R^2 + \sigma_S^2}} = 0 \tag{9.33}$$

式中,前两项的系数为直线的方向余弦,最后一项即为可靠指标 β,则极限状态方程可改写为

$$\overline{R}\cos\theta_R + \overline{S}\cos\theta_S - \beta = 0 \tag{9.34}$$

$$\cos\theta_R = -\frac{\sigma_R}{\sqrt{\sigma_R^2 + \sigma_S^2}}$$

$$\cos\theta_S = \frac{\sigma_S}{\sqrt{\sigma_R^2 + \sigma_S^2}} \tag{9.35}$$

由解析几何可知,法线式直线方程中的常数项等于原点 $\overline{O}$ 到直线的距离 $\overline{OP^*}$。由此可见,可靠指标 β 的几何意义为:标准化正态坐标系中原点到极限状态方程直线的最短距离。垂足 P^* 即为设计验算点(图 9.4),它是满足极限状态方程时最可能使结构失效的一组变量取值,其坐标值为

$$\overline{R}^* = \beta\cos\theta_R \qquad \overline{S}^* = \beta\cos\theta_S \tag{9.36}$$

将上式变换到原坐标系中,有

$$R^* = \mu_R + \sigma_R \beta \cos \theta_R \qquad S^* = \mu_S + \sigma_S \beta \cos \theta_S \qquad (9.37)$$

因为 P^* 点在极限状态方程的直线上,验算点坐标必然满足

$$Z = g(S^*, R^*) = R^* - S^* = 0 \qquad (9.38)$$

在已知随机变量 S, R 的统计参数后,由式(9.35)、式(9.37)和式(9.38)即可计算可靠指标 β 和设计验算点的坐标 S^*, R^*。

2) 多个正态随机变量情况

设结构的功能函数中包含有多个相互独立的随机变量,且均服从于正态分布,则极限状态方程为

$$Z = g(X_1, X_2, \cdots, X_n) = 0 \qquad (9.39)$$

该方程可能是线性的,也可能是非线性的。它表示以变量 X_i 为坐标的 n 维欧氏空间上的一个曲面。

对变量 $X_i(i = 1, 2, \cdots, n)$ 作标准化变换

$$\overline{X}_i = \frac{X_i - \mu_{X_i}}{\sigma_{X_i}} \qquad (9.40)$$

则在标准正态空间坐标系中,极限状态方程可表示为

$$Z = g(\mu_{X_1} + \overline{X}_1 \sigma_{X_1}, \mu_{X_2} + \overline{X}_2 \sigma_{X_2}, \cdots, \mu_{X_n} + \overline{X}_n \sigma_{X_n}) = 0 \qquad (9.41)$$

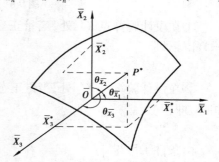

此时,可靠指标 β 是坐标系中原点到极限状态曲面的最短距离 $\overline{OP^*}$,也就是 P^* 点沿其极限状态曲面的切平面的法线方向至原点 $\overline{O}$ 的长度。如图 9.5 所示为 3 个正态随机变量的情况,P^* 点为设计验算点,其坐标为 $(\overline{X}_1^*, \overline{X}_2^*, \overline{X}_3^*)$。

将式(9.41)在 P^* 点按泰勒级数展开,并取至一次项,作类似于两个正态随机变量情况的推导,得法线 $\overline{OP^*}$ 的方向余弦为

图 9.5　三个变量时可靠指标与极限状态方程的关系

$$\cos \theta_{X_i} = \frac{-\left.\dfrac{\partial g}{\partial X_i}\right|_{P^*} \sigma_{X_i}}{\left[\displaystyle\sum_{i=1}^{n} \left(\left.\dfrac{\partial g}{\partial X_i}\right|_{P^*} \sigma_{X_i}\right)^2\right]^{\frac{1}{2}}} \qquad (9.42)$$

则

$$\overline{X}_i^* = \beta \cos \theta_{X_i} \qquad (9.43)$$

将上述关系变换到原坐标系中,可得 P^* 点的坐标值为

$$X_i^* = \mu_{X_i} + \sigma_{X_i} \beta \cos \theta_{X_i} \qquad (9.44)$$

同时应满足

$$g(X_1^*, X_2^*, \cdots, X_n^*) = 0 \qquad (9.45)$$

式(9.42)、式(9.44)和式(9.45)中有 $2n+1$ 个方程,包含 X_i^*,$\cos \theta_{X_i}(i = 1, 2, \cdots, n)$ 及 β 共

$2n+1$ 个未知量。但由于结构的功能函数 $g(\cdot)$ 一般为非线性函数,而且在求 β 之前 P^* 点是未知的,偏导数 $\dfrac{\partial g}{\partial X_i}$ 在 P^* 点的赋值也无法确定,因此通常采用逐次迭代法联立求解上述方程组。

3)非正态随机变量情况

上述可靠指标 β 的计算方法适合于功能函数的基本变量均服从正态分布的情况。在结构分析中,不可能所有的变量都为正态分布。例如,材料强度和结构自重可能属于正态分布,而风荷载、雪荷载等可能服从极值 Ⅰ 型分布,结构抗力服从对数正态分布。因此,在采用验算点法计算可靠指标时,就需要先将非正态变量 X_i 在验算点处转换成当量正态变量 X_i',并确定其平均值 $\mu_{X_i'}$ 和标准差 $\sigma_{X_i'}$,其转换条件为(见图 9.6):

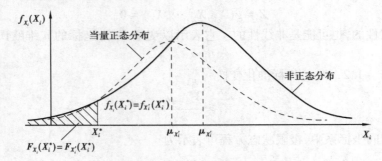

图 9.6　非正态变量的当量正态化条件

①在设计验算点 X_i^* 处,当量正态变量 X_i' 与原非正态变量 X_i 的概率分布函数值(尾部面积)相等,即:

$$F_{X_i'}(X_i^*) = F_{X_i}(X_i^*) \tag{9.46}$$

②在设计验算点 X_i^* 处,当量正态变量 X_i' 与原非正态变量 X_i 的概率密度函数值(纵坐标)相等,即:

$$f_{X_i'}(X_i^*) = f_{X_i}(X_i^*) \tag{9.47}$$

由条件①可得

$$F_{X_i}(X_i^*) = \Phi\left(\frac{X_i^* - \mu_{X_i'}}{\sigma_{X_i'}}\right) \tag{9.48}$$

$$\mu_{X_i'} = X_i^* - \Phi^{-1}[F_{X_i}(X_i^*)]\sigma_{X_i'} \tag{9.49}$$

由条件②可得

$$f_{X_i}(X_i^*) = \frac{1}{\sigma_{X_i'}}\varphi\left(\frac{X_i^* - \mu_{X_i'}}{\sigma_{X_i'}}\right) = \frac{1}{\sigma_{X_i'}}\varphi\{\Phi^{-1}[F_{X_i}(X_i^*)]\} \tag{9.50}$$

则

$$\sigma_{X_i'} = \frac{\varphi\{\Phi^{-1}[F_{X_i}(X_i^*)]\}}{f_{X_i}(X_i^*)} \tag{9.51}$$

式中　$\Phi(\cdot)$,$\Phi^{-1}(\cdot)$——标准正态分布函数及其反函数;

$\varphi(\cdot)$——标准正态分布的概率密度函数。

当随机变量 X_i 服从对数正态分布,且已知其统计参数 μ_{X_i},δ_{X_i} 时,可根据上述当量化条件,并结合式(9.16)和式(9.17)推导得

$$\mu_{X_i'} = X_i^* \left(1 - \ln X_i^* + \ln \frac{\mu_{X_i}}{\sqrt{1 + \delta_{X_i}^2}} \right) \tag{9.52}$$

$$\sigma_{X_i'} = X_i^* \sqrt{\ln(1 + \delta_{X_i}^2)} \tag{9.53}$$

在极限状态方程中,求得非正态变量 X_i 的当量正态化参数 $\mu_{X_i'}$ 和 $\sigma_{X_i'}$ 以后,即可按正态变量的情况迭代求解可靠指标 β 和设计验算点坐标 X_i^*。应该注意,每次迭代时,由于验算点的坐标不同,故均需重新构造出新的当量正态分布。具体迭代计算框图如图 9.7 所示。

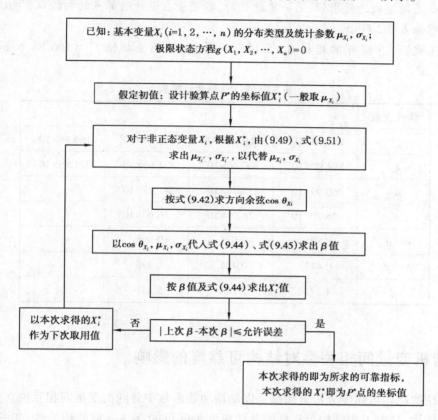

图 9.7 验算点法计算可靠指标 β 的迭代框图

【例 9.3】已知某一均质梁抗弯的极限状态方程为 $Z = g(f, W) = fW - M = 0$,设材料强度 f 服从对数正态分布,$\mu_f = 262$ N/mm²,$\delta_f = 0.10$;截面抵抗矩 W 服从正态分布,$\mu_W = 884.9 \times 10^{-6}$ m³,$\delta_W = 0.05$;承受的弯矩 $M = 128.8$ kN·m(为定值)。试用验算点法求解该梁的可靠指标。

【解】对于对数正态变量 f 进行当量化,由式(9.52)、式(9.53)得

$$\mu_{f'} = f^* \left(1 - \ln f^* + \ln \frac{\mu_f}{\sqrt{1 + \delta_f^2}} \right) = f^* (20.38 - \ln f^*)$$

$$\sigma_{f'} = f^* \sqrt{\ln(1 + \delta_f^2)} = 0.1 f^*$$

则

$$-\left.\frac{\partial g}{\partial f}\right|_{P^*} \cdot \sigma_{f'} = -0.1 f^* W^*, \quad -\left.\frac{\partial g}{\partial W}\right|_{P^*} \cdot \sigma_W = -44.25 \times 10^{-6} f^*$$

$$\cos \theta_{\mathrm{f'}} = \frac{-0.1 f^* W^*}{\sqrt{(-0.1 f^* W^*)^2 + (-44.25 \times 10^{-6} f^*)^2}}$$

$$\cos \theta_{\mathrm{W}} = \frac{-44.25 \times 10^{-6} f^*}{\sqrt{(-0.1 f^* W^*)^2 + (-44.25 \times 10^{-6} f^*)^2}}$$

$$f^* = \mu_{\mathrm{f'}} + \sigma_{\mathrm{f'}} \beta \cos \theta_{\mathrm{f'}}, W^* = \mu_{\mathrm{W}} + \sigma_{\mathrm{W}} \beta \cos \theta_{\mathrm{W}}$$

$$f^* W^* - 128.8 \times 103 = 0$$

由上述公式按逐次迭代求解,第一次迭代时,各变量在设计验算点的初值取 $f^* = \mu_{\mathrm{f}}$, $W^* = \mu_{\mathrm{W}}$, 迭代计算过程如表 9.2 所示。

经 3 次迭代后,算得可靠指标 $\beta = 5.151$,验算点 P^* 的坐标值 $f^* = 166.88$ N/mm^2, $W^* = 771.85 \times 10^{-6}$ m^3。

表 9.2 例 9.3 迭代计算表

迭代次数	1	2	3	4
f^*	262.00×10^6	160.93×10^6	166.26×10^6	166.88×10^6
W^*	884.90×10^{-6}	800.40×10^{-6}	774.65×10^{-6}	771.85×10^{-6}
$\mu_{\mathrm{f'}}$	260.99×10^6	238.74×10^6	241.23×10^6	
$\sigma_{\mathrm{f'}}$	26.20×10^6	16.09×10^6	16.63×10^6	
$\cos \theta_{\mathrm{f'}}$	-0.894	-0.875	-0.868	
$\cos \theta_{\mathrm{W}}$	-0.447	-0.484	-0.496	
β	4.272	5.148	5.151	

9.2.3 随机变量间相关性对结构可靠度的影响

前面介绍的结构可靠度分析方法都是以结构功能函数中各随机变量间相互独立为前提的。但在实际工程中,影响工程结构可靠性的各随机变量间可能存在一定的相关性,如海上结构承受的风荷载和波浪力,地震作用效应与重力荷载效应,构件截面尺寸与构件材料强度等,它们之间就存在一定的相关性。研究表明,随机变量间的相关性对结构的可靠度有着明显的影响,有必要在结构可靠度分析中充分予以考虑。

设结构的功能函数为

$$Z = g(X_1, X_2, \cdots, X_n) \tag{9.54}$$

采用式(9.25)对 Z 进行线性化近似,并设随机变量 X_i, X_j 间的相关系数为 ρ_{ij}(当 $i \neq j$ 时, $|\rho_{ij}| \leqslant 1$;当 $i = j$ 时, $\rho_{ij} = 1$),则可按下式近似计算结构可靠指标

$$\beta \approx \frac{\mu_Z}{\sigma_Z} = \frac{g(\mu_{X_1}, \mu_{X_2}, \cdots, \mu_{X_n})}{\sqrt{\sum_{i=1}^{n} \sum_{j=1}^{n} \left(\frac{\partial g}{\partial X_i} \Big|_{\mu} \frac{\partial g}{\partial X_j} \Big|_{\mu} \rho_{ij} \sigma_{X_i} \sigma_{X_j} \right)}} \tag{9.55}$$

可以证明,当结构功能函数 $g(\cdot)$ 为线性式,且各随机变量 X_i 均为正态变量时,式(9.55)给出

的可靠指标为精确值,否则只为近似值。

【例9.4】已知结构的功能函数为

$$g(X) = X_1 - X_2$$

式中,X_1,X_2均为正态随机变量,X_1与X_2相关,设相关函数为ρ,则由式(9.55)可得

$$\beta = \frac{\mu_1 - \mu_2}{\sqrt{\sigma_1^2 + \sigma_2^2 - 2\rho\sigma_1\sigma_2}}$$

当给定参数$\mu_1 = 2.5$,$\mu_2 = 1.5$,$\sigma_1 = 0.25$,$\sigma_2 = 0.16$,则由不同的ρ值得到的结构可靠指标如表9.3所示。由于结构功能函数为线性,并且其中随机变量均为正态变量,因而所得的可靠指标计算值均为精确值。

表9.3　两个相关变量线性极限状态方程可靠指标计算值

ρ	0.9	0.45	0.1	0	-0.1	-0.45	-0.9
β	7.881	4.381	3.533	3.369	3.226	2.839	2.499

如果其他条件不变,结构功能函数变为

$$g(X) = 3 + X_1^2 - X_2^3$$

则由式(9.55)可得

$$\beta = \frac{3 + \mu_1^2 - \mu_2^3}{\sqrt{4\mu_1^2\sigma_1^2 - 12\rho\mu_1\mu_2^2\sigma_1\sigma_2 + 9\mu_2^4\sigma_2^2}}$$

则对应不同ρ值的结构可靠指标如表9.4所示。由于结构功能函数为非线性,因而可靠指标计算值均为近似值。

表9.4　两个相关变量非线性极限状态方程可靠指标计算值

ρ	0.9	0.45	0.1	0	-0.1	-0.45	-0.9
β	10.746	4.775	3.747	3.556	3.393	2.958	2.587

从以上算例可知,结构功能函数中随机变量间的相关性对结构可靠度有较大影响。

9.3　结构体系可靠度分析

前几节介绍的结构可靠度分析方法,是针对一个构件或构件某个截面的单一失效模式而言的。实际上,单个构件有许多截面,而结构都是由多个构件组成的结构体系。即使是单个构件,其失效模式也有很多种,实质上也构成了一个系统。因此,从体系的角度来研究结构可靠度,对结构的可靠性设计更有意义,也十分必要。由于结构体系的失效总是由构件失效引起的,而失效构件可能不止一个,所以寻找结构体系可能的主要失效模式,由各构件的失效概率计算结构体系的失效概率,就成为体系可靠度分析的主要内容。可见,结构体系可靠度分析要比构件可靠度分析困难得多,至今尚未建立一套系统而完善的分析方法。本书限于篇幅,仅介绍结构体系可靠度分析的基本概念和一般分析方法。

9.3.1 结构体系可靠度的基本概念

1)结构构件的失效性质

构成整个结构的各构件(包括连接),根据其材料和受力不同,可以分为脆性和延性两类构件。

如图9.8(a)所示,若一个构件达到失效状态后便不再起作用,完全丧失其承载能力,则称为完全脆性构件。例如,钢筋混凝土受压柱一旦破坏,即丧失承载力。

如图9.8(b)所示,当构件达到失效状态后,仍能维持其承载能力,则称为完全延性构件。例如,采用具有明显屈服平台的钢材承受拉力或受弯达到屈服承载力时,仍能保持该承载力而继续变形。

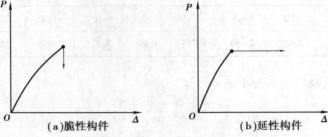

图9.8 结构构件的失效性质

构件不同的失效性质,会对结构体系可靠度分析产生不同的影响。对于静定结构,任一构件失效将导致整个结构失效,其可靠度分析不会由于构件的失效性质不同而带来变化。对于超静定结构则不同,由于某一构件失效并不意味整个结构将失效,而是导致构件之间的内力重分布,这种重分布与体系的变形情况以及构件性质有关,因而其可靠度分析将随构件的失效性质不同而存在较大差异。在工程实践中,超静定结构体系一般由延性构件所组成。

2)结构基本体系

由于结构体系的复杂性,在分析可靠度时,常常按照结构体系失效与构件失效之间的逻辑关系,将结构体系简化为3种基本形式,即:串联体系、并联体系和串并联体系。

(1)串联体系

如果结构体系中任一构件失效,则整个结构也失效,这种体系称为串联体系,亦称为最弱联杆体系(Weakest-link System)。如图9.9(a)所示的静定桁架即为典型的串联体系。图9.9(b)表示串联体系的逻辑图,不能理解为所有构件都承受相同的荷载 S。一般情况下,所有的静定结构的失效均可用串联体系表示。

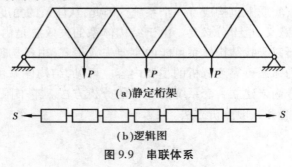

(a)静定桁架

(b)逻辑图

图9.9 串联体系

（2）并联体系

在结构体系中，若单个构件失效不会引起体系失效，只有当多个构件都失效后，整个体系才失效，则称这类体系为并联体系（Parallel System），超静定结构一般具有这种性质。如图9.10中的两端固定梁，若将塑性铰截面作为一个元件，则当某个截面出现塑性铰后，梁仅减少一次超静定次数而未丧失承载力，只有当梁两端和跨中都形成塑性铰后，整个梁才失效。

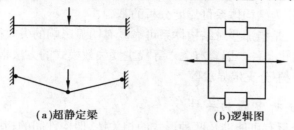

（a）超静定梁　　　　　　　（b）逻辑图

图9.10　并联体系

在并联体系中，构件的失效性质对体系的可靠度分析影响很大。如组成构件均为脆性构件，则某一构件在失效后退出工作，原来承担的荷载全部转移给其他构件，加快了其他构件失效，因此在计算体系可靠度时，应考虑各个构件的失效顺序。而当组成构件为延性构件时，构件失效后仍能维持其原有的承载能力，不影响之后其他构件失效，所以只需考虑体系最终的失效形态。

（3）串并联体系

对实际超静定结构而言，往往有很多种失效模式，其中每一种失效模式都可用一个并联体系来模拟，然后这些并联体系又组成串联体系，构成串并联体系。

如图9.11所示的刚架，在荷载作用下，最可能出现的失效模式有3种，只要其中一种出现，就意味着结构体系失效，则该结构可模拟为由3个并联体系组成的串联体系，即串并联体系。此时，同一失效截面可能会出现在不同的失效模式中。

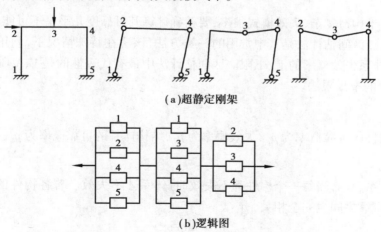

（a）超静定刚架

（b）逻辑图

图9.11　串并联体系

3）结构体系的失效模式

在结构体系可靠度分析中，首先应根据结构特性、失效机理确定体系的失效模式。一个简单的结构体系,其可能的失效模式也许达几个或几十个,而对于许多较为复杂的工程结构系统,其失效模式则更多,这给体系可靠度分析带来极大困难和不便。对于工程上常用的延性结构体系,人们通过分析发现,并不是所有的失效模式都对体系可靠度产生同样的影响。在一个结构体系的失效模式中,有的出现可能性比较大,有的可能性较小,有的甚至实际上不大会出现。对体系可靠度影响较大的是那些出现可能性较大的失效模式。于是人们提出了主要失效模式的概念,并利用主要模式作为结构体系可靠度分析的基础。

所谓主要失效模式,是指那些对结构体系可靠度有明显影响的失效模式,它与结构形式、荷载情况和分析模型的简化条件等因素有关。寻找主要失效模式的方法常有荷载增量法、矩阵位移法、分块组合法、失效树-分支定界法等。

4) 结构体系可靠度分析中的相关性

结构体系可靠度分析有可能涉及两种形式的相关性,即构件间的相关性和失效模式间的相关性。

众所周知,单个构件的可靠度主要取决于构件的荷载效应和抗力。在同一结构中,各构件的荷载效应是在相同的荷载作用下产生的,因而不同构件的荷载效应之间具有高度相关性。另一方面,由于结构部分或所有构件可能由同一批材料制成,构件抗力之间也具有一定的相关性。因此,结构中不同构件的失效存在一定的相关性。

对超静定结构,由于相同的失效构件可能出现在不同的失效模式中,在分析结构体系可靠度时还需要考虑失效模式之间的相关性。

目前,这些相关性通常是由它们相应的功能函数间的相关系数来反映,这在一定程度上加大了结构体系可靠度分析的难度,这也是结构体系可靠度计算理论的难点所在。

9.3.2 结构体系可靠度的界限估计法

结构体系由于构造复杂,失效模式很多,要精确计算其可靠度几乎是不可能的,通常只能采用一些近似方法。区间估计法是其中常用的一类方法,该法在特殊情况下,利用概率论的基本原理,划定结构体系失效概率的上、下限。区间估计法中最有代表性的是 C.A.Cornell 的宽界限法和 O.Ditlevsen 的窄界限法。

1) 宽界限法

以下记各构件的可靠概率为 p_{s_i},失效概率为 p_{f_i},结构体系的可靠概率为 p_s,失效概率为 p_f。

（1）串联体系

对于串联体系,只有当每一个构件都不失效时,体系才不失效。若各构件的抗力是完全相关的,则各构件可靠之间也完全相关,有

$$p_s = \min_i p_{s_i} \tag{9.56}$$

$$p_f = 1 - \min_i p_{s_i} = 1 - \min_i(1 - p_{f_i}) = \max_i p_{f_i} \tag{9.57}$$

若各构件的抗力相互独立,并且荷载效应也是相互独立的,则各构件可靠也完全独立,有

$$p_s = \prod_{i=1}^{n} p_{s_i} \tag{9.58}$$

$$p_f = 1 - \prod_{i=1}^{n} p_{s_i} = 1 - \prod_{i=1}^{n} (1 - p_{f_i}) \tag{9.59}$$

一般情况下,实际结构体系总是介于上述两种极端情况之间。因此,可得出串联体系可靠度的界限范围为

$$\prod_{i=1}^{n} p_{s_i} \leqslant p_s \leqslant \min_i p_{s_i} \tag{9.60}$$

失效概率的界限范围为

$$\max_i p_{f_i} \leqslant p_f \leqslant 1 - \prod_{i=1}^{n} (1 - p_{f_i}) \tag{9.61}$$

可见,对于静定结构,结构体系的可靠度总是小于或等于构件的可靠度。

（2）并联体系

对于并联体系,只有当每一个构件都失效时,体系才失效。若各构件失效完全相关,有

$$p_f = \min_i p_{f_i} \tag{9.62}$$

若各构件失效完全独立,有

$$p_f = \prod_{i=1}^{n} p_{f_i} \tag{9.63}$$

因此,结构体系失效概率的界限范围为

$$\prod_{i=1}^{n} p_{f_i} \leqslant p_f \leqslant \min_i p_{f_i} \tag{9.64}$$

对于超静定结构,当结构的失效模式唯一时,结构体系的可靠度总≥构件可靠度。当结构的失效模式不唯一时,每一失效模式对应的可靠度总≥构件的可靠度,而结构体系的可靠度又总≥每一失效模式对应的可靠度。

显然,宽界限法实质上没有考虑构件间或失效模式间的相关性,所给出的界限往往较宽,因此常被用于结构体系可靠度的初始检验或粗略估算。

2）窄界限法

针对宽界限法的缺点,1979 年 Ditlevsen 提出了估计体系失效概率的窄界限法。该法在求出结构体系中各主要失效模式的失效概率 p_{f_i} 以及各失效模式间的相关系数 ρ_{ij} 后,将 p_{f_i} 由大到小依次排列,通过下列公式得出结构体系失效概率的界限范围。

$$p_{f_1} + \max\left\{ \sum_{i=2}^{n} \left[p_{f_i} - \sum_{j=1}^{i-1} P(E_i E_j) \right]; 0 \right\} \leqslant p_f \leqslant \sum_{i=1}^{n} p_{f_i} - \sum_{i=2}^{n} \max_{j<i} P(E_i E_j) \tag{9.65}$$

式中　$P(E_i E_j)$——失效模式 i,j 同时失效的概率。

当所有变量都服从正态分布时,$P(E_i E_j)$ 可借助于失效模式 i,j 的可靠指标 β_i,β_j 求得。

窄界限法由于考虑了失效模式间的相关性,所得出的失效概率界限范围要比宽界限法小得多,因此常用来校核其他近似分析方法的精确度。

9.3.3　PENT 法（概率网络估计法）

PENT 法是美籍华人洪华生等提出的一种较为精确的确定结构体系可靠度的近似方法,其基本原理是,首先将所有主要失效模式按彼此相关的密切程度分为 m 组,在每组中选取一个失

效概率最大的失效模式作为该组的代表模式,然后假定各代表模式相互独立,按下式估算结构体系的可靠度:

$$p_{\mathrm{s}} = \prod_{i=1}^{m} p_{\mathrm{s}_i} = \prod_{i=1}^{m} (1 - p_{\mathrm{f}_i}) \tag{9.66}$$

结构体系的失效概率为

$$p_{\mathrm{f}} = 1 - p_{\mathrm{s}} = 1 - \prod_{i=1}^{m} (1 - p_{\mathrm{f}_i}) \tag{9.67}$$

PENT 法的具体计算步骤如下:

①列出主要失效模式及相应的功能函数 Z_i,采用验算点法或其他方法计算其可靠指标 β_i,并由大到小排列作为失效模式的排列顺序。

②选择判别系数 ρ_0(一般可取 0.7),作为衡量各失效模式间相关程度的标准。

③确定 m 个代表失效模式。取与可靠指标 β_i 最小相应的失效模式为第 1 号,计算它与其他失效模式的相关系数 ρ_{j1},当 $\rho_{j1} > \rho_0$ 时,认为第 j 个失效模式与第 1 号密切相关,可用第 1 号代替;若 $\rho_{j1} < \rho_0$ 时,则认为相互基本独立,不能互相代替。然后在认为与第 1 号不相关的所有失效模式中选取可靠指标最小的作为第 2 个代表模式,并找出它所能代替的失效模式。重复上述步骤,直到完成最后一个代表失效模式为止。

④利用式(9.66)或式(9.67)计算结构体系的可靠度或失效概率。

PENT 法由于考虑各失效模式间的相关性,因而具有一定的适应性,同时选择代表失效模式进行体系可靠度分析,可大大减少计算工作量。因此,PENT 法已成为延性结构体系可靠度分析较为可行的方法。

9.3.4 蒙特卡洛模拟法

蒙特卡洛(Monte-Carlo)法又称统计实验方法或随机模拟法,它是一种直接求解的数值方法,回避了可靠度分析中的数学困难。在目前的结构体系可靠度分析方法中,它被认为是一种相对精确的方法。但运用这种方法时,必须模拟足够多的次数,计算工作量大。可以预见,随着计算机的普及,这一方法将会得到更为广泛的推广。

蒙特卡洛法的基本步骤是:

①对结构体系的各种失效模式建立功能函数 $Z = g(x)$。

②用数学方法产生随机向量 x,进行大量随机抽样。

③将随机向量 x 代入功能函数,若 $Z < 0$,则结构失效。

④若总试验次数为 N,而失效次数为 n_{f},则结构体系的失效概率为

$$p_{\mathrm{f}} = \frac{n_{\mathrm{f}}}{N} \tag{9.68}$$

由上述计算步骤可知,整个计算思路并不复杂,只是重复运算,并能简单判断功能函数 Z 是否小于零。但 N 需要足够大,计算结果才能有效。

本章小结

1.工程结构设计的目标是要使结构以适当的可靠度来满足各种预定的功能要求。结构的

功能要求可概括为安全性、适用性和耐久性,统称为可靠性。极限状态是指某一种功能能否满足的特定状态,它分为承载能力极限状态和正常使用极限状态两类。当结构或结构的一部分超过该特定状态时,结构就不能满足这种功能要求,意味着结构失效,用功能函数 $Z<0$ 或 $R<S$ 表示。发生事件 $Z<0$ 的概率称为结构的失效概率 p_f,反之,结构不失效的保证率称为结构的可靠概率(即可靠度)。可靠指标 β 是结构可靠度的一种定量描述,它具有明确的几何意义,并且与失效概率之间有一一对应的关系。

2.中心点法和验算点法是结构可靠度分析的两个基本方法,它们各有其特点。中心点法没有考虑随机变量的概率分布类型,对非线性功能函数在中心点处展开并仅取其线性项,虽然计算简单,但误差较大,所以有一定的适用范围。而验算点法则适用于任何情况,它通过对非正态变量当量正态化,在验算点处展开非线性功能函数,有效地克服了中心点法的不足,并使得可靠指标和验算点有了明确的几何意义。

3.结构体系的可靠度分析是一个困难但有意义的研究课题。寻找可能的主要失效模式,建立近似方法计算体系失效概率,是体系可靠度分析的两大主要内容。同时,需要将实际结构体系简化为 3 种基本体系,找出体系失效和构件失效之间的逻辑关系,并考虑构件之间、失效模式之间的相关性。本章仅简要介绍了体系可靠度分析的基本概念和一般方法。

思考题

9.1　结构的功能要求有哪些?

9.2　结构的极限状态分为哪几类? 试举例说明其主要内容。

9.3　何谓结构的可靠性和可靠度? 如何表征结构可靠度?

9.4　可靠指标与失效概率有什么关系? 说明可靠指标的几何意义。

9.5　采用中心点法分析结构可靠度有什么特点?

9.6　什么是设计验算点? 验算点法在哪些方面对中心点法进行了改进?

9.7　结构构件的失效性质对结构体系可靠度分析有什么影响?

9.8　在体系可靠度分析中,实际工程结构应如何简化?

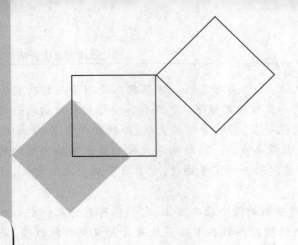

10 结构概率可靠度设计法

本章导读：

目前，各类工程结构已普遍采用基于可靠性理论的极限状态设计法。本章介绍了结构设计的目标和原则，以及结构概率可靠度直接设计法的思路和方法，但主要介绍概率可靠度设计的实用表达式，这是近似概率（水准Ⅱ）极限状态设计方法的基本内容，也是学习各类结构设计课程的理论基础，需要认真掌握领会。概率可靠度直接设计法虽然现在仅用于一些特别重要的工程，但它可能是今后结构设计方法的发展趋势，所以对这一节内容也应该认真掌握。

10.1 土木工程结构设计方法的演变发展

在早期的工程结构中，保证结构的安全主要是依赖经验。随着科学的发展和技术的进步，土木工程结构设计在结构理论上经历了从弹性理论到极限状态理论的转变，在设计方法上经历了从定值法到概率法的发展。

10.1.1 容许应力设计法

19 世纪以后，材料力学、弹性力学和材料试验科学迅速发展，钢作为比较理想的弹性材料得到广泛应用，Navier 等人提出了基于弹性理论的容许应力设计法。该方法将工程结构材料都视为弹性体，用材料力学或弹性力学方法计算结构或构件在使用荷载作用下的应力，要求截面内任何一点的应力不得超过材料的容许应力，即

$$\sigma \leqslant [\sigma] \tag{10.1}$$

材料的容许应力$[\sigma]$，由材料破坏试验所确定的极限强度（如混凝土）或流限（如钢材）f，除以安全系数 K 得到，即

$$[\sigma] = \frac{f}{K} \qquad (10.2)$$

式(10.2)中的安全系数 K 是根据经验确定的。实践证明,这种设计方法和工程结构的实际情况有很大差异,不能正确揭示结构或构件受力性能的内在规律。

10.1.2 破损阶段设计法

针对容许应力法的缺陷,20 世纪 30 年代,苏联学者格沃兹捷夫、帕斯金尔纳克等经过研究提出了按破损阶段的设计方法。该方法按破损阶段进行构件计算,并假定构件材料均已达到塑性状态,依据截面所能抵抗的破损内力建立计算公式。以受弯构件正截面承载能力计算为例,要求作用在截面上的弯矩 M 乘以安全系数 K 后,不大于该截面所能承担的极限弯矩 M_u,即

$$KM \leq M_u \qquad (10.3)$$

与容许应力法相比,破损阶段设计法考虑了结构材料的塑性性能,更接近于构件截面的实际工作情况。但该法仍然采用了总安全系数 K 来估计使用荷载的超载及材料的离散性,因而显现不出明确的可靠度概念,并且在确定安全系数时仍带有很大的经验性。

10.1.3 多系数极限状态设计法

随着对荷载和材料变异性的研究,学者们逐渐认识到各种荷载对结构产生的效应以及结构的抗力均非定值,在 20 世纪 50 年代提出了多系数的极限状态设计法。该方法的特点是:

①明确提出了结构极限状态的概念,并规定了结构设计的承载能力、变形、裂缝出现和开展 3 种极限状态,比较全面地考虑了结构的不同工作状态。

②在承载能力极限状态设计中,不再采用单一的安全系数,而是采用了多个系数来分别反映荷载、材料性能及工作条件等方面随机因素的影响,其一般表达式为

$$M\left(\sum n_i q_{ik}\right) \leq m M_u(k_s f_{sk}, k_c f_{ck}, a, \cdots) \qquad (10.4)$$

式中　q_{ik}——标准荷载或其效应;

　　　n_i——相应荷载的超载系数;

　　　m——结构构件的工作条件系数;

　　　f_{sk}, f_{ck}——钢筋和混凝土的标准强度;

　　　k_s, k_c——钢筋和混凝土的材料匀质系数;

　　　a——结构构件的截面几何特征。

③在标准荷载和材料标准强度取值方面,开始将荷载及材料强度作为随机变量,采用数理统计手段进行调查分析后确定。

多系数极限状态设计法具有近代可靠度理论的一些思路,相比容许应力和破损阶段设计法有很大进步。其安全系数的选取,已经从纯经验性过渡到部分采用概率统计值,因此该方法本质上属于一种半经验半概率的方法。

10.1.4 基于可靠性理论的概率极限状态设计法

20 世纪 40 年代美国学者弗劳腾脱(A.M.Freudenthal)开创性地提出结构可靠性理论,到 20

世纪六七十年代结构可靠性理论得到了很大的发展并开始进入实用阶段。

概率极限状态设计法,就是在可靠性理论的基础上,将影响结构可靠性的几乎所有参数都作为随机变量,对全部参数或部分参数运用概率论和数理统计分析,计算结构的可靠指标或失效概率,以此设计或校核结构。国际上按发展阶段和精确程度不同将概率设计法分为 3 个水准:

1)水准Ⅰ——半概率法

对荷载效应和结构抗力的基本变量部分地进行数理统计分析,并与工程经验结合,引入某些经验系数,所以尚不能定量地估计结构的可靠性。我国 20 世纪 70 年代的大部分规范采用的方法都处于水准Ⅰ的水平。

2)水准Ⅱ——近似概率法

该法对结构可靠性赋予概率定义,以结构的失效概率或可靠指标来度量结构可靠性,并建立了结构可靠度与结构极限状态方程之间的数学关系,在计算可靠指标时考虑了基本变量的概率分布类型并采用了线性化的近似手段,在截面设计时一般采用分项系数的实用设计表达式。我国建筑《统一标准》和公路《统一标准》都采用了这种近似概率法,在此基础上颁布了各种结构设计的新规范。

3)水准Ⅲ——全概率法

这是完全基于概率论的结构整体优化设计方法,要求对整个结构采用精确的概率分析,求得结构最优失效概率作为可靠度的直接度量。由于这种方法无论在基础数据的统计方面还是在可靠度计算方面都很不成熟,目前还只是处于研究探索阶段。

10.2   结构设计的目标和原则

土木工程结构设计的基本目标,简单来说就是在一定的经济条件下,赋予结构一定的可靠度,使得结构在规定的设计使用年限内能满足设计所预定的各种功能要求,即安全性、适用性和耐久性要求。

10.2.1   结构的设计使用年限

结构设计使用年限是针对结构可靠度设计而言的,当实际使用年限超过设计使用年限后,结构失效概率将会比设计时的预期值增大,但并不意味该结构立即丧失功能或报废。建筑《统一标准》借鉴国际标准《结构可靠度总则》ISO 2394:1998,提出了各种建筑结构的"设计使用年限",明确了设计使用年限是结构在正常设计、正常施工、正常使用和维护下所应达到的使用年限。在这一规定时期内,结构只需进行正常的维护而不需要进行大修就能按预期目的使用,以完成预定的功能。如达不到这个年限,则说明在设计、施工、使用与维护的某一环节上出现了非正常情况,应查找原因。

建筑《统一标准》规定的各类建筑结构设计使用年限列于表 10.1 中。

表 10.1 建筑结构设计使用年限分类

类 别	设计使用年限/年	示 例
1	5	临时性结构
2	25	易于替换的结构构件
3	50	普通房屋和构筑物
4	100	纪念性建筑和特别重要的建筑结构

除此之外,在结构可靠性理论中常使用的时间概念还有"设计基准期",它是确定可变作用及与时间有关的材料性能等取值而选用的时间参数。设计基准期不等同于结构的设计使用年限。我国针对不同的工程结构,规定了不同的设计基准期,如建筑结构为 50 年,桥梁结构为100 年,水泥混凝土路面结构不大于 30 年,沥青混凝土路面结构不大于 15 年。

10.2.2 结构的安全等级

合理的工程结构设计应同时兼顾结构的可靠性与经济性。若将结构的可靠度水平定得过高,会提高结构造价,不符合经济性的原则;但一味强调经济性,则又不利于可靠性。因此,设计时应根据结构破坏可能产生的各种后果(危及人的生命、造成经济损失、产生社会影响等)的严重程度,对不同的工程结构采用不同的安全等级。我国对工程结构的安全等级划分为 3 级,参见表 10.2、表 10.3。

表 10.2 建筑结构的安全等级

安全等级	破坏后果	建筑物类型
一 级	很严重	重要的房屋
二 级	严 重	一般的房屋
三 级	不严重	次要的房屋

表 10.3 公路工程结构的安全等级

安全等级	路面结构	桥涵结构
一 级	高速公路路面	特大桥、重要大桥
二 级	一级公路路面	大桥、中桥、重要小桥
三 级	二级公路路面	小桥、涵洞

对于有特殊要求的建筑物和公路工程结构,其安全等级可根据具体情况另行确定,并应符合有关专门规范的规定。

一般情况下,同一结构中各类构件的安全等级宜与整体结构同级,同一技术等级公路路面结构的安全等级也宜相同。当必要时也可调整其中部分构件或部分路面地段的安全等级,但调整后的安全等级不得低于三级(建筑结构)或其级差不得超过一级(公路桥梁结构)。

10.2.3　结构的设计方法和设计状况

目前,工程结构设计普遍采用概率极限状态设计法。我国建筑《统一标准》和公路《统一标准》都将极限状态分为承载能力极限状态和正常使用极限状态两类。在结构设计时,应考虑到所有可能的极限状态,并按不同的极限状态采用相应的可靠度水平进行设计,以保证结构具有足够的安全性、适应性和耐久性。考虑到结构物在建造和使用过程中所承受的作用和所处环境不同,应根据结构在施工和使用中的环境条件和影响,区分下列 3 种设计状况:

①持久状况。是指在结构使用过程中一定出现,其持续期很长的状况。持续期一般与设计使用年限为同一数量级,如房屋承受自重、正常人员荷载,以及桥梁承受自重、汽车荷载的状况。

②短暂状况。是指在结构施工和使用过程中出现概率较大,而与设计使用年限相比,持续期很短的状况,如结构施工和维修时承受堆料和施工荷载的状况。

③偶然状况。是指在结构使用过程中出现概率很小,且持续期很短的状况,如结构遭受火灾、爆炸、撞击、罕遇地震等作用的状况。

对 3 种设计状况,应分别进行下列极限状态设计:

①对 3 种设计状况,均应进行承载能力极限状态设计,以确保结构的安全性。考虑偶然状况时,对主要承重结构采用下列原则之一进行设计或采取防护措施:a.主要承重结构不致因出现设计规定的偶然事件而丧失承载能力;b.允许主要承重结构因出现设计规定的偶然事件而局部破坏,但其剩余部分具有在一段时间内不发生连续倒塌的可靠度。

②对持久状况,尚应进行正常使用极限状况设计,以保证结构的适用性和耐久性。

③对短暂状况,可根据需要进行正常使用极限状态设计。

10.2.4　结构的目标可靠指标

1)目标可靠指标及其影响因素

所谓目标可靠指标,是指预先给定作为结构设计依据的可靠指标,它表示结构设计应满足的可靠度要求。显然,目标可靠指标与工程造价、使用维护费用以及投资风险、工程破坏后果等有关。如目标可靠指标定得较高,则相应的工程造价增加,而维修费用降低,风险损失减小;反之,目标可靠指标定得较低,工程造价降低,但维修费用及风险损失就会提高。因此,结构设计的目标可靠指标应综合考虑社会公众对事故的接受程度、可能的投资水平、结构重要性、结构破坏性质及其失效后果等因素,综合考虑以下因素优化确定:

（1）公众心理

国外曾对一些事故的年死亡率进行统计和公众心理分析,认为胆大的人可接受的危险率为每年 10^{-3},谨慎的人允许的危险率为每年 10^{-4},而当危险率为每年 10^{-5} 或更小时,一般人都不再考虑其危险性。因此,对于工程结构而言,可以认为年失效概率小于 $1×10^{-4}$ 较为安全,年失效概率小于 $1×10^{-5}$ 是安全的,而年失效概率小于 $1×10^{-6}$ 则是很安全的。对建筑结构而言,在 50 年的设计基准期内,失效概率分别小于 $5×10^{-3}$、$5×10^{-4}$ 和 $5×10^{-5}$ 时,认为结构较安全、安全和很安全,相应的可靠指标为 2.5~4.0。

（2）结构重要性

对于重要的结构（如核电站的安全壳、海上采油平台、国家级广播电视发射塔等），目标可靠指标应定得高些。而对于次要的结构（如临时构筑物等），目标可靠指标则可以定得低些。很多国家常以一般结构的目标可靠指标为基准，对于重要结构或次要结构分别使其失效概率减小或增加一个数量级。

（3）结构破坏性质

结构构件破坏从性质上可分为延性破坏和脆性破坏。由于脆性破坏突然发生，没有明显预兆，破坏后果较为严重，故其目标可靠指标应高于延性破坏的目标可靠指标。

（4）极限状态

承载能力极限状态下的目标可靠指标应高于正常使用极限状态下的目标可靠指标。因为承载能力极限状态设计关系到结构是否安全，而正常使用极限状态的验算则是在满足承载能力极限状态的前提下进行的，仅影响到结构的正常适用性和耐久性。

（5）社会经济发展水平

社会经济承受力对工程结构的目标可靠指标也有影响，一般来说，社会经济越发达，公众对工程结构可靠性的要求就越高，因而目标可靠指标也会定得越高。

目前各国基于近似概率法的结构设计规范，大多采用"校准法"并结合工程经验来确定结构的目标可靠指标。所谓"校准法"，就是根据各基本变量的统计参数和概率分布类型，运用可靠度分析方法，揭示以往规范中隐含的可靠度，经综合分析和调整，以此作为确定今后设计所采用的目标可靠指标的方法。该方法在总体上承认以往规范的设计经验和可靠度水平，保持了设计规范在可靠度方面的连续性，同时也充分考虑了渊源于客观实际的调查统计分析资料。

2）承载能力极限状态的目标可靠指标

我国建筑《统一标准》和公路《统一标准》根据结构的安全等级和破坏类型，在"校准法"的基础上，规定了承载能力极限状态设计时的目标可靠指标 β 值，如表 10.4、表 10.5 和表 10.6所示。当承受偶然作用时，结构构件的目标可靠指标应符合专门规范的规定。

表 10.4　建筑结构构件的目标可靠指标 β 值

破坏类型	安全等级		
	一级	二级	三级
延性破坏	3.7	3.2	2.7
脆性破坏	4.2	3.7	3.2

表 10.5　公路桥梁结构的目标可靠指标 β 值

破坏类型	安全等级		
	一级	二级	三级
延性破坏	4.7	4.2	3.7
脆性破坏	5.2	4.7	4.2

表 10.6　公路路面结构的目标可靠指标 β 值

安全等级	一级	二级	三级
目标可靠指标	1.64	1.28	1.04

3) 正常使用极限状态的目标可靠指标

对于结构构件正常使用极限状态设计,我国建筑《统一标准》根据国际标准 ISO 2394:1998 的建议,结合国内近年来的分析研究成果,规定其目标可靠指标一般应根据结构构件作用效应的可逆程度,在 0~1.5 选取。可逆程度较高的结构构件取较低值,可逆程度较低的结构构件取较高值。这里的可逆程度是指产生超越正常使用极限状态的作用被移掉后,结构构件不再保持该超越状态的程度。

应当指出,在实际工程中,正常使用极限状态设计的目标可靠指标,还应根据不同类型结构的特点和工程经验加以确定。如高层建筑结构,由于其柔性较大,水平荷载作用下产生的侧移较大,很多情况下成为控制结构设计的主要因素,因此目标可靠指标宜取得相对高些。

10.3　结构概率可靠度直接设计法

结构概率可靠度直接设计法是基于结构可靠度分析理论的设计方法,能根据预先给定的目标可靠指标 β 及各基本变量的统计特征,通过可靠度计算公式反求结构构件抗力,然后进行构件截面设计。目前,国际上一些十分重要的结构(如核电站的安全壳、海上采油平台、大坝等)已开始采用。下面以两个正态随机变量荷载效应 S 和结构抗力 R 的简单情况,简要介绍这种设计方法的思路。

如果抗力 R 和荷载效应 S 均服从正态分布,已知统计参数 κ_R,δ_R,μ_S,δ_S,且极限状态方程是线性的,则可直接按式(9.13)求出抗力的平均值,即

$$\mu_R - \mu_S = \beta\sqrt{(\mu_R\delta_R)^2 + (\mu_S\delta_S)^2} \tag{10.5}$$

求解上式即得 μ_R,再由 $R_k = \mu_R/\kappa_R$ 求出抗力标准值 R_k,然后根据 R_k 进行截面设计。

对于极限状态方程为非线性,或者其中含有非正态基本变量的情况,就不能按上式简单求解,而需要利用验算点法的式(9.42)、式(9.44)、式(9.45)及式(9.49)、式(9.51)联立求解某一变量 X_i 的平均值 μ_{X_i}。不过,此时 μ_{X_i} 是待求值,如果只假定 X_i^* 还不能迭代计算 $\mu_{X_i'}$ 及 $\sigma_{X_i'}$,需采用双重迭代法才能求出 μ_{X_i} 值,计算较为复杂。但是,对于实际工程问题,在给出目标可靠指标 β 以后,需要求解的是构件抗力 R 的平均值 μ_R,而 R 一般是服从对数正态分布的,可通过当量正态化处理,得出其统计参数为

$$\mu_{R'} = R^*\left(1 - \ln R^* + \ln\frac{\mu_R}{\sqrt{1 + \delta_R^2}}\right) \tag{10.6}$$

$$\sigma_{R'} = R^*\sqrt{\ln(1 + \delta_R^2)} \tag{10.7}$$

由式(9.53)可知,在极限状态方程为线性的情况下,$\sigma_{R'}$ 仅与 δ_R 有关,而 δ_R 是已知的,因此假定 R^* 后即可求得 $\sigma_{R'}$,$\cos\theta_{X_i}$ 等项,即采用一般迭代法就能求解 μ_R。

结构概率可靠度直接设计法的计算过程如图 10.1 所示。

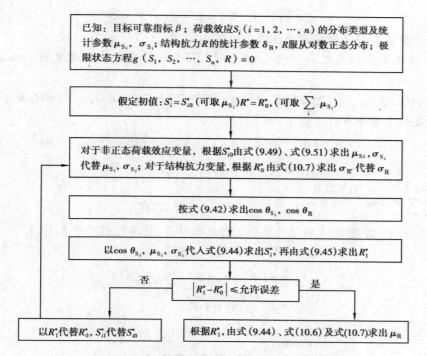

图 10.1 结构可靠度直接设计法计算 μ_R 的迭代框图

虽然概率可靠度直接设计法可以给出结构可靠度的定量概念，但计算过程比较复杂，且需要掌握足够的实测数据，包括各种影响因素的统计特征值。由于有很多影响因素的不定性尚无法统计，因此该方法还不能普遍应用于实际工程的设计。

【例 10.1】已知某钢拉杆，承受轴向拉力 N 服从正态分布，$\mu_N = 156$ kN，$\delta_N = 0.07$；截面抗力 R 服从正态分布，$\kappa_R = 1.13$，$\delta_R = 0.12$。钢材屈服强度标准值 $f_{yk} = 235$ N/mm²，目标可靠指标 $\beta = 3.2$。试求该拉杆所需的截面面积(假定不计截面尺寸变异对计算精度的影响)。

【解】根据式(10.5)，有

$$\mu_R - \mu_N - \beta\sqrt{(\mu_R \delta_R)^2 + (\mu_N \delta_N)^2} = 0$$

即

$$\mu_R - 156 - 3.2 \times \sqrt{(0.12\mu_R)^2 + (156 \times 0.07)^2} = 0$$

由上式解得 $\quad \mu_R = 262.79$ kN

则抗力标准值为

$$R_k = \frac{\mu_R}{\kappa_R} = \frac{262.79}{1.13} \text{ kN} = 232.56 \text{ kN}$$

由于不计截面尺寸变异对计算精度的影响，有 $R_k = f_{yk} A_s$

则拉杆截面面积为

$$A_s = \frac{R_k}{f_{yk}} = \frac{232\ 560}{235} \text{ mm}^2 = 989.6 \text{ mm}^2$$

【例 10.2】已知钢筋混凝土轴心受压短柱，恒载产生的效应 S_G 为正态分布，$\mu_{S_G} = 623.28$ kN，$\delta_{S_G} = 0.07$；活载产生的效应 S_L 为极值 I 型分布，$\mu_{S_L} = 823.2$ kN，$\delta_{S_L} = 0.29$；截面抗力 R 为对数正态分布，$\delta_R = 0.17$。极限状态方程为

$$Z = g(R, S_G, S_L) = R - S_G - S_L = 0$$

试求目标可靠指标 $\beta = 3.7$ 时的截面抗力平均值 μ_R。

【解】恒荷载效应标准差 $\sigma_{S_G} = \mu_{S_G} \cdot \delta_{S_G} = 43.63$ kN，活载效应标准差 $\sigma_{S_L} = \mu_{S_L} \cdot \delta_{S_L} = 238.73$ kN

先假定初值 $S_G^* = \mu_{S_G} = 623.28$ kN，$S_L^* = \mu_{S_L} = 823.2$ kN，$R^* = \mu_{S_G} + \mu_{S_L} = 1\ 446.48$ kN

对服从极值 I 型分布的变量 S_L，有

$$f_{S_L}(S_L^*) = \alpha \cdot \exp[-\alpha(S_L^* - u)] \cdot \exp\{-\exp[-\alpha(S_L^* - u)]\}$$

$$F_{S_L}(S_L^*) = \exp\{-\exp[-\alpha(S_L^* - u)]\}$$

其中，$\alpha = \dfrac{\pi}{\sqrt{6}\sigma_{S_L}}$，$u = \mu_{S_L} - \dfrac{0.577\ 2}{\alpha}$。

运用以下公式，按图 10.1 所示的框图进行迭代计算，计算过程列于表 10.7。

$$\mu_{S_L'} = S_L^* - \Phi^{-1}[F_{S_L}(S_L^*)]\sigma_{S_L'}$$

$$\sigma_{S_L'} = \varphi\{\Phi^{-1}[F_{S_L}(S_L^*)]\}/f_{S_L}(S_L^*)$$

$$\sigma_{R'} = R^* \sqrt{\ln(1 + \delta_R^2)}$$

$$\cos\theta_{S_G} = \frac{\sigma_{S_G}}{\sqrt{\sigma_{R'}^2 + \sigma_{S_G}^2 + \sigma^2 S_L'}}$$

$$\cos\theta_{S_L'} = \frac{\sigma_{S_L'}}{\sqrt{\sigma_{R'}^2 + \sigma_{S_G}^2 + \sigma_{S_L'}^2}}$$

$$\cos\theta_{R'} = \frac{-\sigma_{R'}}{\sqrt{\sigma_{R'}^2 + \sigma_{S_G}^2 + \sigma_{S_L'}^2}}$$

$$S_G^* = \mu_{S_G} + \sigma_{S_G}\beta\cos\theta_{S_G}$$

$$S_L^* = \mu_{S_L} + \sigma_{S_L}\beta\cos\theta_{S_L}$$

$$R^* = S_G^* + S_L^*$$

表 10.7　例 10.2 迭代计算表

迭代次数	1	2	3	4	5	6
S_G^*	623.28	644.15	636.22	633.38	632.84	632.80
S_L^*	823.20	1 354.56	1 793.10	1 922.07	1 935.14	1 935.74
R^*	1 446.48	1 998.71	2 429.32	2 555.45	2 567.98	2 568.54
$\mu_{S_L'}$	782.69	566.86	255.46	156.44	148.27	
$\sigma_{S_L'}$	228.24	424.63	559.55	594.89	597.82	
$\sigma_{R'}$	244.15	337.32	410.05	431.34	433.45	
$\cos\theta_{S_G}$	0.129	0.080	0.063	0.059	0.059	
$\cos\theta_{S_L'}$	0.677	0.781	0.805	0.808	0.808	
$\cos\theta_{R'}$	−0.724	−0.620	−0.590	−0.586	−0.586	
ΔR^*		552.23	430.61	126.13	12.53	0.56

经 5 次迭代后，求得 $R^* = 2\,568.54$ kN，最后两次的差值 $|\Delta R^*| = 0.56$ kN，满足工程设计要求。

由式(9.44)有

$$R^* = \mu_{R'} + \sigma_{R'} \beta \cos \theta_{R'}$$

将式(10.6)、式(10.7)代入上式，经整理后得

$$\mu_R = R^* \sqrt{1 + \delta_R^2} \cdot \exp\left[-\beta\sqrt{\ln(1 + \delta_R^2)} \cdot \cos \theta_{R'}\right]$$

代入有关数值，可求得抗力 R 的平均值为

$$\mu_R = 2\,568.54 \times \sqrt{1 + 0.17^2} \times \exp\left[-3.7 \times \sqrt{\ln(1 + 0.17^2)} \times (-0.586)\right]\ \text{kN}$$
$$= 3\,756.75\ \text{kN}$$

10.4　结构概率可靠度设计的实用表达式

采用结构概率可靠度直接设计法，虽然能使设计的结构严格具有预先设定的目标可靠指标，但计算过程烦琐，计算工作量大，不太适合在实际工程结构设计中使用。因此，目前对于大量一般性的工程结构，均采用比较切实可行的可靠度间接设计法。

可靠度间接设计法的基本思路是：在确定目标可靠指标 β 以后，通过一定变换，将目标可靠指标 β 转化为单一安全系数或各种分项系数，采用广大工程师习惯的实用表达式进行工程设计，而该设计表达式具有的可靠度水平能与目标可靠指标基本一致或接近。

10.4.1　单一系数设计表达式

传统的结构设计原则是荷载效应 S 不大于结构构件的抗力 R，其安全度用安全系数 K_0 来表示。如已知变量的统计参数 μ_R，σ_R 和 μ_S，σ_S，则相应的设计表达式为

$$K_0\mu_S \leqslant \mu_R \tag{10.8}$$

如采用式(10.8)进行结构设计，应事先确定常数 K_0，使得表达式具有与目标可靠指标 β 相同的可靠性水平。

设 R，S 均服从正态分布且相互独立，结构功能函数为 $Z = R - S$，则由式(9.13)得

$$\beta = \frac{\mu_R - \mu_S}{\sqrt{\sigma_R^2 + \sigma_S^2}} = \frac{\dfrac{\mu_R}{\mu_S} - 1}{\sqrt{\left(\dfrac{\mu_R}{\mu_S}\right)^2 \delta_R^2 + \delta_S^2}} = \frac{K_0 - 1}{\sqrt{K_0^2 \delta_R^2 + \delta_S^2}} \tag{10.9}$$

由上式可解得

$$K_0 = \frac{1 + \beta\sqrt{\delta_R^2 + \delta_S^2(1 - \beta^2\delta_R^2)}}{1 - \beta^2\delta_R^2} \tag{10.10}$$

当 R，S 均服从对数正态分布时，由式(9.19)得

$$\beta \approx \frac{\ln \mu_R - \ln \mu_S}{\sqrt{\delta_R^2 + \delta_S^2}} = \frac{\ln K_0}{\sqrt{\delta_R^2 + \delta_S^2}} \tag{10.11}$$

由此得

$$K_0 \approx \exp(\beta\sqrt{\delta_R^2 + \delta_S^2}) \tag{10.12}$$

显然,按式(10.10)或式(10.12)确定安全系数,可使计算表达式(10.8)具有规定的目标可靠指标 β。

当 R,S 不同时服从正态分布或对数正态分布时,与目标可靠指标 β 相对应的安全系数 K_0 可采用可靠度分析的中心点法或验算点法确定。

考虑到工程设计的习惯,将式(10.8)改写为如下形式的设计表达式

$$KS_k \leq R_k \tag{10.13}$$

式中 S_k,R_k——荷载效应与结构抗力的标准值;

    K——相应的设计安全系数。

荷载效应标准值与其平均值之间存在如下关系

$$S_k = \mu_S(1 + k_S\delta_S) \tag{10.14}$$

相应地,结构抗力的标准值与平均值的关系为

$$R_k = \mu_R(1 - k_R\delta_R) \tag{10.15}$$

式中 k_S,k_R——与荷载效应及结构抗力取值的保证率有关的系数。

将式(10.14)、式(10.15)代入式(10.13),得

$$K\mu_S(1 + k_S\delta_S) \leq \mu_R(1 - k_R\delta_R) \tag{10.16}$$

即

$$K\frac{1 + k_S\delta_S}{1 - k_R\delta_R}\mu_S \leq \mu_R \tag{10.17}$$

对比式(10.8)与式(10.17),可得

$$K = K_0\frac{1 - k_R\delta_R}{1 + k_S\delta_S} \tag{10.18}$$

由上可见,采用式(10.8)或式(10.13)所示的单一系数表达式,其安全系数不仅与预定的结构目标可靠指标 β 有关,而且还与抗力 R 和荷载效应 S 的变异性有关。一般情况下,由于设计条件存在很大差异,R 和 S 的变异性也很大,因而为使设计与规定的目标可靠指标相一致,在不同的设计条件下就需采用不同的安全系数,这将给实际工程设计带来极大不便。另一方面,当荷载效应 S 由多个荷载引起时,采用单一安全系数也无法反映各种荷载不同的统计特征。

10.4.2　分项系数设计表达式

为克服单一系数设计表达式的不足,目前普遍的做法是将单一的安全系数分解为荷载分项系数和抗力分项系数,采用以分项系数表达的实用设计表达式,其一般形式为

$$\gamma_{0S_1}\mu_{S_1} + \gamma_{0S_2}\mu_{S_2} + \cdots + \gamma_{0S_n}\mu_{S_n} \leq \frac{1}{\gamma_{0R}}\mu_R \tag{10.19}$$

或

$$\gamma_{S_1}S_{1k} + \gamma_{S_2}S_{2k} + \cdots + \gamma_{S_n}S_{nk} \leq \frac{1}{\gamma_R}R_k \tag{10.20}$$

式中 $\gamma_{0S_i},\gamma_{0R}$——与荷载效应 S_i 及抗力 R 均值相对应的分项系数;

    γ_{S_i},γ_R——与荷载效应 S_i 及抗力 R 标准值相对应的分项系数。

下面以一般的基本变量情况为例,讨论各个分项系数的确定方法。

设结构的功能函数为

$$Z = g(X_1, X_2, \cdots, X_m, X_{m+1}, \cdots, X_n) \tag{10.21}$$

则分项系数设计表达式可表示为

$$Z = g\left(\gamma_{01}\mu_{X_1}, \gamma_{02}\mu_{X_2}, \cdots, \gamma_{0m}\mu_{X_m}, \frac{1}{\gamma_{0m+1}}\mu_{X_{m+1}}, \cdots, \frac{1}{\gamma_{0n}}\mu_{X_n}\right) \geqslant 0 \tag{10.22}$$

或

$$Z = g\left(\gamma_1 X_{1k}, \gamma_2 X_{2k}, \cdots, \gamma_m X_{mk}, \frac{1}{\gamma_{m+1}}X_{m+1k}, \cdots, \frac{1}{\gamma_n}X_{nk}\right) \geqslant 0 \tag{10.23}$$

式中的各分项系数均为 $\geqslant 1$ 的数值。由于各项荷载效应一般都对结构可靠性不利,因此对应的分项系数 γ_{0S} 或 $\gamma_S (S = 1, 2, \cdots, m)$ 都以乘数出现;而结构抗力对结构可靠性是有利的,其分项系数 γ_{0r} 或 $\gamma_r (r = m + 1, \cdots, n)$ 则以除数出现。

由结构可靠度分析的验算点法可知,验算点坐标应满足

$$g(X_1^*, X_2^*, \cdots, X_m^*, X_{m+1}^*, \cdots, X_n^*) = 0 \tag{10.24}$$

式中

$$X_i^* = \mu_{X_i} + \sigma_{X_i}\beta\cos\theta_{X_i} = \mu_{X_i}(1 + \delta_{X_i}\beta\cos\theta_{X_i}) \tag{10.25}$$

比较式(10.24)、式(10.25)与式(10.22)或式(10.23),并为便于书写,令 $\alpha_i = \cos\theta_{X_i}$,则可得出各分项系数如下

$$\gamma_{0S} = 1 + \alpha_S\beta\delta_{X_S} \quad (S = 1, 2, \cdots, m) \tag{10.26a}$$

$$\gamma_{0r} = \frac{1}{1 + \alpha_r\beta\delta_{X_r}} \quad (r = m + 1, \cdots, n) \tag{10.26b}$$

或

$$\gamma_S = \frac{1 + \alpha_S\beta\delta_{X_S}}{1 + k_S\delta_{X_S}} \quad (S = 1, 2, \cdots, m) \tag{10.27a}$$

$$\gamma_r = \frac{1 - k_r\delta_{X_r}}{1 + \alpha_r\beta\delta_{X_r}} \quad (r = m + 1, \cdots, n) \tag{10.27b}$$

由证明可知,满足目标可靠指标要求的上述分项系数不是唯一的,而是有无限组。因此,在实际应用时,需要按照一定的要求,先对不超过 $(n-1)$ 个的基本变量选定合适的分项系数,再按条件式(10.28)确定其他分项系数。

$$\sum_{i=1}^{n} \alpha_i' \alpha_i = 1 \tag{10.28}$$

式中 α_i——与变量 X_i 对应的方向余弦;

α_i'——标准正态空间坐标系中,满足极限状态方程的任意一点在 $\overline{X}_i$ 轴上的投影与原点的距离为 $\alpha_i'\beta$ 时所对应的系数。

与单一系数设计表达式相比,分项系数设计表达式能较为客观地反映影响结构可靠度的各种因素,对不同的荷载效应,可根据荷载的统计特征,采用不同的荷载分项系数。对结构抗力分项系数,也可根据不同结构材料的工作性能,采用不同的数值。因此,分项系数设计表达式比较容易适应设计条件的变化,在分项系数确定的情况下,能取得与目标可靠指标较好的一致性结果,被各国结构设计规范普遍采用。

10.4.3　现行规范设计表达式

考虑到工程结构设计人员长期以来习惯于采用基本变量的标准值进行结构设计,而在可靠度理论上也建立了分项系数的确定方法。因此,我国建筑《统一标准》和公路《统一标准》都规定了在设计验算点处,把以可靠指标 β 表示的极限状态方程转化为以基本变量和相应的分项系数表达的极限状态设计实用表达式。对于表达式的各分项系数,则根据基本变量的概率分布类型和统计参数,以及规定的目标可靠指标,按优化原则,通过计算分析并结合工程经验加以确定。以下介绍《荷载规范》及《公路桥规》对荷载效应设计值表达式及有关系数取值的规定。

1)承载能力极限状态设计表达式

（1）建筑工程

《荷载规范》规定,对于承载能力极限状态,应按荷载的基本组合或偶然组合计算荷载组合的效应设计值,并应采用下列设计表达式进行设计:

$$\gamma_0 S_d \leqslant R_d \tag{10.29}$$

式中　γ_0——结构重要性系数,应按各有关建筑结构设计规范的规定采用;

S_d——荷载组合的效应设计值;

R_d——结构构件抗力的设计值,应按各有关建筑结构设计规范的规定确定。

①基本组合。

a.由可变荷载控制的效应设计值,应按下式进行计算:

$$S_d = \sum_{j=1}^{m} \gamma_{G_j} S_{G_jk} + \gamma_{Q_1}\gamma_{L_1}S_{Q_1k} + \sum_{i=2}^{n} \gamma_{Q_i}\gamma_{L_i}\psi_{c_i}S_{Q_ik} \tag{10.30}$$

式中　γ_{G_j}——第 j 个永久荷载的分项系数,当其效应对结构不利时,对由可变荷载效应控制的组合应取 1.2,对由永久荷载效应控制的组合应取 1.35;当其效应对结构有利时,不应大于 1.0;

γ_{Q_i}——第 i 个可变荷载的分项系数,其中 γ_{Q_1} 为主导可变荷载 Q_1 的分项系数,对标准值大于 4 kN/m² 的工业房屋楼面结构的活荷载,应取 1.3;对其他情况应取 1.4;

γ_{L_i}——第 i 个可变荷载考虑设计使用年限的调整系数,其中 γ_{L_1} 为主导可变荷载 Q_1 考虑设计使用年限的调整系数;

S_{G_jk}——按第 j 个永久荷载标准值 G_{jk} 计算的荷载效应值;

S_{Q_ik}——按第 i 个可变荷载标准值 Q_{ik} 计算的荷载效应值;

ψ_{c_i}——第 i 个可变荷载 Q_i 的组合值系数;

m——参与组合的永久荷载数;

n——参与组合的可变荷载数。

b.由永久荷载控制的效应设计值,应按下式进行计算:

$$S_d = \sum_{j=1}^{m} \gamma_{G_j} S_{G_jk} + \sum_{i=1}^{n} \gamma_{Q_i}\gamma_{L_i}\psi_{c_i}S_{Q_ik} \tag{10.31}$$

注:Ⅰ.基本组合中的效应设计值仅适用于荷载与荷载效应为线性的情况;

Ⅱ.当对 S_{Q_1k} 无法明显判断时,应轮次以各可变荷载效应作为 S_{Q_1k},并选取其中最不利的荷载组合的效应设计值。

②偶然组合。

荷载偶然组合的效应设计值 S_d 可按下列规定采用：

a.用于承载能力极限状态计算的效应设计值,应按下式进行计算:

$$S_d = \sum_{j=1}^{m} S_{G_jk} + S_{A_d} + \psi_{f_1} S_{Q_1k} + \sum_{i=2}^{n} \psi_{q_i} S_{Q_ik} \tag{10.32}$$

式中　S_{A_d}——按偶然荷载标准值 A_d 计算的荷载效应值;

　　　ψ_{f_1}——第 1 个可变荷载的频遇值系数;

　　　ψ_{q_i}——第 i 个可变荷载的准永久值系数。

b.用于偶然事件发生后受损结构整体稳固性验算的效应设计值,应按下式进行计算:

$$S_d = \sum_{j=1}^{m} S_{G_jk} + \psi_{f_1} S_{Q_1k} + \sum_{i=2}^{n} \psi_{q_i} S_{Q_ik} \tag{10.33}$$

注:组合中的设计值仅适用于荷载与荷载效应为线性的情况。

（2）公路工程

《公路桥规》规定,公路桥涵结构按承载能力极限状态设计时,对持久设计状况和短暂设计状况应采用作用的基本组合,对偶然设计状况应采用作用的偶然组合,对地震设计状况应采用作用的地震组合。

①基本组合,即永久作用设计值与可变作用设计值相组合。作用基本组合的效应设计值可按下式计算:

$$S_{ud} = \gamma_0 S(\sum_{i=1}^{m} \gamma_{G_i} G_{ik}, \gamma_{Q_1} \gamma_L Q_{1k}, \psi_c \sum_{j=2}^{n} \gamma_{L_j} \gamma_{Q_j} Q_{jk}) \tag{10.34}$$

或

$$S_{ud} = \gamma_0 S(\sum_{i=1}^{m} G_{id}, Q_{1d}, \sum_{j=2}^{n} Q_{jd}) \tag{10.35}$$

式中　S_{ud}——承载能力极限状态下作用基本组合的效应设计值。

　　　$S(\ )$——作用组合的效应函数。

　　　γ_0——结构重要性系数,对应于设计安全等级一级、二级和三级分别取 1.1、1.0 和 0.9。

　　　γ_{G_i}——第 j 个永久作用的分项系数,应按表 10.8 的规定采用。

　　　G_{ik}, G_{id}——第 i 个永久作用的标准值和设计值。

　　　γ_{Q_1}——汽车荷载(含汽车冲击力、离心力)的分项系数。采用车道荷载计算时取 1.4,采用车辆荷载计算时取 1.8。当某个可变作用在组合中其效应值超过汽车荷载效应时,则该作用取代汽车荷载,其分项系数取 1.4;对专为承受某作用而设置的结构或装置,设计时该作用的分项系数取 1.4;计算人行道板和人行道栏杆的局部荷载,其分项系数也取 1.4。

　　　Q_{1k}, Q_{1d}——汽车荷载(含汽车冲击力、离心力)的标准值和设计值。

　　　γ_{Q_j}——在作用组合中除汽车荷载(含汽车冲击力、离心力)、风荷载外的其他第 j 个可变作用的分项系数,取 1.4,但风荷载的分项系数取 1.1。

　　　Q_{jk}, Q_{jd}——在作用组合中除汽车荷载(含汽车冲击力、离心力)外的其他第 j 个可变作用的标准值和设计值。

　　　ψ_c——在作用组合中除汽车荷载(含汽车冲击力、离心力)外的其他可变作用的组合值系数,取 0.75。

$\psi_c Q_{jk}$——在作用组合中除汽车荷载(含汽车冲击力、离心力)外的第 j 个可变作用的组合值。

γ_{Lj}——第 j 个可变作用的结构设计使用年限荷载调整系数。公路桥涵结构的设计使用年限按现行《公路工程技术标准》(JTG B01)取值时,可变作用的设计使用年限荷载调整系数取 1.0,否则其取值应按专题研究确定。

当作用与作用效应可按线性关系考虑时,作用基本组合的效应设计值 S_{ud} 可通过作用效应代数相加计算。

设计弯桥时,当离心力与制动力同时参与组合时,制动力标准值或设计值按 70% 取用。

表 10.8　永久作用的分项系数

序号	作用类别		永久作用分项系数	
			对结构的承载能力不利时	对结构的承载能力有利时
1	混凝土和圬工结构重力 (包括结构附加重力)		1.2	1.0
	钢结构重力(包括结构附加重力)		1.1 或 1.2	
2	预加力		1.2	1.0
3	土的重力		1.2	1.0
4	混凝土的收缩及徐变作用		1.0	1.0
5	土侧压力		1.4	1.0
6	水的浮力		1.0	1.0
7	基础变位作用	混凝土和圬工结构	0.5	0.5
		钢结构	1.0	1.0

注:本表序号 1 中,当钢桥采用钢桥面板时,永久作用分项系数取 1.1;当采用混凝土桥面板时,取 1.2。

②偶然组合,即永久作用标准值与可变作用某种代表值、一种偶然作用设计值相组合。与偶然作用同时出现的可变作用,可根据观测资料和工程经验取用频遇值或准永久值。作用偶然组合的效应设计值可按下式计算:

$$S_{ad} = S\left(\sum_{i=1}^{m} G_{ik}, A_d, (\psi_{f1} \text{ 或 } \psi_{q1})Q_{1k}, \sum_{j=2}^{n} \psi_{qj}Q_{jk} \right) \qquad (10.36)$$

式中　S_{ad}——承载能力极限状态下作用偶然组合的效应设计值;

A_d——偶然作用的设计值;

ψ_{f1}——汽车荷载(含汽车冲击力、离心力)的频遇值系数,取 $\psi_{f1} = 0.7$;当某个可变作用在组合中其效应值超过汽车荷载效应时,则该作用取代汽车荷载,人群荷载 $\psi_f = 1.0$,风荷载 $\psi_f = 0.75$,温度梯度作用 $\psi_f = 0.8$,其他作用 $\psi_f = 1.0$;

$\psi_{f1}Q_{1k}$——汽车荷载的频遇值;

ψ_{q1},ψ_{qj}——第1个和第j个可变作用的准永久值系数,汽车荷载(含汽车冲击力、离心力)$\psi_q=0.4$,人群荷载$\psi_q=0.4$,风荷载$\psi_q=0.75$,温度梯度作用$\psi_q=0.8$,其他作用$\psi_q=1.0$;

$\psi_{q1}Q_{1k},\psi_{qj}Q_{jk}$——第1个和第$j$个可变作用的准永久值。

当作用与作用效应可按线性关系考虑时,作用偶然组合的效应设计值S_{ad}可通过作用效应代数相加计算。

作用地震组合的效应设计值应按现行《公路工程抗震规范》(JTG Ⅱ B02)的有关规定计算。

2) 正常使用极限状态设计表达式

(1) 建筑工程

《荷载规范》规定,对于正常使用极限状态,结构应根据不同的设计要求,采用荷载的标准组合、频遇组合或准永久组合,使荷载效应的设计值S_d不超过相应的规定限值C,即:

$$S_d \leqslant C \tag{10.37}$$

式中 C——结构或结构构件达到正常使用要求的规定限值,例如变形、裂缝、振幅、加速度、应力等的限值,应按各有关建筑结构设计规范的规定采用。

①标准组合:

$$S_d = \sum_{j=1}^{m} S_{G_jk} + S_{Q_1k} + \sum_{i=2}^{n} \psi_{c_i}S_{Q_ik} \tag{10.38}$$

②频遇组合:

$$S_d = \sum_{j=1}^{m} S_{G_jk} + \psi_{f_1}S_{Q_1k} + \sum_{i=2}^{n} \psi_{q_i}S_{Q_ik} \tag{10.39}$$

③准永久组合:

$$S_d = \sum_{j=1}^{m} S_{G_jk} + \sum_{i=1}^{n} \psi_{q_i}S_{Q_ik} \tag{10.40}$$

式中 ψ_{f_1}——在频遇组合中起控制作用的一个可变荷载频遇值系数;

ψ_{q_i}——第i个可变荷载的准永久值系数。

注:组合中的设计值仅适用于荷载与荷载效应为线性的情况。

建筑结构常见的可变荷载ψ_{f_1}、ψ_{q_i}取值参见表7.2。

(2) 公路工程

《公路桥规》规定,公路桥涵结构按正常使用极限状态设计时,应根据不同的设计要求,采用作用的频遇组合或准永久组合,并应符合下列规定:

①频遇组合。永久作用标准值与汽车荷载频遇值、其他可变作用准永久值相组合。作用频遇组合的效应设计值可按下式计算:

$$S_{fd} = S(\sum_{i=1}^{m} G_{ik}, \psi_{f_1}Q_{1k}, \sum_{j=2}^{n} \psi_{qj}Q_{jk}) \tag{10.41}$$

式中 S_{fd}——作用频遇组合的效应设计值;

ψ_{f_1}——汽车荷载(不计汽车冲击力)频遇值系数,取0.7。

当作用与作用效应可按线性关系考虑时,作用频遇组合的效应设计值S_{fd}可通过作用效应代数相加计算。

②准永久组合。永久作用标准值与可变作用准永久值相组合。作用准永久组合的效应设计值可按下式计算：

$$S_{qd} = S(\sum_{i=1}^{m} G_{ik}, \sum_{j=1}^{n} \psi_{qj} Q_{jk}) \tag{10.42}$$

式中　S_{qd}——作用准永久组合的效应设计值；

　　　ψ_{qj}——汽车荷载（不计汽车冲击力）准永久值系数，取 0.4。

当作用与作用效应可按线性关系考虑时，作用准永久组合的效应设计值 S_{qd} 可通过作用效应代数相加计算。

【例 10.3】已知某建筑屋面板在各种荷载作用下所引起的弯矩标准值分别为：永久荷载 2 200 N·m，使用活荷载 1 400 N·m，风荷载 350 N·m，雪荷载 250 N·m。若各种可变荷载的考虑设计使用年限的调整系数为 $\gamma_L = 1.0$（结构使用年限为 50 年），且组合值系数、频遇值系数、准永久值系数分别为：使用活荷载 $\psi_{c_1} = 0.7, \psi_{f_1} = 0.5, \psi_{q_1} = 0.4$；风荷载 $\psi_{c_2} = 0.6, \psi_{f_2} = 0.4, \psi_{q_2} = 0$；雪荷载 $\psi_{c_3} = 0.7, \psi_{f_3} = 0.6, \psi_{q_3} = 0.5$。试求承载能力极限状态设计时的弯矩设计值 M，以及正常使用极限状态下的荷载效应标准组合的弯矩设计值 M_k、荷载效应频遇组合的弯矩设计值 M_f 和荷载效应准永久组合的弯矩设计值 M_q。

【解】（1）按承载能力极限状态计算弯矩设计值 M

由可变荷载效应控制的组合

$$\begin{aligned} M &= \gamma_G M_{Gk} + \gamma_{Q_1} \gamma_{L_1} M_{Q1k} + \sum_{i=2}^{3} \gamma_{Q_i} \gamma_{L_i} \psi_{c_i} M_{Q_ik} \\ &= 1.2 \times 2\ 200 + 1.4 \times 1.0 \times 1\ 400 + 1.4 \times 1.0 \times 0.6 \times 350 + 1.4 \times 1.0 \times 0.7 \times 250 \\ &= 5\ 139\ \text{N·m} \end{aligned}$$

由永久荷载效应控制的组合

$$\begin{aligned} M &= \gamma_G M_{Gk} + \sum_{i=1}^{3} \gamma_{Q_i} \gamma_{L_i} \psi_{c_i} M_{Q_ik} \\ &= 1.35 \times 2\ 200 + 1.4 \times 1.0 \times 0.7 \times 1\ 400 + 1.4 \times 1.0 \times 0.6 \times 350 + 1.4 \times 1.0 \times 0.7 \times 250 \\ &= 4\ 881\ \text{N·m} \end{aligned}$$

可见由可变荷载效应控制的组合弯矩为最不利弯矩。

（2）按正常使用极限状态计算各种荷载效应组合的弯矩设计值

荷载效应的标准组合

$$\begin{aligned} M_k &= M_{Gk} + M_{Q1k} + \sum_{i=2}^{3} \psi_{c_i} M_{Q_ik} \\ &= 2\ 200 + 1\ 400 + 0.6 \times 350 + 0.7 \times 250 \\ &= 3\ 985\ \text{N·m} \end{aligned}$$

荷载效应的频遇组合

$$M_f = M_{Gk} + \psi_{f1} M_{Q_1 k} + \sum_{i=2}^{3} \psi_{q_i} M_{Q_i k}$$

$$= 2\ 200 + 0.5 \times 1\ 400 + 0 \times 350 + 0.5 \times 250$$

$$= 3\ 025\ \text{N} \cdot \text{m}$$

荷载效应的准永久组合

$$M_q = M_{Gk} + \sum_{i=1}^{3} \psi_{q_i} M_{Q_i k}$$

$$= 2\ 200 + 0.4 \times 1\ 400 + 0 \times 350 + 0.5 \times 250$$

$$= 2\ 885\ \text{N} \cdot \text{m}$$

本章小结

1.结构设计方法经历了从定值法到概率法的历史发展过程,目前采用的近似概率极限状态设计法属于概率极限状态设计法的水准Ⅱ。所谓近似,主要是指它在计算可靠指标时作出了线性化的近似处理,并在结构设计时采用了以基本变量和相应分项系数表达的实用设计表达式。

2.结构的设计基准期和设计使用年限是两个意义不同的概念,应引起注意。设计基准期是确定基本变量取值时采用的时间参数,而设计使用年限则是指结构在正常情况下应达到的使用年限。

3.我国根据各类结构的破坏严重程度,将安全等级划分为三级,并根据结构的安全等级和破坏类型,采用校准法确定了各类工程结构按承载能力极限状态设计时的目标可靠指标 β。对正常使用极限状态设计时的目标可靠指标,建筑《统一标准》也建议了取值范围。

4.根据预先给定的目标可靠指标 β 及各基本变量的统计特征,对验算点法的可靠度计算公式进行逆运算,得出结构构件抗力,然后进行构件截面设计,这就是结构概率可靠度的直接设计法。它与目前通行的结构设计方法相比,具有明显的先进性。但一方面需要已知大量而准确的基本变量统计资料,另一方面计算也较为复杂,所以目前还不适合在一般的工程结构设计中应用。

5.现行规范采用的实用设计表达式,符合设计人员的传统习惯,它通过分离系数方法,并结合工程经验,将目标可靠指标 β 用结构重要性系数 γ_0、荷载分项系数 γ_G、γ_Q 等来表达,基本体现了预定的可靠度要求。

思考题

10.1　何谓概率极限状态设计法?为什么目前采用的方法称为近似概率设计法?

10.2　结构的设计基准期和设计使用年限是否概念相同?它们在可靠度分析中有什么作用?

10.3　目标可靠指标是怎样确定的?

10.4　结构概率可靠度直接设计法的基本思路是什么?

10.5　在现行规范的实用设计表达式中,如何体现结构的安全等级和目标可靠指标?

附　录

方法一:扫二维码,免费阅读并下载附录内容。

方法二:加入土木工程教学交流群(187541302)下载。

参考文献

[1] 中华人民共和国住房和城乡建设部. GB 50153—2008 工程结构可靠度设计统一标准[S]. 北京:中国建筑工业出版社,2008.

[2] 中华人民共和国建设部. GB 50068—2001 建筑结构可靠度设计统一标准[S].北京:中国建筑工业出版社,2001.

[3] 中华人民共和国住房和城乡建设部. GB 50009—2012 建筑结构荷载规范[S].北京:中国建筑工业出版社,2012.

[4] 中华人民共和国交通部. GB/T 50283—1999 公路工程结构可靠度设计统一标准[S].北京:中国建筑工业出版社,1999.

[5] 中华人民共和国住房和城乡建设部. GB 50011—2010 建筑抗震设计规范[S].北京:中国建筑工业出版社,2010.

[6] 中交公路规划设计院有限公司. JTG D60—2015 公路桥涵设计通用规范[S].北京:人民交通出版社,2015.

[7] 重庆交通科研设计院. JTG/T B02—01—2008 公路桥梁抗震设计细则[S].北京:人民交通出版社,2008.

[8] 中交公路规划设计院. JTG/T D60—01—2004 公路桥梁抗风设计规范[S].北京:人民交通出版社,2004.

[9] 建设部城市建设研究院. CJJ 77—98 城市桥梁设计荷载标准[S].北京:中国建筑工业出版社,1998.

[10] 上海市政工程设计研究总院. CJJ 11—2011 城市桥梁设计规范[S].北京:中国建筑工业出版社,2011.

[11] 中交第一航务工程勘察设计院有限公司. JTS 145—2015 港口与航道水文规范[S].北京:人民交通出版社,2015.

[12] 李国强,黄宏伟,吴迅,等. 工程结构荷载与可靠度设计原理[M]. 3 版.北京:中国建筑工业出版社,2011.

[13] 张相庭. 高层建筑抗风抗震设计计算[M]. 上海:同济大学出版社,1997.

[14] 黄本才,汪丛军. 结构抗风分析原理及应用[M].2 版. 上海:同济大学出版社,2008.

[15] 柳炳康. 建筑结构抗震设计[M]. 北京:高等教育出版社,2013.

［16］胡人礼. 桥梁抗震设计［M］. 北京:中国铁道出版社,1984.

［17］李亚东. 桥梁工程概论［M］. 3 版.成都:西南交通大学出版社,2014.

［18］陈政清. 桥梁风工程［M］. 北京:人民交通出版社,2005.

［19］柳炳康,吴胜兴,周安. 工程结构鉴定与加固改造［M］. 北京:中国建筑工业出版社,2008.

［20］王铁梦. 工程结构裂缝控制［M］. 北京:中国建筑工业出版社,1997.

［21］华东水利学院. 水力学:上、下册［M］. 北京:科学出版社,1986.

［22］东南大学,浙江大学,湖南大学,等. 土力学［M］. 3 版.北京:中国建筑工业出版社,2010.

［23］赵明华. 土力学与基础工程［M］. 4 版.武汉:武汉理工大学出版社,2014.

［24］赵国藩,金伟良,贡金鑫. 结构可靠度理论［M］. 北京:中国建筑工业出版社,2000.

［25］柳炳康. 荷载与结构设计方法［M］. 2 版.武汉:武汉理工大学出版社,2012.

［26］李清富,高健磊,乐金朝,等. 工程结构可靠性原理［M］. 郑州:黄河水利出版社,1999.

［27］李继华,林忠民,李明顺,等. 建筑结构概率极限状态设计［M］. 北京:中国建筑工业出版社,1990.

［28］赵国藩. 工程结构可靠性理论与应用［M］. 大连:大连理工大学出版社,1996.

［29］黄兴棣. 工程结构可靠性设计［M］. 北京:人民交通出版社,1989.